高校土木工程专业规划教材

钢 结 构 进 展

郝际平 主编

中国建筑工业出版社

图书在版编目（CIP）数据

钢结构进展/郝际平主编. —北京：中国建筑工业出版社，
2017.2
高校土木工程专业规划教材
ISBN 978-7-112-20165-5

Ⅰ．①钢… Ⅱ．①郝… Ⅲ．①钢结构-高等学校-教材
Ⅳ．①TU391

中国版本图书馆 CIP 数据核字（2016）第 308609 号

本书结合钢结构设计、加工、制作、施工及检测，系统地介绍了钢结构的发展历史、特点及应用情况，主要内容包括：钢结构新材料和新产品、钢结构体系和设计方法、钢结构加工连接、钢结构加工技术、钢结构检测与鉴定及钢结构配套技术等方面的最新进展。

本书可供土木工程专业及相关专业作为教材使用，也可供工程设计和施工人员在工作中参考。

* * *

责任编辑：高延伟　吉万旺
责任校对：焦　乐　姜小莲

高校土木工程专业规划教材
钢结构进展
郝际平　主编
*
中国建筑工业出版社出版、发行（北京海淀三里河路9号）
各地新华书店、建筑书店经销
北京红光制版公司制版
北京市安泰印刷厂印刷
*

开本：787×1092 毫米　1/16　印张：12½　字数：301 千字
2017 年 3 月第一版　　2017 年 3 月第一次印刷
定价：**25.00** 元
ISBN 978-7-112-20165-5
（29635）

前　　言

钢结构作为一种广受欢迎的结构形式在国内外已有上百年的历史，但在我国发展缓慢，除观念外，经济发展水平也是制约因素之一。随着我国经济的发展，钢铁工业进步飞快，钢铁产量不断增加，我国的钢结构建筑也越来越多，不仅在超高层建筑和大跨结构中使用，在其他结构中的应用也逐渐增加。2016年"两会"上，李克强总理在政府工作报告中明确提出："积极推广绿色建筑和建材，大力发展钢结构和装配式建筑，提高建筑工程标准和质量"。地方和相关部门已经或正在制定促进钢结构建筑发展的相关政策，这必将会在很大程度上促进钢结构行业的发展。

大力发展钢结构离不开钢结构专业人才，在培养钢结构专业人才的过程中，一方面要传授学生专业基础理论知识，让学生掌握钢结构的基本原理和方法，另一方面还要让学生了解钢结构发展的前沿动态，让学生及时掌握钢结构的最新进展和今后的发展趋势。鉴于此，从2011年起，作为钢结构人才培养的重要基地，西安建筑科技大学在土木工程学院给本科生开设了"钢结构进展"这门课程，深受学生欢迎。为方便使用，现在出版这本书。

全书共分7章。第1章介绍钢结构的发展历史、计算方法、特点及各类新建钢结构，阐明钢结构是绿色建筑；第2章介绍新型钢结构材料及其工程应用，并介绍了新型钢结构部件产品；第3章分别介绍轻型门式刚架结构、多高层钢结构、大跨空间结构等结构体系及计算方法，以及钢结构设计方法的研究进展；第4章介绍钢结构中常用的加工方法和连接方法；第5章介绍高层及超高层钢结构、大跨空间钢结构、高耸钢结构的施工技术及力学模拟；第6章分别介绍钢结构材料、构件、连接与节点、承重结构体系、围护结构体系的检测与鉴定；第7章介绍墙体材料、楼盖系统、建筑外窗及防腐防火等钢结构的相关配套技术。

本书虽为《钢结构进展》，但主要还是以传统的工业和民用建筑为主，其他钢结构涉及较少。本书可以作为土木工程、工程管理等专业的本科生和研究生教材，还可作为土建设计人员、建筑学专业从业人员等的参考用书。

本书编写工作的人员分工如下：第1章杨俊芬，第2章王先铁，第3章田黎敏，第4章李峰，第5章郑江，第6章钟炜辉，第7章樊春雷。全书最后由郝际平统稿并审定。

钢结构涉及面广，且在不断发展中，本书难免有所疏漏及偏颇，欢迎大家批评指正。

目　　录

第1章 概 论

1.1 钢结构的发展历史

钢结构作为一种近现代结构，受到各个国家和地区的普遍欢迎，这不仅仅是因为它有诸多的优点，还与钢结构和人类社会的发展密不可分。

材料的发展对人类社会的作用非同一般，历史学家甚至用材料的名称来表示某个特定的时期，比如以使用打凿石器为主的时代就称之为"旧石器时代"，以使用磨制石器为主的时代就称之为"新石器时代"，以使用刀、枪、剑等兵器为主的时代就称之为"冷兵器时代"，以使用枪、炮、导弹等兵器为主的时代就称之为"热兵器时代"。

用于建造钢结构的钢材是一种铁碳合金材料，人类采用钢结构的历史和炼铁、炼钢技术的发展是密不可分的。

中国是发现和掌握炼铁技术最早的国家，早在3300多年以前就认识了铁，熟悉了铁的锻造性能，识别了铁与青铜在性质上的差别，把铁铸在铜兵器的刃部，加强铜的坚韧性。经科学鉴定，证明铁刃是用陨铁锻成的。随着青铜熔炼技术的成熟，逐渐为铁的冶炼技术的发展创造了条件。

我国的冶铁术发明始于西周晚期，战国时期已普遍使用；冶铁术发明后，对生产力的提高起着极为重要的作用。

提起中国的科学技术发明，人们通常首先想到的是造纸术、活字印刷术、指南针、火药这四大发明，这是以对西方近代文明的推动和影响程度为标准的，也是欧洲学者提出的。如果以对中国文明的发展所起的作用为标准把中国古代的创造发明排序的话，钢铁技术应排在第一位。

钢结构在我国有悠久的历史。在古代主要有铁链桥和宗教铁塔。公元65年（汉明帝时代），已成功地用锻铁为环，相扣成链，建成了世界上最早的铁链悬桥——霁虹桥（图1-1），史称"兰津桥"，该桥20世纪80年代被冲毁前仍在通行。此后，为了便利交通，跨越深谷，曾陆续建造了数十座铁链桥。其中跨度最大的为1706年（清康熙）建成的四川泸定大渡河桥（图1-2），桥宽3m，净跨长100m。现存的古铁塔有建于967年的广州光孝寺7层铁塔（图1-3）、建于1061年的湖北玉泉寺13层铁塔（图1-4）等。所有这些都表明，中华民族对铁结构的应用，曾经居于世界领先地位。

欧美等国家中最早将铁作为建筑材料的当属英国，但直到1840年以前，还只采用铸铁来建造拱桥。1840年以后，随着铆钉连接和锻铁技术的发展，铸铁结构逐渐被锻铁结构取代，随着1856年英国人亨利·贝氏麦发明贝氏转炉炼钢法和1865年德裔英国人西门子兄弟发明平炉炼钢法，以及1870年成功轧制出工字钢之后，形成了工业化大批量生产钢材的能力，强度高且韧性好的钢材才开始在建筑领域逐渐取代锻铁材料，自1890年以后钢成为金属结构的主要材料。20世纪初焊接技术的出现以及1934年高强度螺栓连接的出现，极大地促进了钢结构的发展。除西欧、北美之外，钢结构在苏联和日本等国家也得到了广泛的应用，逐渐发展成为全世界所接受的重要结构体系。

图 1-1　霁虹桥

图 1-2　泸定桥

图 1-3　广州光孝寺 7 层铁塔

图 1-4　湖北玉泉寺 13 层铁塔

我国在 1907 年才建成了钢铁厂，年产钢只有 0.85 万 t。新中国成立后，随着经济建设的发展，钢结构曾起过重要作用，如第一个五年计划期间，建设了一大批钢结构厂房、桥梁。但由于受到钢产量的制约，在其后的很长一段时间内，钢结构被限制使用在其他结构不能代替的重大工程项目中，一定程度上影响了钢结构的发展。自 1978 年我国实行改革开放政策以来，经济建设获得了飞速发展，钢产量逐年增加。

世界钢铁协会的统计数据显示，1996 年，我国粗钢材产量为 10124 万 t，跃居世界第一；2010 年达到 63874 万 t；2011 年达到 70197 万 t；2012 年达到 73104 万 t；2013 年达到 82200 万 t；2014 年达到 82270 万 t。我国钢产量逐年增加，并且连续 19 年位居世界第一，已成为世界产钢大国。我国的钢结构技术政策，也从"限制使用"改为积极合理地推广应用。所有这些，为钢结构在我国的快速发展创造了条件。

钢结构发展到现在，主要在以下几个方面取得了长足的进步：

（1）钢结构计算方法的改进

钢结构计算方法的改进对于钢结构的发展具有举足轻重的作用，没有计算方法的进步就很难有今天的各种钢结构，目前钢结构的设计方法已经发展到以结构二阶非弹性分析为基础的钢结构高等分析理论。

（2）结构形式日益多样化和复杂化

现代钢结构已不再局限于传统单一结构形式，新结构形式和各种组合结构形式不断涌现。如多面体空间刚架结构、弦支穹顶结构、张弦桁架结构、斜拉结构、悬挂结构、张拉结构等。

（3）结构跨度越来越大，钢材强度越来越高

现代钢结构由于建筑功能需要，跨度越来越大，跨度超百米已屡见不鲜，且采用了大量高强度级别钢材及厚钢板。

（4）预应力技术的大量应用

预应力技术得到充分应用，涌现出索穹顶、张拉整体结构和索膜结构等新型结构形式。

（5）节点形式复杂多样

现代大型钢结构大多采用仿形建筑，为满足建筑造型，采用各种各样的节点形式，如铸钢节点、锻钢节点、球铰节点等。

（6）构件数量越来越多，截面构造越来越复杂

这类工程都由几万个、甚至几十万个构件组成，而且这些构件的截面形式均不相同。

（7）施工技术难度高

由于结构新、跨度大，为保证经济、安全，建造过程中必须采用先进的施工技术才能顺利完成。

1.2 钢结构计算方法的发展

钢结构设计方法经历了由容许应力设计法、塑性设计法到现在广泛应用的荷载抗力系数设计方法的发展过程。

容许应力设计法以线性弹性理论为基础，以构件危险截面的某一点或某一局部的计算应力小于或等于材料的容许应力为准则，是工程结构中的一种传统设计方法，目前仍应用于公路、铁路工程设计中。它的主要缺点是由于单一安全系数是一个笼统的经验系数，因此，给定的容许应力不能保证各种结构具有比较一致的安全水平，也未考虑荷载增大的不同比率或异号荷载效应情况对结构安全的影响，在应力分布不均匀的情况下，如受弯构件、受扭构件和静不定结构，用这种设计方法比较保守。

塑性设计法对结构进行一阶塑性铰分析，允许结构中出现内力重分布，但没有考虑几何非线性和渐变塑性效应的影响。

荷载抗力系数设计方法则通过对一阶弹性分析进行放大或直接二阶弹性分析来考虑几何非线性效应，其最大不同之处在于它是一种以概率理论为基础的极限状态设计方法，用概率及统计学的方法引入了荷载抗力系数来度量结构抗力和荷载对结构的综合效应。但这种设计方法实际是以组成框架的杆件为基础来安排的，即设计是在杆件级别上进行的，只是依靠引入的有效长度系数来度量结构整体与其组成杆件之间的相互作用，虽然颇为实用和流行，但有很大的局限性。首先，由于它不能直接考虑单个构件与结构整体之间的强度

及稳定方面的相互作用，所以不能精确预测结构的失效模式。众所周知，结构体系的实际失效模式与有效长度系数 K 为基础的弹性屈曲失效模式几乎完全不同。同时，确定 K 系数的过程过于烦琐，且不方便使用计算机进行计算。

更重要的是当前两阶段设计方法的不合理性：通过一阶线弹性理论分析计算结构在各种荷载作用下的内力，即结构分析；然后再将结构分析求得的内力用极限状态理论的相关方程进行逐个杆件的截面验算，即构件设计。这种设计方法的缺陷之一就是结构内力分析模式与构件承载力计算模式不一致：极限状态理论在构件截面的验算中考虑了材料本构关系的非线性，但用于结构分析的弹性理论只能粗略地给出结构的整体反应，不能考虑各种非线性因素在整体结构中引起的内力重分布现象。按线弹性理论分析求得的结构各构件内力并不是该构件达到极限承载力时的实际内力，因此不能确保所有杆件都能有效地承担结构的设计荷载。第二个缺陷是不能对结构进行完全的整体分析，而必须采用规范中的计算公式对单个构件进行强度和稳定验算。

随着计算机技术和相关软件的迅速发展，直接设计方法（不通过计算 K 系数）作为当前设计方法的替代，越来越具有吸引力和可操作性，许多研究者和工程师提出了结构二阶非弹性的高等分析理论，高等分析能通过精确的一次非线性分析，完善地考虑结构的二阶效应及其他因素的影响，完成目前两阶段设计所做的工作。由于它分析时能充分描述结构系统及构件的强度和稳定性，直接考虑结构的几何、材料非线性性能，从而避免对构件的承载力进行逐个验算，与传统设计方法相比，大大简化了设计过程。如图 1-5 所示为两种设计方法的对比图示。

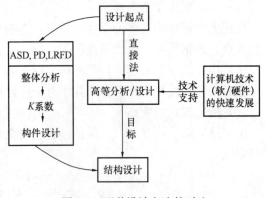

图 1-5　两种设计方法的对比

1.3　钢结构的特点

截至 2010 年，世界上已建成的 102 幢超高层建筑，钢筋混凝土结构 16 幢，纯钢结构 59 幢，不同形式的钢-混凝土混合结构 27 幢。2014 年 6 月 5 日，RET 睿意德中国商业地产研究中心发布的研究报告指出：目前全球有 464 座 250m 以上的建成、在建、待建超高层项目，这些项目大多为纯钢结构或不同形式的钢-混凝土混合结构。毋庸置疑，钢结构的发展促进了建筑业、冶金工业、机械工业、汽车工业、农业、石油工业、商业、交通运输业的迅速发展。为什么钢结构的生命力越来越强大？这要归功于钢结构"轻、快、好、省"的四个优异性能。

（1）轻。钢结构具有轻质高强性。钢材与混凝土、木材相比，其重力密度与强度的比值最小，因此，就同类建筑结构形式而言，钢结构自重轻、构件截面小、能够承受更大的荷载、可以跨越更大的跨度、便于运输和安装。例如，在同等荷载条件下，钢屋架的重量只有同等混凝土屋架的 1/4～1/3，如果采用冷弯薄壁型钢屋架只有 1/10 左右。钢结构住宅的重量是钢筋混凝土住宅的50%左右，使用面积却比钢筋混凝土住宅提高4%左右。

（2）快。钢结构的工业化程度高，工期短。钢结构是工厂制作，具备成批大件生产和成品精度高等特点，采用工厂制造、工地高强度螺栓安装的施工方法，有效地缩短工期，为降低造价、发挥投资的经济效益创造条件。在同等条件下，钢结构与钢筋混凝土结构施工工期相比，钢结构仅是钢筋混凝土结构的1/3～1/2。

（3）好。钢结构材性好，可靠性高。钢材质地均匀、各向同性、弹性模量大、有很好的塑性和韧性，是理想的弹性—塑性体。因此，钢结构不会因为偶然的超载或局部超载而突然断裂破坏，其能够适应振动荷载，计算模型能很好地反映钢材的力学性能，因而分析准确可靠。

钢结构抗震性能好。钢材具有较高的抗拉、抗压强度，较好的塑性和韧性，材质的均匀使设计易于符合实际受力情况，加上连接构造的耗能、维护材料的蒙皮效应、耗能组件的使用，使其结构体系能够抵御强烈地震作用并表现优异。因此，在国内外的历次地震中，钢结构建筑是受到损坏最轻的结构，已被公认为是抗震设防地区特别是强震区的最合适结构。

钢结构密封性好。钢材组织非常密实，通过焊接，完全适用于对气密性或水密性要求高的特种建筑物。

钢结构耐热性好。温度在250℃以内，钢材性质变化很小，钢结构可用于温度不高于250℃的场合；当温度达到300℃以上时，强度逐渐下降，这种情况下应对钢结构采取防护措施。

钢结构耐久性好。在正常的防腐维护下，建筑钢结构不会因为日常温度的变化、日晒、雨淋及一般大气介质的作用而老化，具有很好的材料耐久性。

钢结构易于拆卸。采用螺栓连接的钢结构易于拆卸、加固和改建。

（4）省。单纯从材料价格看，钢结构比混凝土结构的造价要高，但钢结构比混凝土结构建设的速度要快50%左右，这会节省很多时间成本；钢结构比混凝土结构的房屋整体重量要轻50%以上，基础处理、运输量的成本都会下降。建造房屋是一个系统工程，包括设计、制造、运输、安装、维修和管理等诸多环节，因此，从整体上看，钢结构更"省"。

1.4　钢结构是绿色建筑

住房城乡建设部颁发的《绿色建筑评价标准》对绿色建筑作出了如下定义：在建筑的全寿命周期内，最大限度地节约资源（节能、节地、节水、节材）、保护环境和减少污染，为人们提供健康、适用和高效的使用空间，与自然和谐共生的建筑。

从概念上来讲，绿色建筑主要包含了三点：一是节能，这个节能是广义上的，包含了上面所提到的"四节"，主要是强调减少各种资源的浪费；二是保护环境，强调的是减少环境污染，减少二氧化碳排放；三是满足人们使用上的要求，为人们提供"健康"、"适用"和"高效"的使用空间。

钢结构建筑已经被誉为21世纪的"绿色建筑"，从材料到结构都是绿色环保的，符合可持续发展需要，炼一吨钢比烧一吨水泥产生的废气、排放的污染小很多；能够最大限度地减小现场的湿作业，节省水资源。具体体现在以下几个方面：

（1）低碳营造：建造钢结构住宅 CO_2 排放量约为 $480kg/m^2$，较传统混凝土碳排放量 $740.6kg/m^2$ 降低 35％以上。

（2）节材：钢结构住宅高层建筑自重约为 $900\sim1000kg/m^2$，传统混凝土约为 $1500\sim1800kg/m^2$，其自重减轻约 40％。可大幅减少水泥、砂石等资源消耗，从而大幅减少矿物开挖、冶炼及运输过程中的碳排放；钢结构住宅施工过程中无需木模板和脚手架，若其市场份额增长 5 个百分点，则可减少木材砍伐相当于 $9000hm^2$ 森林；建筑自重减轻，还节省约 30％的地下桩基。

（3）节水（减少污水排放）：钢结构住宅以现场装配化施工为主，建造过程中可大幅减少用水及污水排放。若其市场份额增长 5 个百分点，每年将减少污水排放相当于 10 个西湖总水量。

（4）节能（节省运行能耗）：压蒸无石棉纤维素纤维水泥平板（简称为 CCA 板）轻质灌浆墙体具有良好的自保温功能，为传统砖墙保温性能的 3 倍，大幅降低运行能耗。

（5）省地（提高土地使用效率）：钢结构"高、大、轻、强"的特点，易于实现高层建筑，可提高单位面积土地的使用效率；户内得房率增加 5％～8％，地下车库停车位可增加 10％～20％，在寸土寸金和停车难问题凸显的今天，其社会经济价值尤为突出。

（6）环保：装配化施工，降低施工现场噪声扰民、废水排放及粉尘污染；减少砂石开采和建筑垃圾排放，保护环境，开创新时代建筑文明。

（7）主材回收与再生：建筑拆除时，钢结构住宅主体结构材料回收率在 90％以上，较传统混凝土垃圾排放量减少约 60％。切实响应国家"推行循环型生产方式"号召，并且钢材回收与再生利用可为国家作战略资源储备；减少建筑垃圾填埋对土地资源占用和垃圾中有害物质对地表及地下水源污染等（建筑垃圾约占全社会垃圾总量的 40％）；变废为宝，工业废料资源化利用：复合墙体中以工业废料为主材，变废为宝——CCA 墙板以石英砂尾矿为主材；轻质灌浆填充材料中以粉煤灰等工业废料为主材，切实响应国家"推进工业废料资源化利用"号召。

世界发达国家都十分重视钢结构建筑的发展。英国 1998 年发布的建筑发展报告提出，必须大力推行钢结构建筑，相反，建造混凝土建筑必须通过特别审批。如今，钢结构建筑在我国整个建筑行业中所占的比重还不到 5％，而发达国家却已达到 50％以上。

我国是世界产钢大国，但在我们的建筑材料中，钢材用量仅仅占到全国钢材总量的 20％～25％，而且大都用于钢筋混凝土结构和砖混结构中，钢结构建筑用量还不到 6％。而在美国、日本等发达国家，建筑用钢量占钢产量的比重已超过 50％。日本每年约用 2500 万 t，占钢材总量的 25％，其中用于钢结构住宅的约有 700 万～800 万 t。

钢结构建筑还有一个好处，房子拆除时只需较少的人力和动力，钢材还可循环利用。而混凝土建筑使用大量的水泥，拆除难，回收利用也难。日本和欧洲甚至提出，用建筑来储备钢铁资源。因此，大量的钢结构住宅也是社会储存钢铁这种战略资源的有效方式。

1.5　各类新建钢结构

根据不同的分类标准，钢结构分类多种多样，比如可按结构受力分、按结构功能分、按结构体系分等。按照结构体系分类，钢结构可以分为以下几类：

（1）高层及超高层钢结构

　　由于人类文化生活水平不断提高，对高层、大跨度建筑的要求也越来越高。而钢结构本身具备自重轻、强度高、施工快等独特优点，因此对高层、大跨度，尤其是超高层、超大跨度建筑，采用钢结构更是非常理想。目前世界上最高、最大的结构采用的都是钢结构，而历届奥运会的场馆也多采用钢结构。目前已经建成的世界上最高的前十大超高层建筑，它们是：

　　2010年建成的160层、高828m的阿拉伯联合酋长国的哈利法塔(原名迪拜塔)(图1-6)；

　　2012年建成的高634m的日本晴空塔（图1-7)；

图1-6　哈利法塔

图1-7　日本晴空塔

　　2016年建成的118层、高632m的上海中心大厦（图1-8)；

　　2012年建成的120层、高601m的沙特阿拉伯王国的麦加皇家钟塔饭店（图1-9)；

图1-8　上海中心大厦

图1-9　麦加皇家钟塔饭店

2009 年建成的主体高 454m，加天线桅杆、高 600m 的新广州电视塔（图 1-10）；
2016 年建成的 118 层、高 592.5m 的深圳平安国际金融中心（图 1-11）；
2013 年建成的 82 层、高 541.3m 的纽约世贸中心 1 号楼（自由塔，图 1-12）；
2014 年建成的 116 层、高 530m 的广州东塔（图 1-13）；

图 1-10　广州新电视塔

图 1-11　深圳平安国际金融中心

图 1-12　纽约世贸中心 1 号楼

图 1-13　广州东塔（左图）

2003 年建成的 101 层、加天线桅杆高 508m 的台北 101 大楼（图 1-14）；
2014 年建成的 93 层、高 509m 的莫斯科联邦大厦（图 1-15）。
我国于 2016 年建成的上海中心大厦为 118 层，建筑高度 632m，结构高度 580m，目前为世界第三高建筑。目前在建的长沙天空城市（图 1-16），主体建筑总层数为 208 层，总高度 838m，是远大集团规划建设中的世界第一高楼。深圳赛格广场大厦（图 1-17）72层、建筑结构高 291.6m，含塔尖高 355.6m，为世界上最高的全部采用钢管混凝土的超高层建筑。在"2013 年度高层建筑奖"评选中，造型奇特、建造复杂的中央电视台总部大楼（图 1-18）获得最高奖——全球最佳高层建筑奖。

图 1-14　台北 101 大厦

图 1-15　莫斯科联邦大厦

图 1-16　天空城市

图 1-17　深圳赛格广场大厦

（2）大跨度、空间钢结构

近年来，以网架和网壳为代表的空间结构继续大量发展。不仅用于民用建筑，而且用于工业厂房、机库、候机楼、体育馆、展览中心、大剧院、博物馆等。在使用范围、结构形式、安装施工工法等方面均具有中国建筑结构的特色。如杭州、成都、西安、长春、上

图1-18 央视新大楼

海、北京、南京、广州、深圳、南宁、哈尔滨、大连、长沙、重庆、武汉、济南、郑州等一批飞机航站楼、机库、会展中心、体育场馆、大剧院、音乐厅。采用圆钢管、矩形钢管制作空间桁架、拱架及斜拉网架结构，加上波浪形屋面成为各地新颖和富有现代特色的标志性建筑物。

2008北京奥运会，新建和改造的一大批以国家体育场（图1-19）、国家游泳中心（图1-20）、国家体育馆为代表的体育场馆，2010上海世博会建设的世博会会场，2010年广州亚运会和深圳世界大学生运动会建设的一系列体育场馆，以及2011年第六届中博会建设的中国（太原）煤炭交易中心等大型项目，都表明我国钢结构数量有较大增加。如图1-21～图1-27为我国近年来建成的大型钢结构建筑。

最近悬索和膜的张拉结构研究开发和工程应用取得了新的进展，同时预应力空间结构开始应用到工程实践中。一大批新型钢结构建筑和构筑物在祖国大地涌现，主要代表有杭州雷峰塔、海南千年塔、广州新电视塔（高度600m、用钢量40万t）、昆明世博园艺术广场膜结构等。

图1-19 国家体育场（鸟巢）

《空间网格结构技术规程》JGJ 7—2010和《膜结构技术规程》CECS 158：2015的出版，为空间结构的发展提供了设计依据。目前，国内已有多家膜结构工程公司，主要承担体育场馆、机场、公园和街道景观的设计和施工，但是，高中档膜材仍需进口（如PT-FE、ETFE）。空间结构在建筑美学、大空间和结构自重方面的优异性能，吸引了一大批专家学者的研究，其学术交流、论坛网站、期刊等方面呈现一片兴旺景象。

图1-20 国家游泳中心（水立方）

图1-21 国家大剧院

图1-22　上海八万人体育场

图1-23　南通体育场——开合式屋盖

图1-24　大运会主体育场——水晶石

图1-25　广州歌剧院

图1-26　苏州乐园宇宙大战馆球体屋面（穹顶）

图1-27　中国（太原）煤炭交易中心主体工程

（3）轻钢结构

我国轻钢结构建筑发展较快，主要用于轻型工业厂房、棉花和粮食仓库、码头和保税区仓库、农产品、建材、家具等各类交易市场、体育场馆、展览厅及活动房屋、加层建筑等，如图1-28、图1-29所示。

轻钢结构是相对于重钢结构而言，其类型有门式刚架、拱形波纹钢屋盖结构等。用钢量一般30kg/m²左右（不含钢筋用量），在我国发展很快、应用广泛。全国每年新建轻钢房屋800万m²、用钢约20万t。

图 1-28　单层厂房　　　　　　　　　　　　　图 1-29　建材超市

门式刚架房屋：跨度一般不超过 40m，个别达到 70 多米，单跨或多跨均用，单层为主，也可用于二、三层建筑。厂房单体面积已超过 10 万 m^2。

拱形波纹钢屋盖结构：跨度一般为 8m，自重仅为 20kg/m^2 左右，每年增长约 100 万 m^2，用钢 4 万 t。

门式刚架和拱形波纹钢屋盖都有相应的设计规程、专用软件和通用图集。

（4）钢—混凝土组合结构

众所周知，钢—混凝土组合结构是充分发挥钢材和混凝土两种材料各自优点的合理组合。钢—混凝土组合结构不但具有优异的静、动力工作性能，而且能大量节约钢材、降低工程造价和加快施工进度，是可以广泛推广的结构。对环境污染少，是符合我国建筑结构发展方向的一种比较新颖的结构。

自 20 世纪 80 年代开始，钢—混凝土组合结构在我国的发展十分迅速，已广泛应用于冶金、造船、电力、交通等部门的建筑中，并以迅猛的势头进入了桥梁工程和高层与超高层建筑中。

20 世纪 90 年代我国已建成了世界跨度最大的组合结构的公路拱桥，如广州丫髻沙大桥（图 1-30），主跨长 360m，重庆万州长江大桥（图 1-31），跨度 420m，前者为钢管混凝土拱桥，后者为劲性钢管混凝土骨架拱桥。全国已建成的组合结构拱桥已超过 300 座之多。在高层建筑方面，由华裔建筑大师贝聿铭设计的香港中国银行大厦（图 1-32），其钢—混凝土柱所组成的混合结构"大型立体支撑体系"有效地改进了结构的性能。1999 年建成了全部采用组合结构的超高层建筑——深圳赛格广场大厦，建筑结构高 291.6m，含塔尖高 355.6m，属世界最高的钢—混凝土组合结构。据统计，我国 50% 的超高层建筑都使用了组合结构。钢—混凝土组合结构已有几本专门设计施工规程可参照。

（5）钢结构构筑物

通常情况下，所谓构筑物就是不具备、不包含或不提供人类居住功能的人工建造物，比如水塔、桥梁、堤坝、隧道、（纪念）碑、围墙、招牌框架等。常见的钢结构构筑物主要有输电线路铁塔、广播电视塔、广告招牌、停车库、雕塑等，如图 1-34～图 1-39 所示。例如中国第一高塔，世界第四高塔的广州塔，又称广州新电视塔（图 1-33），塔身主体 450m（塔顶观光平台最高处 454m），天线桅杆 150m，总高度 600m。

图 1-30　广州丫髻沙大桥

图 1-31　重庆万州长江大桥

图 1-32　香港中国银行大厦

图 1-33　广州新电视塔

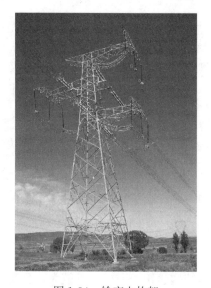

图 1-34　输变电构架

图 1-35　创意人形输电塔 1

图 1-36　创意人形输电塔 2

图 1-37　施工时造粒塔和完工的造粒塔

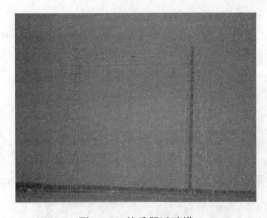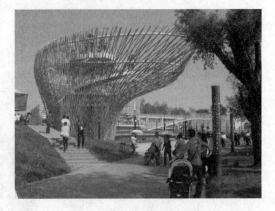

图 1-38　某兵器试验塔　　　　　图 1-39　2011 西安世界园艺博览会荷兰园

（6）钢结构住宅

钢结构住宅属于多高层钢结构的范畴，但因其在钢结构建筑中所占比重较大，且我国现阶段正大力推进钢结构住宅建筑体系的研发工作，故单独作为一类进行详细介绍。

发挥钢结构住宅的自身优势，可提高住宅的综合经济效益：①用钢结构建造的住宅自重是钢筋混凝土住宅的1/2左右，可满足住宅大开间的需要，使用面积比钢筋混凝土住宅提高4%左右；②抗震性能好，其延性比钢筋混凝土好，从国内外震后调查结果看，钢结构住宅建筑是倒塌数量最少的；③钢结构构件、墙板及有关部品在工厂制作，减少现场工作量，缩短施工工期，钢结构住宅工地实质上是工厂产品的组装和集成的场所，再补充少量无法在工厂进行的工序项目，符合产业化的要求；④钢结构工厂制作质量可靠，尺寸精确，安装方便，易与相关部品配合；⑤钢材可以回收，建造和拆除时对环境污染较少，符合推进住宅产业化发展节能省地型住宅的国家政策。

2005年，建设部颁布了《国家标准图集：钢结构住宅》05J910，2009年，我国第一部《钢结构住宅设计规范》CECS 261—2009颁布实施。标准图和规范的颁布解决了钢结构住宅没有专有的施工设计规程和标准图的窘境。这一系列政策及措施的颁布，充分表明了在我国发展钢结构住宅已经具备成熟的条件。在北京、天津、山东、安徽、上海、广东、浙江等地建造了低层、多层、高层钢结构住宅试点示范工程，目前已建成500多万平方米，体现了钢结构住宅发展的良好势头。例如，全国最大的钢结构住宅示范工程——武汉世纪家园。整个地面主体建筑几乎不用一块黏土砖，是国内第一个真正意义上的完全国产化的绿色高层钢结构建筑项目。位于杭州萧山的杭州钱江世纪城人才公寓是名副其实的"钢结构住宅"，该项目在节能、节电、环保等方面，符合国家产业技术发展方向，在结构体系上，采用钢结构装配技术，在钢结构住宅产业化发展方面，具有示范意义。如图1-40～图1-44为我国典型的钢结构住宅项目。

图1-40 轻钢别墅

图1-41 咸阳丽彩天玺广场

图1-42 济南艾菲尔花园

图1-43 天津市彩丽苑2号楼

图 1-44　武汉世纪花园

钢结构用钢量占钢材产量比例应不断提高。钢结构（包括工业与民用建筑、铁路与公路桥梁、水电与火电建设、城市建设等）用钢量占钢材产量的比例 2006 年为 4.12%，2007 年为 4.28%，2008 年为 4.25%，2009 年为 4.00%，2010 年为 4.07%。2012 年，钢结构年产量达到约 3500 万 t，占钢产量的比重仅为 5% 左右；2013 年，中国钢结构行业总产量约为 4370 万 t；2015 年建筑钢结构的发展目标是争取每年建筑钢结构用钢占总钢材产量的 6%。而发达国家目前这一比例早已达到 10% 以上，美国、日本等国家更是达到 30% 左右。从这些数据可以看出，我国建筑钢结构用钢量严重偏低，与钢产量的快速增长形成了巨大的反差，这也是造成我国钢材总体供大于求的一个主要原因。但同时也说明，中国钢结构发展具有极大的空间和潜力。

国家发展改革委、住房和城乡建设部印发了《绿色建筑行动方案的通知》，要求"十二五"期间新建绿色建筑 10 亿 m²。到 2015 年末，20% 的城镇新建建筑达到绿色建筑标准要求。其中，钢结构建筑正成为绿色建筑的发展方向之一。国家对环保的日益重视，绿色、节能建筑将成为未来城市建设的重点。在城镇化建设的推动下，绿色钢结构建筑的市场规模将非常大，预计有上万亿元的巨大市场正在加速形成。对钢铁企业而言，转变观念、进军钢结构产业，不失为实现转型发展的一条新路。政府和钢铁企业都应对钢结构产业给予更多的重视。

（7）钢结构抗震校舍

钢结构具有抗震性能好的优点，可以作为地震区中小学校舍的首选结构形式。

2008 年 5 月 12 日，我国四川省汶川县发生里氏 8.0 级强烈地震。近 7 万人罹难，2 万人失踪，数以万计的建筑坍塌，直接经济损失 8000 余亿元。大量学校、医院等人员密集的重要公共建筑也发生垮塌，损失极其严重。

地震发生后，陕西省教育厅牵头在陕西省内开展了钢结构校舍的试点建设工作，由西安建筑科技大学钢结构研究所负责设计。三个试点学校分别为：汉中洋县书院初中、武功县普集镇中心小学、宝鸡渭滨区八鱼初中，共 6 个单体工程，总建筑面积约 3 万 m²。试点工程已全面完工并投入使用。

1）洋县书院初中

洋县书院初中位于陕西省汉中市洋县，包括教学楼和行政办公楼两个单体，均为 3 层，层高 3.9m，总建筑面积约 1.4 万 m²，如图 1-45 所示。

2）普集镇中心小学

普集镇中心小学位于陕西省宝鸡市武功县，包括教学楼和报告厅两个单体，其中教学楼为 4 层，层高 3.9m，报告厅为 1 层，层高 5.4m，总建筑面积约 0.6 万 m²，如图 1-46 所示。

3）宝鸡八鱼中学

宝鸡八鱼中学位于陕西省宝鸡市，包括教学楼和宿舍食堂两个单体，均为 5 层，层高 3.9m，总建筑面积约 1 万 m²，如图 1-47 所示。

施工照片1　　　　　　　　　　施工照片2

图 1-45　洋县书院中学

施工照片1　　　　　　　　　　施工照片2

图 1-46　普集镇中心小学

施工照片1   施工照片1

图 1-47 宝鸡八鱼中学

校舍建筑具有大开间、大开洞的建筑特点，难以布置柱间支撑。在综合对比分析后，三个试点校舍均采用了无支撑的框架结构，个别单体采用了轻型门式刚架结构。洋县书院初中位于 6 度区，地震作用不起控制作用，采用 H 型钢框架。宝鸡八鱼中学和普集镇中心小学位于 7 度区，为了提高整体刚度和抗震性能，采用矩形钢管混凝土框架结构。

1.6 钢结构新的发展方向

（1）钢结构新材料、新产品的研发

钢结构新材料主要指高强钢、耐候钢、抗火钢等新型钢材，分析其使用的必要性和目前在加工上、性能上、设计使用上存在的不足。

钢结构新产品不仅指厚板、热轧 H 型钢、镀锌板、压型钢板等钢材产品，还包括现在逐步出现的防屈曲支撑、剪力墙等结构部件产品。结构部件产品可整体定制以满足工程需要，并直接在现场与主体结构进行拼装，从而实现标准化生产和施工。

（2）钢结构体系的创新

钢结构体系的分类方法有许多种，按最早的分类可分为普钢、轻钢（冷弯型钢结构）结构；按结构形式可分为大跨、高耸（塔桅）、高层、船舶（钻井平台）结构等；按使用材料可分为张拉、索膜、组合结构等；按用途可分为厂房、住宅、公共建筑（展馆、航站楼、火车站、体育馆）等；按功能可分为仓库、住宅、办公楼、公共聚集建筑、通过性建筑（桥梁）等。

随着科学技术的发展，各种新型的钢结构体系，如杂交结构、整体张拉结构、开合式屋盖结构、防屈曲耗能支撑结构等也开始逐渐出现，对其理论研究也在不断地深入。

（3）钢结构计算理论的发展

板壳理论、塑性理论、结构动力学、随机过程、离散数学、模糊数学等相关学科的发展对钢结构理论的发展都具有一定的推动作用。

随着计算机技术的发展、有限元技术的发展以及各种计算程序的发展，使得非线性分析、动力分析、结构整体分析成为可能。

目前，结构分析已能够超越线弹性而考虑材料非线性和几何非线性；由平面分析发展到空间整体和共同作用分析；已能够脱离解析解的束缚，采用数值解对结构进行仿真；不但能作静力分析，也能作动力分析；能模拟大型复杂结构施工过程中，结构局部或整体在不同阶段变边界条件、变荷载下的受力特性。随着结构学科的进步，建筑结构在外界荷载作用下的全过程反应越来越受关注。

钢结构相关屈曲理论、畸变屈曲理论、大跨空间结构理论、高强高性能钢结构理论和钢结构高等分析理论等都亟须发展和完善。

（4）钢结构施工方法的发展

随着钢结构应用越来越广泛，且正朝着超高、大跨、异型的方向发展，使得钢结构的施工面临前所未有的挑战。在结构施工阶段的受力状态和变形方式与设计状态的差别越来越大，施工过程越来越复杂，按照传统方式根本无法完成施工，因此，如何安全施工是摆在科研技术人员面前的一个重大问题。

思 考 题

1. 请结合钢结构的发展历史，思考材料的发展对建筑结构发展有何影响？
2. 请比较钢结构现有计算方法的异同，并展望钢结构计算方法的发展方向。
3. 请查阅资料，举例说明建筑结构中利用了钢结构的哪些特点？
4. 请结合已建建筑，思考钢结构给绿色建筑理念带来的影响。
5. 请查阅资料，总结钢结构各类结构的特点，并了解新型钢结构的发展进程。

第 2 章 钢结构新材料、新产品

建筑材料的更新是新型结构出现与发展的基础，而新型结构的出现又是新材料出现的驱动力。钢结构的发展始终是与钢材材料特性和生产工艺的发展紧密相连的。自 19 世纪起人类开始应用钢结构至今，随着加工制作、安装技术和设计方法水平的不断提高，钢结构得到了巨大的发展和进步。正是钢材材料的不断改进，提高了钢结构的承载力、经济性能和使用性能，促进了钢结构的发展和应用。

钢结构新材料主要包括（超）高强钢、低屈服点钢、耐候钢、抗火钢等新型钢材材料。钢结构新产品不仅指厚板、热轧 H 型钢、厚壁筒、镀锌板、压型钢板等钢材产品，还包括防屈曲支撑、钢板剪力墙等新型结构部件产品。本章将介绍以上几种新型钢结构材料、钢结构新产品的特点、力学性能以及在工程中的应用情况等。

2.1 （超）高强钢

随着冶炼技术的不断进步，新的钢材生产工艺大幅度提高了钢材的强度和加工性能，同时与超高强度钢材（强度标准值为 $460 \sim 1100 \mathrm{N/mm^2}$）相匹配的具有足够强度、良好韧性和延性的焊缝金属材料和焊接技术也已经比较成熟，完全能够满足构件的加工制作要求，这使得超高强度钢材应用于钢结构成为可能。同时，钢结构工程在跨度、空间、高度等方面需求的不断增加也带动了结构钢材的发展。自 20 世纪 60 年代超高强度钢材开始在实际工程中得到应用以来，世界各国越来越多的建筑结构和桥梁结构开始采用超高强度钢材。

2.1.1 超高强度钢材的材料性能

根据欧洲的建筑结构用超高强度钢材规范（EN1002526）的相关规定，超高强度结构钢材均经过淬火和回火处理，其强度特性如表 2-1 所示。对于每一种强度等级的超高强度结构钢材（不包括 S960），又根据钢材材料的冲击韧性分为 Q、QL 和 QL1 三个级别（表 2-2）。

超高强度结构钢的力学性能 表 2-1

等级	最低屈服强度 $f_y/$（N/mm²）			抗拉强度 $f_u/$（N/mm²）			最小伸长率（%）
	根据厚度分类（mm）			根据厚度分类（mm）			
	$3 \leqslant t \leqslant 50$	$50 < t \leqslant 100$	$100 < t \leqslant 150$	$3 \leqslant t \leqslant 50$	$50 < t \leqslant 100$	$100 < t \leqslant 150$	$L_0 = 5.65\sqrt{S_0}$
S460	460	440	400	550～720		500～670	17
S500	500	480	440	590～770		540～720	17
S550	550	530	490	640～820		590～770	16
S620	620	580	560	700～890		650～830	15
S690	690	650	630	770～940	760～930	710～940	14
S890	890	830	—	940～1100	880～1100	—	11
S960	960	—	—	980～1150		—	10

超高强度结构钢材的最小冲击功要求（单位：J）　表 2-2

级别	试验温度（℃）			
	0	−20	−40	−60
Q	30	27	—	—
QL	35	30	27	—
QL1	40	35	30	27

2.1.2　超高强度钢材钢结构的优点

钢结构采用超高强度钢材能够实现更大跨度、更高高度的结构空间，适应当前钢结构工程发展的需求。相对于普通强度钢材钢柱，构件的初始缺陷（主要包括几何初始缺陷和残余应力）对超高强度钢材钢柱的影响要小很多。因此，对于超高强度钢材轴心受压钢柱，可采用比普通钢材钢柱高的整体稳定系数，提高其整体稳定承载力，更加充分地发挥超高强度钢材钢柱的强度优势。

相对于普通钢材，钢结构采用超高强度钢材具有以下优势：

（1）在经济性方面，能够减小构件尺寸和结构重量，相应地减少焊接工作量和焊接材料用量，减少各种涂层（防锈、防火等）的用量及其施工工作量，使得运输和施工安装更加容易，降低钢结构的加工制作、运输和施工安装成本；同时在建筑物使用方面，减小构件尺寸能够创造更大的使用净空间；特别是，能够减小所需钢板的厚度，从而相应减小焊缝厚度，改善焊缝质量，提高结构疲劳使用寿命。以上这些都能够直接创造良好的经济效益。

（2）钢结构采用超高强度钢材，有利于我国可持续发展战略和保护环境基本国策的实施。超高强度钢材钢结构能够降低钢材用量，从而大大减少铁矿石资源的消耗；焊接材料和各种涂层（防锈、防火等）用量的减少，也能够大大减少其他不可再生资源的消耗，同时能够减少因资源开采对环境的破坏，这对于我国实施可持续发展战略，改变"高资源消耗"的传统工业化发展模式，充分利用技术进步建立"效益优先型"、"资源节约型"和"环境友好型"国民经济体系都有极大的促进作用。

（3）超高强度钢材钢结构在降低钢材用量的同时，能够相应地大大减少钢材冶炼的能源消耗，最终降低单位面积建筑产品的能源消耗，有利于实现降低能耗的发展目标。

2.1.3　超高强度钢材钢结构的适用范围

根据超高强度钢材钢结构的上述特点，其主要的适用范围有：

（1）承受竖向和水平荷载非常大的超高层建筑底层柱；

（2）大跨屋盖结构，采用超高强度钢能够减轻结构自重，减小下部结构的受力；

（3）大跨桥梁结构，可明显提高桥梁疲劳使用寿命；

（4）军用越障安装桥梁；

（5）海洋平台结构等。

2.1.4　工程应用

（1）索尼中心（Sony Center）

德国柏林索尼中心大楼（Sony Center）（图 2-1）为了保护已有的一个砌体结构建筑物，将大楼的一部分楼层悬挂在屋顶桁架上。屋顶桁架跨度 60m，高 12m，其杆件用

图 2-1　德国柏林索尼中心大楼

600mm×100mm 矩形实心截面，采用了 S460 和 S690 钢材（强度标准值 460MPa 和 690MPa），以尽可能减小构件截面。

（2）星城饭店（Star City）

澳大利亚悉尼的星城饭店（Star City）在悉尼中心区的西部，位于繁华的达令港（Darling Harbour）内，建筑物包括一个娱乐场、一个酒店和两个大型剧院。整个建筑物共 13 层，包括屋顶和地下 5 层。该工程地下室的钢柱和屋顶桁架采用了 650MPa 和 690MPa 钢材。

（3）Latitude 大厦

Latitude 大厦位于澳大利亚悉尼中心区的世界广场（World Square），2005 年建成，55 层。由于场地上已有一个部分完成的建筑物，如果在既有建筑物顶部增建新结构，则需要对原有的柱子进行加固。出于经济效益的考虑，为了尽快完工，结构工程师在第 16 层采用 7m 高的钢结构转换层将荷载从新增结构的柱子传到既有建筑物上。在转换层的钢结构中采用了 16mm 厚的 Bisplate80（690MPa）钢板，以减小结构重量。虽然该工程中超高强度钢材的总用量只有 280t，却收到很好的效果。

（4）日本高强度钢材的应用

日本常用的结构钢材强度通常为 400～490MPa。但是近十几年来，日本开始研究和使用极限抗拉强度为 800MPa 的钢材，而且已经开始研究应用 1000MPa 钢材。特别是，他们更着重于采用超高强度钢材钢结构来减轻和避免地震对结构造成的破坏。

日本的第一幢采用超高强度钢材的建筑是位于横滨的 Landmark Tower 大厦，其 I 形截面柱采用了 600MPa 钢材。东京的两幢高层建筑 JR East J apan 总部大厦和 NTV Tower 也采用了超高强度钢材。位于日本清水的 127 层、高 550m 的超高层建筑也采用了 600MPa 钢材。

（5）我国的国家体育场

我国在 2008 年奥运会主会场——国家体育场（鸟巢）钢结构中的关键部位应用了 400tQ460 钢材，从而满足了设计要求，取得了很好的效果。

目前关于超高强度钢材钢结构的设计方法，欧洲钢结构规范针对 S460～S700（强度标准值 460～700MPa）钢材，对原有普通钢材钢结构设计规范提出了补充条款；美国的荷载抗力系数设计规范（LRFD）中也提出了几种高强度结构钢材，最高为 A514（强度标准值 690MPa）。但是这两个规范中，关于超高强度钢材钢结构的条款，都是仅仅将超高强度钢材引入设计规范；对于其中很少量的计算公式，则是简单套用传统的普通钢材钢结构的设计方法和计算公式，并明确指出缺乏相关试验和研究依据；而对于其他更多的具体设计方法、计算公式和曲线，则仍然是空白。我国《钢结构设计规范》GB 50017—2003 所规定的最高强度钢材仅为 Q420 钢材（强度标准值 420MPa），尚不涉及超高强度钢材钢结构。

即便如此，超高强度钢材钢结构以其明显的优势，已经在国内外多个实际工程中得到应用，获得了很好的效果。

2.2 低屈服点钢材

低屈服点钢作为耗能抗震设计中主要部件的制作材料，其研制、发展自20世纪90年代以来受到广泛关注，并在钢种的研制和工程应用方面取得显著进展。建筑抗震用低屈服点钢首先在地震频发的日本研制成功并投入应用，并在许多国家得到推广。随着国内高层建筑的增多及建筑抗震设计水平的提高，低屈服点钢的开发和应用在国内引起越来越多的重视。宝钢经过合理的成分设计和轧钢工艺，成功开发出100MPa、160MPa和225MPa三种屈服强度级别的低屈服点钢，并投入工程应用。

2.2.1 低屈服点钢的性能要求

低屈服点钢主要用于制作消能阻尼器，其抗震方式决定了钢的性能要求。地震中，要求消能阻尼器先于其他结构件承受地震作用，在塑性区内发生反复变形。所以低屈服点钢必须具有很低的屈服点并且屈服范围控制在很窄的范围内（一般20MPa），同时还要有良好的加工及焊接性能，并且具有良好的塑性，从而具有良好的变形能力。此外，要求低屈服点钢必须具有良好的抗低周疲劳性能。

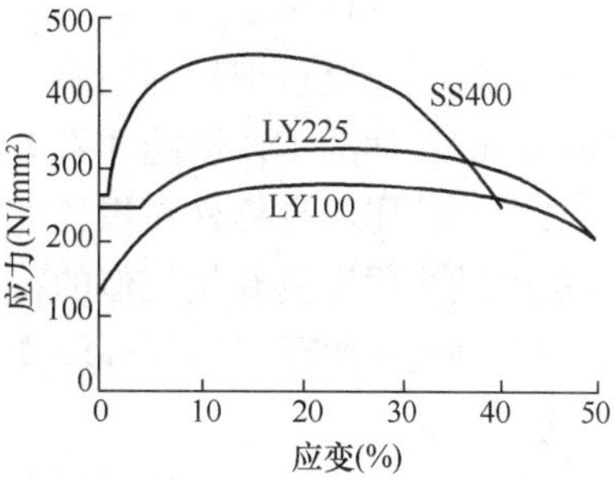

图 2-2 钢材的应力-应变曲线

2.2.2 钢材性能

根据相关的试验研究得知，以上用于制作阻尼器的钢材在力学性能方面具有如下特点：

(1) 屈服点很低，且具有很强的变形能力（图2-2）；

(2) 屈强比较小，反复荷载作用下承载力明显提高（图2-3）；

(3) 极低屈服点钢材的低周疲劳性能与普通低碳钢基本相同；

(4) 应变速度对屈服荷载的影响较大，但对极限承载力的影响并不明显（图2-4）。

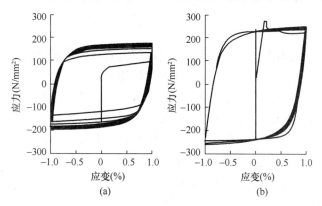

图 2-3 反复荷载下应力-轴向应变关系
(a) LY100；(b) LY225

2.2.3 低屈服点软钢阻尼器

软钢阻尼器是靠金属本身的屈服耗散能量，在地震作用下结构发生塑性变形前软钢阻尼器先进入屈服，并在塑性阶段呈现出良好的滞回特性，以耗散大部分的地震能量。因

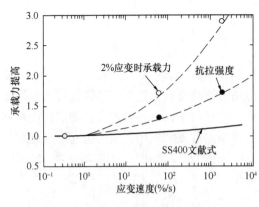

图 2-4　应变速度和承载力的提高

此，作为软钢阻尼器其屈服荷载应较低，同时应具有良好的塑性变形能力。极低屈服点钢材的材性，非常适合于制作软钢阻尼器。因此，极低屈服点钢材自投放市场以来即受到抗震工作者的关注，用其制作各种形式的软钢阻尼器，并收到了很好的减震效果。用极低屈服点钢材可制作钢板屈服阻尼器、钢板减震墙、耗能支撑等。其中，钢板屈服阻尼器的构造简单，使用方便，它是用极低屈服点钢制作薄板，在其周边加设相当于翼缘的边框，两者之间焊接而成。此类阻尼器具有以下特点：

（1）极低屈服点钢材的屈服应变仅仅为普通钢材的 1/2.5，变形能力约为其 2 倍，这对提高耗能构件的工作性能非常有利。

（2）极低屈服点钢材在焊接性能、抗火性能、施工工法、加工工艺以及耐久性等方面与普通的结构用钢具有相类似的特点，因此与主体结构间的兼容性较好。

（3）钢板屈服阻尼器与耗能支撑以及减震抗震墙相比，加工制作及施工更加容易，所占空间更小。

（4）钢板阻尼器一般通过刚度较大的连接构件与主体结构相连，地震作用后若阻尼器的受损较严重，只需更换阻尼器，其修复成本很低。

对极低屈服点软钢阻尼器本身的性能及其结构，日本的学者进行了广泛的研究，处于世界领先地位。例如对极低屈服点钢板阻尼器进行静载剪切试验及疲劳试验，探讨宽厚比以及加劲肋对其滞回性能的影响；对安装阻尼器的结构进行静载试验、拟动力试验或动力试验，研究不同安装方法对阻尼器耗能能力的影响，应变速度对结构的地震反应、滞回性能的影响等。

2.2.4　工程应用

目前采用低屈服点钢制作的无约束柱、钢板剪力墙及各种类型的减震阻尼器等在以日本为代表的很多国家得到广泛推广，并产生了大量相关的抗震设计技术。目前，国外每年都有大量的高层建筑使用低屈服点钢制作的阻尼器以提高建筑物的抗震能力。我国属于地震多发国家，烈度为 7 度到 9 度的地震区分布在全国约 100 个地区。而且，低屈服点抗震钢还可用于大跨度场馆、桥梁和塔架等建筑的加固，提高其抗震能力。我国使用低屈服点钢制作的抗震构件应用案例还不多，采用宝钢 160MPa 级抗震用低屈服点钢板制作的屈曲约束支撑构件经实物检测表明具有良好的抗震耗能性能，已经用于上海世博会中国馆（图 2-5、图 2-6），这是国产软钢耗能构件在工程中的首次应用，也是国产低屈服点钢在工程中的首次应用。

在北京工人体育场馆加固改造中，工程师们在强化建筑自身的同时，还引入了"软抗"技术。所谓的"软抗"就是在结构物的某些部位（如节点和连接处）装设低屈服点钢材制成的阻尼器。当发生地震时，阻尼器大量消耗输入结构的地震能量，从而保护主体结构在强震中不被破坏，不产生过大变形。与传统抗震相比，结构消能减震可使地震反应减小 40%～60%。因此，结构消能减震技术是一种非常安全可靠的抗震技术。

图 2-5 上海世博会中国馆   图 2-6 世博会中国馆中的
                                        低屈服点钢阻尼器

低屈服点软钢阻尼器由于它所具有的特殊材性，即屈服强度低而变形能力强，不管是中小地震还是大震作用下，都能够吸收大量的地震能量，从而显著降低结构的地震反应，抑制结构损伤，有关这方面的理论研究已进行了很多。但在阻尼器的滞回阻尼能力、滞回特性、低周疲劳特性、高应变速度的影响等方面还需要进一步地探讨，并且对实际结构中的阻尼器力学行为及阻尼器结构的非线性地震反应特点的试验研究资料还很少，有关这方面的试验数据将有助于建立准确的计算模型。目前的研究成果多为国外学者所为，我国学者也逐渐重视，但开展的实际工作还很少，因此，对极低屈服点软钢阻尼器及软钢阻尼器结构值得做进一步的研究，以推动新型耗能减震结构体系的推广应用。

2.3 耐 候 钢

随着我国政府对钢结构行业的政策从过去限制用钢到鼓励合理用钢的转变，建筑钢结构得到迅速发展，钢结构的防腐问题也变得愈加突出。据工业发达国家的统计，因腐蚀造成的经济损失约占国民生产总值的 4.7%，但其中 1/4 可通过采取适当的防腐措施来避免。因此，钢结构防腐对国民经济的发展显得尤为重要。

耐候钢是指通过添加少量合金元素，使其在大气中具有良好耐腐蚀性能的低合金高强度钢。耐候钢的耐大气腐蚀性能为普通碳素钢的 2～8 倍，并且使用时间愈长，耐蚀作用愈突出。耐候钢除具有良好的耐候性外，还具有优良的力学、焊接等使用性能，广泛用于铁道车辆、桥梁和集装箱。

2.3.1 发展概况

耐候钢及耐大气腐蚀钢，是在普通钢中添加一定量的合金元素，如 Cu、P、Cr、Ni、Mn、Nb 等，使其在金属基体表面上形成保护层，以提高钢材的耐候性。

从 20 世纪初至今，美、德、英、日各国对耐候钢进行了深入的研究。20 世纪 60 年代，我国开始进行耐候钢的研究和大气暴露试验。1965 年，试制出 09MnCuPTi 耐候钢，并研制出我国第一辆耐候钢铁路货车。国家科委和自然基金委员会组织了全国环境腐蚀实验站，自 1983 年开始了 5 个周期 20 年的数据积累工作和计划。此外，研究者还结合我国的资源优势开发出了一些钢种，如鞍钢集团的 08CuPVRE 系列、武钢集团的 09CuPTi 系列、济南钢铁公司的 09MnNb、上海第三钢铁厂的 10CrMoAl 和 10CrCuSiV 等。

2.3.2 合金元素对钢耐腐蚀性能的影响

耐候钢较普通碳素钢有较好的耐大气腐蚀能力，其中合金元素起到了以下决定性作用：

降低锈层的导电性能，自身沉淀并覆盖钢表面；影响锈层中物相结构和种类，阻碍锈层的生长；推迟锈的结晶；加速钢均匀溶解；加速 Fe^{2+} 向 Fe^{3+} 的转化并阻碍腐蚀产物的快速生长；合金元素及其化合物阻塞裂缝和缺陷。

进一步研究表明，耐候钢中加入的合金元素对其耐大气腐蚀性能的影响不尽相同。

在钢中加入 0.2%～0.4%的 Cu 时，无论在乡村大气、工业大气或海洋大气中都具有优越的耐腐蚀性能，Cu 还有抵消钢中 S 的有害作用的明显效果。其作用特点是：钢中 S 含量越高，Cu 减低腐蚀速率的相对效果愈显著。P 在钢中能加速钢的均匀溶解，有助于在钢的表面形成致密的保护膜，使钢内部不受大气腐蚀，通常 P 的最佳含量为 0.08%～0.15%。Cr 能在钢表面形成致密的氧化膜，提高钢的钝化能力。耐候钢中 Cr 含量一般在 0.4%～1.3%之间。Ni 是一种较稳定的元素，当其在耐候钢中含量为 4%左右时，能提高钢的稳定性并显著改善海滨耐候钢的抗大气腐蚀性能。研究表明，微量 Ca 加入耐候钢可以降低腐蚀界面的侵蚀作用，促进致密保护层的生成，改善钢的整体耐大气腐蚀性能。Si 与其他元素如 Cu、Cr、P、Ca 配合使用可改善钢的耐候性，降低钢的整体腐蚀速率。稀土元素 RE 是不含 Cr、Ni 的耐候钢的添加元素之一，RE 元素是很强的脱氧剂及脱硫剂，主要对钢起净化作用。RE 的加入可细化晶粒，减少有害夹杂物数量，减少腐蚀源点，从而提高钢的抗大气腐蚀性能。

2.3.3 耐候钢在建筑结构中的应用

美国于 1961 年首次将无喷涂型耐候钢材用于马萨诸塞州 Pittsfield 近郊的输电塔上。1964 年位于芝加哥郊外的 DEERE&COMPANY 办公楼和 1969 年美国著名的 U·S·STEEL 公司的 64 层办公楼（高 256m）也相继使用了无喷涂耐候钢材。20 世纪 70 年代后裸耐候钢开始大规模应用在钢桥的建造中。纽约 Gorge Washington Bridge、西弗吉尼亚 New River Gorge Bridge（跨度 518m 的拱桥）和新奥尔良 Mississippi River Bridge 中耐候钢的使用为钢桥的发展带来了新的生机。在美国，截至 1997 年已有 45%的桥梁使用耐候钢。

日本也是将耐候钢较早较多用于建筑结构的国家之一。1965 年，香川县"五台山之家"的屋顶使用了耐候钢材，并于 1967 年首次在"知多二号"桥上使用。随后建成的第三大川桥、志染川桥、十胜中央大桥都相继使用了耐候钢。日本近年来针对高抗盐腐蚀的沿海地区用耐候钢进行了大量的研究，并推出了新的耐候钢品种。与传统的耐候钢的化学成分相比，这些新型钢是低合金钢，不含铬，但有铌、钼、磷、钛等元素。根据在含盐环境中进行暴露试验的结果，这些钢的腐蚀损失比普通耐候钢少。它们可以用在不能使用常用耐候钢的地方（大气中含盐量大于或等于 0.05mdd 时）。将来，类似的新型耐候钢的出现将会使耐候钢的应用范围扩展到盐腐蚀更加严重的地区。

国内上海钢铁一厂钢研所于 1968 年研制成功的高耐候性钢材 10PCuRE 是我国目前

比较成熟、能大规模生产的一种耐候钢。1968年将该钢种2.5~3mm厚的冷弯钢（角钢、方钢、槽钢）用于上海杨浦电厂屋架，至1993年检查时，外涂漆层良好。上海钢铁工艺研究所螺纹钢厂房屋架采用该钢种冷弯型钢制作，已使用30年，无明显腐蚀现象。

1989年底，由铁道部科学研究院研究开发，武汉钢铁厂试制，宝鸡桥梁厂制造了3孔钢号为NHq35的耐候钢箱梁。作为试验，将其中一孔梁采用裸使用，其余两孔涂面漆，1991年架设于京广铁路武汉巡司河上并投入使用。

武汉钢铁（集团）公司于2001年8月研制开发了具有世界领先水平的"高性能耐火耐候建筑用钢"。该系列钢品有4个系列，10个品种，同时具有耐火和耐候的特性。WGJ510C2高性能耐火耐候建筑用钢的耐火性能达到了日本耐火钢SM400FR和SM490FR的标准，其耐候性能达到了美国耐候钢CortenA和CortenB的性能。

2001年6月开工的中国残疾人体育艺术培训基地选用WGJ510C2耐火耐候钢作为主体结构材料，提高了钢结构在潮湿环境中的抗锈蚀能力和耐火时限。由于材料性能的改进，延长了钢结构的维护周期，将有利于降低其运行维护成本。WGJ510C2耐火耐候钢的另一个应用实例是在国家大剧院工程中的使用。

2.3.4 耐候钢的发展展望

不同耐候性元素对不同环境下的腐蚀作用不一样，例如钼对降低工业大气腐蚀速率有效，但对海洋性大气的抗腐蚀作用不明显，因此根据腐蚀环境的不同，耐候钢向专用性、特殊用途化发展，其成分体系也相应发生变化，以提高耐候性元素加入的有效性和应用效率。耐海水腐蚀钢、耐海洋性气候腐蚀钢、耐酸性气候腐蚀钢和耐热带气候腐蚀钢等专用钢种是这一类钢种的代表。因此耐候钢也应该向多样化方向发展。

表面处理技术也可以提高耐候钢的性能。开发与耐候钢基体相匹配的涂层材料，其耐腐蚀效果将成倍提高。例如，日本开发的将含有百分之几碳酸铬的聚乙烯醇缩丁醛树脂涂于耐候钢表面，人工加快稳定锈层产生，防止或减少了初期流动铁锈的生成，减少了环境污染，提高了耐腐蚀性能。

综上所述，耐候钢的耐腐蚀性能和经济性决定了耐候钢是有生命力的钢铁材料。在今后耐候钢的研究中，一方面应注意借鉴国外先进经验，另一方面应立足于我国的特有资源优势和已有的技术优势，着重开发适合我国环境、地区特点的高效、高品质耐候钢及其表面锈层快速稳定化处理技术。

2.4 耐 火 钢

钢结构建筑虽然具有重量轻、施工快、空间大以及舒适美观等优点，但其防火性能差。普通建筑用钢在350℃以上高温时屈服强度陡降，低于室温强度的2/3，不能满足设计要求。为了防止火灾给钢结构建筑造成灾难性破坏，必须喷涂很厚的防火涂层对钢结构进行保护。喷涂防火材料使钢结构建筑成本成倍增加，且延长工期，影响美观，减少室内有效使用面积，喷涂作业的飞溅还造成环境污染。减少防火涂层，降低成本和提高劳动生产率，是现代建筑发展的趋势之一。耐火钢正是为了适应这一发展趋势而产生。

提高钢材本身的耐火性能是减少防火涂层、增强建筑物抗火灾破坏最为有效的办法。钢的耐火性能是指钢结构遇火灾时钢材本身短时间内抵抗高温软化的能力，用钢的高温强度来表征。因此，耐火钢的关键是要提高钢的高温强度。

耐火钢的概念是 20 世纪 80 年代末由日本提出的，通过在钢中添加微量耐热性高的 Cr、Mo、Nb 等合金元素，开发了耐火温度为 600℃的建筑用耐火钢。该钢在 600℃的高温条件下，屈服强度保持在室温强度的 2/3 以上，满足了钢结构的耐火要求。

在常温下，耐火钢与普通建筑用钢相同，具有良好的焊接性和加工性能。耐火钢的使用，大大减少了钢结构建筑的防火涂层，在某些场合甚至取消了防火涂层，大幅度降低了建造成本，加快了施工进度，具有显著的经济效益和社会效益。耐火钢的出现和应用，预示着现代建筑结构一个新时代的到来。

2.4.1 耐火钢的技术要求

耐火钢是一种具有耐火功能特性的结构材料，要求具有良好的高温强度，但它不同于通常的耐热钢。耐热钢是长期在高温环境下服役，要求具有良好的高温强度及高温稳定性，一般采用高合金钢。而耐火钢平常是在常温下承载，要求在遇到火灾的短时高温条件下（1～3h）能够保持较高的屈服强度，属于低合金结构用钢。因此，耐火钢除了要求良好的高温强度外，还必须具有普通建筑结构用钢所具有的良好焊接性、加工成形性能等。

耐火温度的设定是耐火钢技术要求的关键。建筑物的耐火不仅取决于所采用的结构钢本身的耐高温性能，而且与防火涂层的厚度有关。提高钢的耐火温度，可减少防火涂层。但耐火温度设定过高，钢中要添加很多合金元素，将增加制造成本，且对使用性能不利。因此，最高耐火温度的确定，应该是钢的高温性能和生产成本之间的最佳平衡结果。耐火钢的耐火温度设定在 600℃最佳。

耐火钢的具体技术要求如下：

(1) 良好的高温强度：σ_s（600℃）$\geqslant 2/3\sigma_s$；

(2) 满足普通建筑用钢的标准要求，室温力学性能等同或优于普通建筑用钢；

(3) 高抗震性能，室温屈强比不大于 80%；

(4) 良好焊接性，优于普通建筑用钢。

表 2-3 列出了 400～490MPa 级耐火钢的力学性能要求。

<table>
<tr><td colspan="5" style="text-align:right">耐火钢力学性能指标　　　　　　　　　　　　　　　　表 2-3</td></tr>
<tr><td rowspan="2">强度级别</td><td colspan="2">室温强度（MPa）</td><td>高温强度（MPa）</td><td>冲击功（J）</td></tr>
<tr><td>σ_s</td><td>σ_b</td><td>σ_s（600℃）</td><td>Akv（0℃）</td></tr>
<tr><td>400MPa</td><td>≥235</td><td>400～510</td><td>≥157</td><td>≥27</td></tr>
<tr><td>490MPa</td><td>≥325</td><td>490～610</td><td>≥217</td><td>≥27</td></tr>
</table>

2.4.2 耐火钢应用现状

日本在耐火钢的开发和应用方面处于领先地位。日本新日铁公司开发出了系列强度级别的耐火钢，如 NSFR400（392MPa）、NSFR490（490MPa）、NSFR520（520MPa）等耐火钢种，产品规格包括 6～100mm 的钢板以及各种 H 型钢。日本新日铁第二大楼是首先使用耐火钢的建筑，其梁和柱均采用耐火钢制造，使用了约 3000t 耐火钢。若采用普通建筑用钢，其梁柱需要喷涂 50mm 厚的防火涂层。采用耐火钢后，防火涂层厚度减少到 15mm，不到普通建筑用钢的 1/3。

1994 年马钢在国内率先开展了建筑用耐火钢的探索性研究，利用先进的热轧 H 型钢生产线开发出了 490MPa 级耐火 H 型钢产品，并成功应用于上海第一个全钢结构高层住宅楼群中的福城工程，用其作为住宅楼的钢梁，马钢共向该工程供应了 H300mm×150mm 和 H400mm×150mm 两种规格的耐火钢 1400 多吨。

宝钢在国内最早开展研制和生产建筑用耐火耐候钢，生产的耐火耐候钢 B490RNQ 具有优良的耐火性能，其耐火性与日本的建筑用耐火钢相当，可使 600℃时屈服强度下降到不大于规定的室温屈服强度标准的 1/3。用此耐火耐候钢制作的构件防火包覆的厚度减少了 1/2 以上。宝钢目前可以提供 B400RNQ（室温力学性能相当于 Q235B）和 B490RNQ（室温力学性能相当于 Q345B）两个牌号的耐火耐候钢。1999 年以来，耐火耐候钢已经提供给多家业主用于建造工业厂房及民用建筑房屋等，2001 年有 5000 余吨成功用于上海中福工程，这是国内首次大批量生产和使用该钢材。此外还向中国南极长城站的宝钢楼提供 B490RNQ 耐火耐候钢 100 余吨。

2.5 厚 钢 板

随着高层建筑和超高层建筑的发展，建筑用厚钢板的需求也越来越迫切。以前，当钢板厚度增加时，通常都要添加较多的合金元素，以保证厚钢板的性能，但这将导致焊接性降低，使焊接施工更困难；当限制合金元素的添加量时，钢板越厚，就越难保证厚钢板的屈服强度，往往根据板厚的不同，规定了厚钢板的屈服强度允许相应降低，使用这种厚钢板时就造成钢材重量增加。

为解决上述问题，采用 TMCP（正火加回火、热机械轧制）技术是最有效的。通过采用 TMCP 可降低钢中合金元素的添加量，降低碳当量；为降低屈强比，要适当控制显微组织的细化程度，使铁素体中的位错密度增高，在较高的轧制温下仍可保证较好的韧性；为生成固溶碳较少的铁素体，需降低加速冷却时的冷却速度，降低水冷开始温度；降低加速冷却时的冷却速度，在某一冷速下能促进贝氏体的生成，提高钢的抗张强度，可成功地制造出 40～100mm 的厚钢板。

2.5.1 钢结构工程中厚钢板的应用概况

2.5.1.1 应用概况

近年来以上海浦东区和北京 CBD 为代表，集中建成与在建一批高层钢结构又形成了一个峰期，发展情况令人瞩目。这些项目采用的厚板主要用于箱形柱，厚度在 40～100mm 范围内，材质主要有以下几种：

（1）低合金钢附加 Z 向要求：Q345B-Z15、Q345C-Z25 等；

（2）高层建筑结构用钢板：Q235GJZ15-C、Q345GJZ25-C 等；

（3）国外牌号钢：SM490B-Z25、A572Gr50；

（4）其他牌号：16Mnq-Z15。

上述厚板用材中仍以普通低合金钢 Q345（附加 Z 向性能）为主。

2.5.1.2 近期钢结构工程中厚板的应用及其特点

与 20 世纪 80 年代后期第一次高层钢结构建设峰期时相比，厚板钢材应用的条件与情况已有了很大变化，主要特点如下：

（1）国产厚板品种增加，质量性能显著提高，部分产品达到国外同类产品的先进水平，为高层钢结构应用的国产化发展提供了充分的材料保证。

（2）国内设计规范的制订与指导，使高层钢结构的设计、用材更为合理与规范化。1998年《高层民用建筑钢结构技术规程》JGJ 99—1998的颁布施行，不仅使高层钢结构设计有了依据，也第一次明确给出了国产厚板（Q235、Q345）的设计值指标与Z向特性、强屈比等要求，使设计、选材更加规范化。

（3）高层钢结构应用的国产化程度（包括设计、施工及材料）与综合技术水平明显提高。

1992年完成设计并开始建造的厦门九州大厦，地上29层，高100m，钢框-支撑-剪力墙体系，箱形柱最大尺寸650mm×650mm×65mm，是第一个完全由国内设计、国内施工并采用国产钢材的国产化高层钢结构项目，此后10年间完全由国内自行设计、自行建造的高层钢结构项目已超过30项。仅由舞阳钢厂供材的高层或大跨钢结构项目就近30项，其中上海文献中心所用Q345GJZ25钢要求最大厚度达250mm，其综合性能完全达到设计要求。

综上所述，我国高层钢结构的设计建造已进入了国产化时期。国产优质厚板钢材，特别是专用高性能厚板的生产供货，起到了重要的支撑作用。

2.5.2 合理选用厚板材性的问题与建议

2.5.2.1 厚板钢材工程应用选材中存在的问题

（1）钢结构工程人员对厚板技术性能的特点与选材要求重视、了解不够，易造成材料选用不当。

优质厚板以其多方面的优异特性适用于高层、大跨、重负荷等较复杂的钢结构工程中，因而这类工程也对厚板材性的选用提出了严格的综合要求。钢结构工程人员（包括设计、施工与材料人员）应重视对厚板材性特点的了解与掌握。

（2）当前厚板选材方面缺乏技术指导性的规定，具体性能选用时难以合理掌握。

因设计规范对选材的规定较简单，设计人员普遍对厚板的强度取值、Z向性能、质量等级及冲击功等性能如何合理要求与掌握等疑问较多，同时由于材料性能直接与材料供货价格有关，合理选择材性自然成为业主要求设计把握的重点。

2.5.2.2 钢结构工程中合理选用厚板（40～100mm）材性的建议

（1）厚板选材原则可参照《钢结构设计规范》GB 50017—2003、《高层民用建筑钢结构技术规程》JGJ 99—2015的规定，综合考虑荷载性质、工作环境温度、结构塑性发展与延性要求、节点焊接约束状态、板厚与厚度折减效应等条件选材。

（2）厚板钢材牌号可选用碳素钢Q235（B、C、D级）、低合金钢Q345（B、C、D、E级）、Q390（C、D、E级）与符合《高层建筑结构用钢板》（YB4104）的Q235GJ（C、D级）钢、Q345GJ（C、D、E级）钢等。当因强度控制截面厚度或要求综合的优良性能时，宜优先选用Q235GJ钢板与Q345GJ钢板。

按抗震设防要求设计的高层钢结构框架一般不宜选用强度级别高于390MPa的厚板钢材。

（3）承重结构厚板钢材质量等级不应低于B级，其应保证的基本力学性能为：屈服强度、抗拉强度、伸长率、冷弯等，对重要承重构件其厚板质量等级不宜低于C级，当承受较高烈度地震作用或直接承受动力荷载时尚应附加保证以下各项性能：

1）承受直接动力荷载时，应附加保证常温冲击功（20℃，≥27J）作为基本要求，需做疲劳计算的厚板构件，应按工作环境要求保证相应温度的冲击功。

2）承受较高烈度地震作用时，应再附加保证延性性能要求，包括钢材强屈比不大于0.8、延伸率不小于20％等。

3）对厚度 $t \geqslant 50mm$ 的厚板，宜补充要求其屈服强度因厚度增大的折减率不大于6％的要求，必要时可附加要求屈服强度不因厚度折减的技术条件。

4）当选用 Q345 钢时应附加其屈服强度上限值的要求。

（4）厚板的 Z 向抗撕裂性能属于钢材的纯净度要求，有 Z 向性能要求时，钢材价格将增加20％左右，故选材时应按以下要求慎重选用：

1）仅在施工中因接头构造与焊接约束应力较大，易引起层状撕裂的部位，并在使用中该处也受到层裂方向拉力作用时，才对该部位的厚板考虑 Z 向要求；

2）对重要框架箱形厚板柱构件，当板厚 $t = 40 \sim 60mm$ 时可要求 Z15 性能，当 $t > 60mm$ 时可要求 Z25 性能，一般不宜要求 Z35 性能；

3）对类似上述条件的厚翼缘 H 型钢柱，由于节点区约束条件的不同，对厚翼缘钢材有 Z 向性能要求时，可仅要求 Z15 性能的保证；

4）当重要承重框架梁柱节点采用梁贯通构造，并当隔板厚度 $t > 40mm$ 时，可仅对厚隔板材料附加 Z 向性能要求；

（5）尽快制订"钢结构设计选材指南"等技术指导性规定，指导合理选材、用材。

2.6　热轧 H 型钢

热轧 H 型钢（图 2-7）是用万能轧机轧制生产的一种经济断面钢材。腹板与两翼缘相垂直，翼缘内外两侧边相互平行，翼端平直，棱角分明，因其翼缘较宽，故又称为"平行宽翼缘工字钢"。H 型钢有热轧和焊接两大类。

热轧 H 型钢是随着世界钢铁生产技术发展，经工字钢优化发展而来的升级换代产品，是一种在世界上发展成熟并早已广泛应用于各行各业的一种高效节能钢材。与普通工字钢相比，H 型钢翼缘宽与腹板高之比值大，截面的分配合理，截面力学性能好。使用热轧 H 型钢制作的钢结构具有重量轻，施工快速、抗震性能好和节能降耗等优点。

H 型钢可作为各类钢结构建筑的主要用材，由于其性能优越，使用方便，在发达国家得到迅速发展和广泛使用。世界各地著名建筑很多以 H 型钢为主要结构材料建造而成。此外，作

图 2-7　H 型钢和剖分 T 型钢

为一种重要结构材料，又广泛应用于铁路、公路建设，桥梁和车辆的制造，核电站以及水利、火力发电工厂建设，地铁和城市高架交通建设，水利以及堤坝防护，港口建设，重要抗震设施建设以及机械和船舶建造等。

在我国钢铁产品结构调整时期，马钢和莱钢等钢铁企业引进国外先进技术和装备建成了 H 型钢生产线并生产出优质的 H 型钢系列产品，实现了我国型钢产品的重大突破，不仅填补了我国钢材产品的空白，改变了我国型钢生产技术的落后面貌，而且对我国钢结构产业产生了重要影响。

2.6.1 热轧 H 型钢的种类和规格

根据使用要求和截面特点，H 型钢一般分为三大类：梁形 H 型钢、柱形 H 型钢和桩形 H 型钢。梁形 H 型钢属于窄翼缘（HN）系列，宽高比在 1∶3.3～1∶2 之间，主要用作受弯构件或组合构件；柱形 H 型钢属于中宽（NM）或宽翼缘（HW）系列，其腹板高与翼缘宽基本相等或接近，宽高比在 1∶1.6～1∶1 之间，主要用作中心或偏心受压构件或组合构件；桩形 H 型钢（HP 系列），其腹板高与翼缘宽及两者的厚度均基本相等，宽高比为 1∶1，主要作基础桩用。

H 型钢经剖分可得到 T 型钢（图 2-8）。此外还有一些特殊断面（如非对称、波腰、桥板网纹型等）H 型钢。

综观世界主要产钢国家的 H 型钢标准，各国生产 H 型钢的尺寸范围大致为：腹板高度 80～1200mm，翼缘宽 50～530mm，腹板厚 2.9～78mm，翼缘厚 4.3～125mm。规格多达上百甚至几百个，为钢结构设计，尤其是对高层建筑和大型构筑物工程设计的优化带来极大方便。

2.6.2 热轧 H 型钢的优点

（1）和普通工字钢相比，热轧 H 型钢截面模数大，抗弯能力较强。

（2）热轧 H 型钢截面设计比普通工字钢更合理，在承受相同荷载条件下，可节约钢材 10%～15%。

（3）在建筑结构中，采用热轧 H 型钢可减少柱截面，增加使用面积 4%～6%。在同样跨度时可减少梁的高度并可在梁上开孔以穿越管道，故同高度时可减少建筑高度，节约内外墙工作量 3%。

（4）在各种以 H 型钢为结构的建筑物中，其重量大大减轻，对基础处理要求低，施工简便快捷。

（5）热轧 H 型钢可剖分成 T 型钢，用它来代替角钢，可以大大减轻结构重量。也可以进行剖分和移位焊接制造蜂窝梁。

（6）热轧 H 型钢是一次成型产品，没有焊接，应力状况大大优于具有较大残余应力的焊接成型材料。抗震性能好，适用于建造高层建筑、厂房和大跨度桥梁等。

（7）H 型钢翼缘较宽且内外表面相互平行，利于机械加工、结构连接和安装，不仅节约钢材，而且大幅缩短建设周期。

2.6.3 热轧 H 型钢的主要应用领域及形式

2.6.3.1 工业与民用建筑钢结构中的梁、柱等基本结构构件

由于 H 型钢的翼缘宽度较宽，因此，H 型钢作为结构型材，比工字钢的应用范围更广，它可作为构件应用在工业与民用建筑的承重框架梁、柱构件，高层钢结构建筑的框架梁、柱及楼盖梁等方面（图 2-8）。目前，国家正大力推广钢结构住宅及商业用房的建设，正在探索、实践多层、高层钢结构民用建筑结构体系，钢结构住宅将成为建筑领域新的产业。

据预测，我国若达到发达国家人均用钢量水平，钢结构住宅每年 H 型钢消耗量将达 100 万～200 万 t。这还不包括楼、堂、馆、所等大型民用商业用房。

2.6.3.2 机械制造中的结构框架

在石油起重机械、电力锅炉、汽轮机、发电机组支架（图 2-9）、冶金、石化等重工业机械支架、机械流水线工艺设备、电力支架、大型起重机械、重载汽车、火车平板车、造船、大型机床等框架方面，热轧 H 型钢完全优于焊接 H 型钢，它的残余应力小、无时效变形、有较强的抗疲劳强度等优点，以及可以多种材质供货和交货期短等保证，加上价格优势，使热轧 H 型钢有优越的性价比，得以逐步走向机械制造结构型材用钢主导地位。目前这是 H 型钢的主要应用领域，将来更是国内热轧 H 型钢的主导消费市场。

图 2-8 H 型钢框架结构　　　　　　　图 2-9 H 型钢用于发电机组支架

2.6.3.3 剖分 T 型钢

剖分 T 型钢是由热轧 H 型钢直接切割而成。它主要承受轴向力，用于桁架结构的弦杆、腹杆以及组成大型屋面檩条、柱间缀条、箱型结构的构件等方面。以前 T 型钢主要采用焊接 T 型钢和使用双角钢做法，由于热轧 H 型钢的投产，T 型钢进入了结构型材的大家庭，它较双角钢做法可节省投资 10％～25％。在济南钢铁公司及珠江钢厂炼钢工程中大量使用了 T 型钢。

2.6.3.4 多高层建筑及重载建筑的地基处理

地基处理中，使用预应力混凝土桩或钻孔灌注桩等造成现场工作量大、时间长、费用高，若建筑物位于城市中心，地基情况又很复杂时，对周围环境的影响很大。目前在国外发达国家，H 型钢钢桩使用较普及，它具有承载可靠、施工方便、并可回收、对地基土壤的侵蚀破坏性小等优点。目前香港地区这种钢桩每年使用 20 万～30 万 t 左右，主要材质是 BS50B、55C 等，国内已经生产供应了近 10 万 t。我国深圳妈湾西部电厂位于海边软土地基上，其锅炉等厂房设施地基使用了 50B 材质钢桩近 2 万 t。

2.6.3.5 深基坑护坡用钢桩

H 型钢用于深基坑护坡，最有特点的是 SMW 工法。SMW 工法是在水泥土深层搅拌桩中插入型钢所形成的一种地下连续墙施工方法，以 SMW 工法专用机具，用水泥土作为固化剂与地基土进行强制性搅拌，并插入 H 型钢，固化后形成桩列式地下连续墙，充分利用干浆水泥土的高止水性和型钢所具有的强度和刚度，当其围护职能完成后，可以拔出型钢重复应用。

主要应用在地铁车站、地下仓库、地下商场、高层建筑地下室等深基坑围护工程以及水利、港湾工程、盾构隧道进出洞等工程的防水、挡土、帷幕工程。具有施工噪声小、工期短、无泥浆污染、对周围环境影响小等特点，与普通地下连续墙相比，降低造价30%～40%，与钻孔灌注桩相比，降低造价20%，与沉井相比低25%。在我国上海、南京、深圳等地铁、高层建筑地基工程应用很成熟。

2.7 厚 壁 钢 管

近年来我国钢结构工程建设迅速发展，其中大跨度和空间钢结构等得到了广泛应用，此类结构的用材特点是大量应用圆管管材，而且随着跨度、荷载的增大，要求更大的直径与壁厚，有时还需要更小的径厚比。如新的首都机场大量采用大直径锥形、梭形厚壁管柱，主要规格为 D3083×60、D2850×55 与 D1850×50；新广州电视塔立柱钢管为 D2000×50（40），并以很小斜率沿长度方向变径；北京电视塔圆管柱为 D1200×60，其径厚比为 18；广州白云会议中心设计要求部分管柱为 D1000×70，径厚比仅 12.3，由于无法采用热轧或冷成型方法加工，最终采用了铸钢管，这也是国内建筑工程首次采用铸钢管。上述这些要求对钢管加工与设计应用都是新的课题。

2.7.1 厚壁钢管的类别与特点

（1）关于管材的壁厚分类，尚无明确统一的标准，若按《冷弯薄壁型钢结构技术规范》、《钢结构设计规范》规定，圆管（冷加工成型）的厚度不宜大于 25mm。故钢结构用管材的壁厚类别可大致可分为：薄壁管——壁厚 $t \leqslant 6mm$；中等壁厚管——壁厚 $t = 8 \sim 28mm$；厚壁管——厚壁 $t \geqslant 30mm$。关于圆管的径厚比要求，按局部稳定条件，壁厚不应过小；而按冷加工（卷制、压制）条件，为防止过大塑性变形与残余应力，壁厚又不应过大。

（2）厚壁管按加工方法可分为以下四类：

1）热扩无缝钢管：将已轧制成的厚壁无缝钢管加热后再次挤压、扩张并拉伸成型，最大规格为 D720×40，径厚比 $D/t = 16$。因为热扩成型，除有冷却过程中的残余应力外，并无小径厚比的冷加工变形和残余应力。但因热扩中温度、速度的不均匀性，其壁厚公差可达±25%。一般不适用于钢结构。

2）热卷成型管：将钢板均匀加热到 900～1000℃后，在卷管机上卷制成型，一般需经二次加热与二次卷制，其性能优于冷卷成型管，且可不受径厚比的限制，但加工成本高、效率低，主要用于锅炉、压力容器工程。

3）冷卷或冷压成型管：冷卷制管是钢结构加工厂普遍采用的制管工艺，每个管段按钢板轧制方向卷制焊合而成；现最大加工能力可卷制壁厚 100mm、管径大于 1500mm、长度不大于 3200mm 的钢管，其每段管有一道纵向焊缝，每段管长即为原钢板宽度或卷管机有效宽度。卷管用于建筑结构构件时，其主要受力方向为原钢板的横轧制方向，故强度与冲击性能要低一些。冷压制管是在专门的压弯机上，沿钢板轧制长度方向用较长的弧形顶压模具，逐次顶压形成钢管的圆形截面，再经焊接制成较长的圆管。压制管构件的受力方向与钢板轧制方向一致，故力学性能要好一些，同时与卷管相比，其管成型焊缝为纵向直缝且环向焊缝数量减少。目前，冷卷、冷压成型钢管是钢结构工程用厚壁钢管的主要类型。

4）厚壁铸管：将炽热钢水浇筑入离心铸管机中高速旋转而形成的厚壁钢管，其制造工艺无冷加工影响，并不受径厚比的限制，但价格较高，只适用于径厚比很小，其他制管方法无法加工的厚壁钢管。

2.7.2 结构用厚壁钢管合理选材选型的建议

（1）在大型管结构工程设计中，需选用厚壁钢管时，设计人员应了解厚壁钢管的成型方法类别与其技术经济性能特点，并合理选材。

（2）综合比较力学性能、焊接性能、加工性能、截面尺寸精度及材料价格等因素，钢结构工程用厚壁钢管宜选用冷压或冷卷成型钢管。

（3）当选用冷压或冷卷厚壁钢管时应注意以下技术性能或参数的要求：

1）径厚比：冷卷与冷压制管时，钢板内、外纤维分别受压、受拉，产生塑性变形、冷加工硬化及残余应力等不利影响，而径厚比愈小，此影响愈严重，并会直接降低钢管的使用性能。

2）钢材的强度级别：《钢结构设计规范》GB 50017—2003 对钢管桁架结构规定所用钢材强度不应超过 345MPa，屈强比不应大于 0.8。厚壁钢管可能用于桁架或支柱结构，当钢板厚度、径厚比均相同而强度更高时，会产生更不利的冷加工硬化影响与残余应力，降低钢管的承载性能与焊接性能，故冷成型厚壁钢管的钢材强度以不大于 345MPa 为宜。

3）钢材的性能要求：目前冷成型型材的相关标准中对其力学性能试件的取样部位无明确规定，故厂家所提供的质量检验单数据均为其原材料的力学性能数据，并非已成型管产品的实物力学性能，这对厚壁钢管易造成延性指标要求数据偏高的现象。故对主要承重构件用钢管，应在设计文件中注明其实物力学性能指标需经成品钢管上的取样复测确认。同时对抗震设防等重要构件所用冷卷厚壁钢管，宜要求按钢板横轧制方向取样进行冲击功性能检测确认。

4）热处理：冷成型厚壁管影响性能的主要缺陷是冷加工硬化和残余应力影响，故对很重要的管构件或径厚比很小的钢管，可经过技术经济比较，要求进行成品管热处理以细化晶粒，消除残余应力，优化钢管使用性能。

（4）热成型厚壁钢管虽无冷加工效应，但价格均较高。而热扩无缝钢管的壁厚公差可达±25%，会造成结构构件截面不对称，增加附加偏心弯矩和削弱截面承载力；而且在管构件对接接头处，可能造成对焊接头较大的错边偏差，故不宜用作钢结构承重构件。热卷成管性能较好，但加工成本高，主要适用于锅炉、压力容器、管道，一般不宜用于钢结构构件中。

2.8 镀 锌 板

镀锌板是为防止钢板表面遭受腐蚀，延长其使用寿命，在钢板表面涂以一层金属锌，这种涂锌的钢板称为镀锌板或镀锌钢板。镀锌板广泛用于建筑、轻工、汽车、家电、电子、农牧渔业、商品包装等行业。近几年，我国建筑、家电等行业对镀锌板需求增长很快，市场潜力较大，尤其是近年来随着轻型建筑结构的迅速发展，轿车产量的逐年增加，家用电器的广泛普及，合资、独资企业电子产品的大量出口，使镀锌板的消费量增长较快。目前，国内镀锌板的生产无论是数量还是品种均不能满足市场需求，每年需要大量进口，国内镀锌板生产市场占有率较低，国内市场供不应求，市场潜力巨大。

2.8.1 分类

镀锌板按生产及加工方法可分为以下几类：

（1）热浸镀锌板

将薄钢板浸入熔解的锌槽中，使其表面粘附一层锌的薄钢板。目前主要采用连续镀锌工艺生产，即把成卷的钢板连续浸在熔解有锌的镀槽中制成镀锌钢板。

（2）合金化镀锌板

这种钢板也是用热浸镀锌法制造，但在出槽后，立即把它加热到500℃左右，使其生成锌和铁的合金镀膜。这种镀锌板具有良好的涂料密着性和焊接性。

（3）电镀锌板

用电镀锌法制造镀锌钢板具有良好的加工性，但镀层较薄，耐腐蚀性不如热浸法镀锌板。

（4）单面镀和双面差镀锌板

单面镀锌钢板，即只在一面镀锌的产品。在焊接、涂装、防锈处理、加工等方面，具有比双面镀锌板更好的适应性。为克服单面未涂锌的缺点，又有一种在另一面涂以薄层锌的镀锌板，即双面差镀锌板。

（5）合金、复合镀锌板

它是用锌和其他金属如铅、锌制成合金乃至复合镀成的钢板。这种钢板既具有卓越的防锈性能，又有良好的涂装性能。

除上述五种外，还有彩色镀锌钢板、印花涂装镀锌钢板、聚氯乙烯叠层镀锌钢板等。但目前最常用的仍为热镀锌板。

2.8.2 我国镀锌板发展现状

国外涂镀层板生产起步于20世纪20～30年代。自20世纪90年代以来，涂镀层板的生产技术和质量都有了很大的提高。目前，世界镀锌板年产量约8000万t，镀锡板年产量约1500万t，彩涂板年产量1100万～1200万t。加上少量其他品种的涂镀层板，世界每年各种涂镀层板总产量约为10700万t，占世界钢材总产量的11％～12.5％。

按当前状况，很难把全国涂镀层钢板的产量全都统计进来，而且，钢材总量中含有一定的重复钢材量。考虑到这些因素，涂镀层板占钢材总量的实际比例会更大。

（1）热镀锌板生产消费现状

近几年，国内镀锌板生产量的增加主要是热镀锌板产量的增加，1998～2002年，热镀锌板生产量由97万t增加到220万t；而进口量增长更快，由1998年的37万t增加到2002年的156万t；表观消费量由132万t增加到367万t。2002年，热镀锌板国内产品自给率约为60％，当年热镀锌板的国内生产量和进口量均比上一年有所增长，尤其是进口量增长幅度更大，主要是由于供彩涂板生产用薄规格热镀锌板的需求增加，导致国内产品自给率有所下降。

（2）电镀锌板生产消费现状

随着家用轿车市场的快速发展，家用电器、个人电脑的基本普及，电子产品的大量出口，防盗门市场的发展，对电镀锌板的需求增长较快。目前，我国电镀锌板的生产规模，无论是从数量上还是从品种、质量上来说，均不能满足国内市场的需求。2001 年以来，我国电镀锌产品表观消费量呈稳中有升的态势。1998～2002 年，国内电镀锌板生产量增长缓慢，由 17 万 t 增加到 40 万 t；而进口量增长很快，由 73 万 t 增加到 178 万 t；表观消费量由 87 万 t 增加到 216 万 t。2005 年受进口量减少的影响，表观消费量有所减少，为 255 万 t，其中进口为 194.9 万 t，占全年消费总量的 76.4%。目前，我国的电镀锌产品生产量远低于消费量。

2.8.3 国内镀锌板生产存在的主要问题

（1）生产量不足，机组能力小

国内热镀锌板的生产，一方面生产能力满足不了需求，另一方面现有机组生产能力还没有充分发挥。由于热镀锌机组单套机组产能偏小，尤其是近两年中小企业和民营企业新建的机组平均产能不足 15 万 t，与国际上先进机组高产能发展方向不符，如美国近期新建的镀锌机组平均产能超过 40 万 t。机组大型化对降低生产成本、提高产品质量和竞争力具有很大优势。

（2）生产品种、规格、质量有待提高

目前国内镀锌板的生产，在品种、规格、质量上存在的主要问题有：

1）生产品种不全；

2）生产规格单一；

3）缺少锌合金镀层板；

4）热镀锌板原料自给率低。

2.8.4 热镀锌板

（1）我国热镀锌板的生产发展概况

1979 年武钢从德国引进了我国第一套产能 1.5 万 t/年的连续热镀锌机组；20 世纪 80 年代，宽带热镀锌板年产量很低；到了 20 世纪 90 年代，我国陆续建设了十余套连续镀锌机组；到 21 世纪初，随着钢铁工业结构的调整，扁平材的比例增加，其中热镀锌机组的建设获得突飞猛进的发展。国营特大型钢铁企业都建设了热镀锌机组，大多数技术从国外引进。这些机组产能高、产品定位高，销售市场主要面向汽车、家电及优质建筑钢材。

到 2005 年，我国国营特大型钢铁企业已建成 40 余套高产能热镀锌机组，总产能超过 1500 万 t/年；民营企业已建成 80 余套热镀锌机组，总产能将近 1500 万 t/年；从镀锌板产能来看，国企与民企几乎各占半壁江山。但从产品档次，原料、能源供应和技术力量等方面来看，国企的实力更强一些。

（2）热镀锌的缺陷

主要有：脱落、划伤、钝化斑、锌粒、厚边、气刀条痕、气刀刮痕、露钢、夹杂、机械损伤、钢基性能不良、浪边、瓢曲、尺寸不合、压印、锌层厚度不合、辊印等。

2.8.5 热镀锌板的发展趋势

（1）发展锌合金镀层。锌合金镀层钢板具有更优越的性能，其生产比例逐年提高。发展比较快的有铝锌合金镀层、锌铝合金镀层及锌铁合金镀层。最近，日新制钢又开发了镀锌铝镁合金镀层，其耐蚀性为传统镀锌板的 10 倍。

（2）发展无锌花钢板。用无铅镀锌可生产无锌花钢板，这种镀层使用寿命长，有利于环保，适用于汽车业及作为彩涂基板。

（3）发展超深冲及高强度钢镀锌板。

（4）生产超薄镀层板。近年来由于气刀等设备性能的改进，可以生产 $25\sim30g/m^2$（双面）热镀锌板，多用在电器行业，能取代部分电镀锌或电镀锡钢板。

（5）热轧热镀锌板生产得到重视发展。随着人们对节能经济材的重视以及薄板坯连铸连轧生产的发展，可生产出更多薄规格的热轧带卷，其产品主要应用于建筑领域，作为钢结构构件、电缆架、通风管道、粮仓等，这种以热代冷的产品能明显降低材料成本，然而我国热轧热镀锌板市场还有待开发。

2.9 压 型 钢 板

压型钢板是一种将各种薄钢板经冷压或冷轧成型的钢材。钢板采用有机涂层薄钢板（或称彩色钢板）、镀锌薄钢板、防腐薄钢板（含石棉沥青层）或其他薄钢板等。压型钢板具有单位重量轻、强度高、抗震性能好、施工快速、外形美观等优点，是良好的建筑材料和构件，主要用于围护结构、楼板，也可用于其他构筑物。根据不同使用功能要求，压型钢板可压成波形、双曲波形、肋形、V形、加劲形等。

随着工艺及制造业的发展，厂房建筑的跨度、柱距依据生产工艺的要求而变化，工业厂房的平面布置越来越灵活。由于彩色压型钢板具有良好的构造适应性，可以减轻屋面自重，加快施工速度，外观优美，耐大气腐蚀，耐久性好的优点，日益受到人们的青睐。随着设计水平的提高，材质的改善，施工技术的改进，压型钢板已经获得了广泛的应用。

2.9.1 压型钢板的发展现状

建筑用彩色压型钢板是从瓦楞钢板发展而来的，20世纪30年代国外发明了第一条彩带生产线后，将成卷镀锌钢板或冷轧钢板上直接滚涂彩色有机涂层，经高温烘烤而成为彩色钢板，再经滚压成型为各种压型钢板用于建筑物屋顶和墙面，美观而轻巧，成为现代不可缺少的新型建筑材料。

20世纪以来，美国一直在压型钢板的研究生产和工程实践方面处于领先地位，20世纪60年代后期受到日本、欧洲各国的挑战。目前，日本压型钢板出口量以及镀锌钢板、彩色镀锌钢板用于建筑的比重超过了美国。瑞典地处寒冷地区，组合式保温压型钢板独树一帜。许多国家根据自身资源和自然条件，在应用技术上都有所创新：日本在现场加工的长尺压型钢板；瑞典的双向压型钢板；美国的优质耐候板；联邦德国用连续法生产的聚氨酯夹芯板，刚度大、安装简便；美国把压型钢板应用于高层建筑的楼层结构，兼有承重、支模、通风、敷设电缆管线等综合功能。

2.9.2 压型钢板的主要类别

2.9.2.1 压型钢板的材料

用于建筑围护结构的压型钢板的材料品种，主要有金属镀层钢板和彩色涂层钢板，钢板的厚度一般为 $0.4\sim1.2mm$。

（一）金属镀层钢板

经常使用的金属镀层钢板有镀锌钢板和镀铝锌钢板，前者系传统的防腐技术，后者系20世纪70年代推出的新的防腐技术。通常建筑上使用的 Z275（双面锌含量275g/m²）为例，在海边环境下，使用 4 年左右即开始锈蚀，在一般工业环境下，10 年左右亦开始锈蚀，因此镀锌钢板在应用方面有很大的局限性。镀铝锌钢板综合了锌的阴极保护作用和铝的钝化作用，防腐能力比同样厚度镀锌层提高 4 倍左右，同时在抗弯曲性能方面也比镀锌层好许多，但其成本却相差无几，因而得到了广泛的应用。

压型钢板按基板镀层分为以下六类：

（1）镀锌钢板

镀锌钢板按 ASTM 三点测试双面镀层重量为 $75\sim700g/m^2$，建筑应用中最常用的镀锌钢板为 Z275 和 Z450，其双面镀锌量分别为 $275g/m^2$（钢板单面镀层最小厚度为 $19\mu m$）和 $450g/m^2$。

（2）镀铝钢板

建筑用镀铝钢板常见的有以下两种：①用于耐热要求较高的环境：这类镀铝钢板的金属镀层中含有 5％～11％的硅，合金镀层较薄，镀铝层的重量仅为 $120g/m^2$，单面镀层最小厚度为 $20\mu m$。②用于腐蚀性较强的环境：其金属镀层基本是铝，金属镀层较厚，镀层的重量约为 $200g/m^2$，单面镀层的最小厚度为 $31\mu m$。

（3）镀铝锌钢板（又称亚铅镀金钢板）

镀铝锌钢板是一种双面热浸镀铝锌钢板产品，其钢板基材符合 ASTM A792 GRADE 80 级或 AS1397 G550 级。金属镀层由 55％的铝、43.5％（或 43.6％）的锌及 1.5％（或 1.4％）的硅组成。它具备了铝的长期耐腐蚀性和耐热性；锌对切割边及刮痕间隙等的保护作用；而少量的硅则可有效防止铝锌合金化学反应生成碎片，并使合金镀层更均匀。

（4）镀锌铝钢板

镀锌铝钢板是一种含 5％锌以及铝和混合稀土合金的双面热浸镀层钢板，三点测试双面镀层重量为 $100\sim450g/m^2$。

（5）镀锌合金化钢板

镀锌合金化钢板是一种将热镀锌钢板进行热处理，使其表面之纯锌镀层全部转化为 Zn-Fe 合金层的双面镀锌钢板产品，按现有工艺条件，其转化镀层重量按锌计算，最大为 $180g/m^2$。

（6）电镀锌钢板

电镀锌钢板是一种纯电镀锌镀层钢板产品，双面镀层最大重量为 $180g/m^2$，一般不用于室外。在建筑屋面（和幕墙）中最为常用的是彩色镀锌钢板和彩色镀铝锌钢板。

（二）彩色涂层钢板

彩色涂层钢板是以镀锌或镀铝锌钢板为基材，在涂层生产线上涂抹有机涂料，经烘烤而制成的一种复合材料，既有钢材的机械性能，又具有有机材料的耐腐蚀性和装饰性。涂层必须具有良好的耐候性；耐水、湿气的氧化作用；抵御风砂撞击、磨损；盐雾以及工业环境中酸、碱介质的腐蚀作用；抗弯曲的柔韧性；以及与钢板镀层良好的粘接性。

2.9.2.2 压型钢板的板型

我国的国家标准《彩色涂层钢板及钢带》GB/T 12754—2006、《建筑用压型钢板》GB/T 12755—2008 中有 27 种板型，加上国内市场流通的非标准型和国外进口的板型有几百种之多。

常用板型有：

（1）矮波型：波高 18～35mm，用于墙板和小跨度厂房屋顶。

（2）中波型：波高 35～80mm，用于压型楼板和保温屋面。

（3）高波型：波高 90～130mm，用于大跨度厂房和大檩距屋面。

2.9.2.3 压型钢板的类型

压型钢板有单层板和复合板。复合板多使用彩色涂层钢板制作，一般有两种做法，一种是在单层压型钢板下简单地复合一层 PVC 泡沫片材，适用于防结露、隔热要求不高的环境；一种是在两层压型钢板中间复合聚苯乙烯泡沫板或充填聚氨酯泡沫，这种板具有轻质、绝热性能良好的特点，多用于工作环境要求较高的、具有采暖保温的厂房和冷库。

2.10 屈曲约束支撑

支撑是一种最为经济的抗侧力构件，它既能提高结构的刚度和承载力，又不影响建筑采光以及内部空间的分割，且施工方便。传统的带支撑框架有中心支撑框架 CBF（Concentrically Braced Frame）和偏心支撑框架 EBF（Eccentrically Braced Frame）。中心支撑在强震下受压时易发生屈曲现象，极易造成支撑本身或连接的破坏或失效，同时支撑屈曲后的滞回耗能能力变差，使结构抗震能力降低。偏心支撑通过偏心梁段的屈服，限制支撑的屈曲，可使结构具有较好的耗能性能。但是由于偏心梁段屈服，地震后结构修复较为困难，且支撑的刚度得不到完全发挥。鉴于此，日本、美国等国家以及我国台湾地区的一些学者，研发出一种能防止屈曲的支撑构件，称为屈曲约束支撑（Buckling Restrained Brace）、无屈曲消能支撑或无粘结支撑。屈曲约束支撑性能稳定。减震效果显著，在过去的几十年里，特别是日本神户地震、美国北岭地震后，其在日本、美国、加拿大等国家以及我国台湾地区得到了较好的应用。

2.10.1 屈曲约束支撑的发展与构成

2.10.1.1 屈曲约束支撑的发展

对屈曲约束支撑的开拓性研究来自日本的若林宝等研究者。他们系统地研究了一种由混凝土包裹钢板的屈曲约束支撑，在混凝土和钢板之间填充一些脱粘结材料，用填充砂浆的钢管作为约束单元，用钢板作轴力单元。藤本等人对此类支撑进行了深入的研究，形成了目前在工程上广泛应用的无粘结支撑。

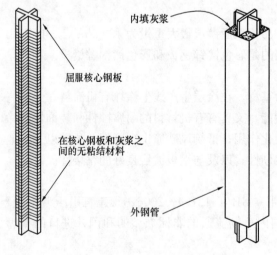

图 2-10 屈曲约束支撑的横向构成

内填灰浆

屈服核心钢板

在核心钢板和灰浆之间的无粘结材料

外钢管

2.10.1.2 屈曲约束支撑的构造

屈曲约束支撑的构造组成主要从两方面来分析，即横向构成和纵向构成。横向构成分为三部分，即核心单元、约束单元及滑动机制单元，如图 2-10 所示。核心单元，即芯材，又称为主受力单元，是此构件中主要的受力单元，由特定强度的钢板制成。常见的截面形式为十字形、T 形、双 T 形和一字形等，如图 2-11 所示。

图 2-11　屈曲约束支撑常见截面

约束单元又称侧向支撑单元，负责提供约束机制，以防止核心单元受轴压时发生整体或局部屈曲。目前最常见的约束形式为矩形或圆形钢管填充混凝土所构成。滑动机制单元又称为脱层单元，是在核心单元与约束单元之间提供滑动的界面，使支撑在受拉与受压时尽可能有相似的力学性能，避免核心单元因受压膨胀后与约束单元之间产生摩擦力而造成轴压力的大量增加，滑动单元一般由无粘结材料制作而成。

　　屈曲约束支撑的纵向构成分为 5 部分（图 2-12）：约束屈服段、约束非屈服段、无约束非屈服段、无粘结可膨胀材料及屈曲约束机构。

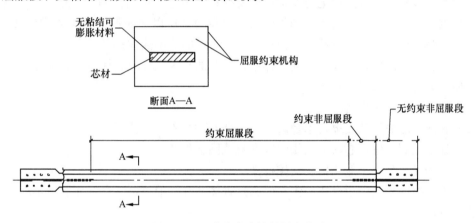

图 2-12　屈曲约束支撑的纵向构成

　　约束屈服段：该部分的截面可为多种形式，一般使用延性较好的中等屈服强度钢或高强度低合金钢。

　　约束非屈服段：该部分包裹在套管和砂浆内，通常是约束屈服段的延伸部分。为确保其在弹性阶段工作，因此需要增加构件截面积。可以通过增加约束屈服段的截面宽度实现，也可通过焊接加劲肋来增加截面积。

　　无约束非屈服段：该部分通常是约束非屈服段的延伸部分，穿出套管和砂浆，与框架连接。

　　无粘结可膨胀材料：一般可采用橡胶、聚乙烯、硅胶、乳胶等可有效减少或消除芯材受约束段与砂浆之间剪力的材料。

2.10.2　屈曲约束支撑的基本原理

　　目前屈曲约束支撑形式多样，但原理基本相似。屈曲约束支撑的原理为：支撑结构在地震作用下所承受的轴向力作用全部由支撑中心的芯材承受，该芯材在轴向拉力和压力作用下屈曲耗能，而外围钢管和套管内灌注混凝土或砂浆提供给芯材弯曲限制，避免芯材受压时屈曲。由于泊松效应，芯材在受压情况下会膨胀，因此在芯材和砂浆之间设有一层无粘结材料或非常狭小的空气层，可以减小或消除芯材受轴力时传给砂浆或混凝土的力。

屈曲约束支撑在受拉与受压时均能达到屈服而不发生屈曲，较之传统支撑构件具有更稳定的力学性能，经过合理设计的屈曲约束支撑可具有高刚度和良好的滞回耗能能力，因此，屈曲约束支撑同时具有同心斜撑和滞回型耗能元件的优点，具有良好的应用价值。

2.10.3 屈曲约束支撑体系的优缺点

屈曲约束支撑体系与抗弯钢框架和普通支撑框架相比，有以下优点：

（1）与抗弯钢框架相比，小震时屈曲约束支撑体系线弹性刚度高，可以很容易地满足规范的变形要求；

（2）屈曲约束支撑可以受拉、受压都发生屈服，消除了传统中心支撑框架的支撑屈曲问题，因此在强震时有更强和更稳定的能量耗散能力；

（3）屈曲约束支撑通过螺栓或铰连接到节点板，可避免现场焊接及检测，安装方便且经济；

（4）屈曲约束支撑构件好比结构体系中可更换的"保险丝"，既可保护其他构件免遭破坏，并且大震后，可以方便地更换损坏的支撑；

（5）因为屈曲约束支撑的刚度和强度很容易调整，所以屈曲约束支撑体系设计灵活，而且，在非弹性分析中可以方便地模拟屈曲约束支撑的滞回曲线；

（6）在抗震加固中，屈曲约束支撑体系比传统的支撑系统更有优越性，因为抗震能力设计会使后者的地基费用更贵。

屈曲约束支撑的缺点有：

（1）大部分屈曲约束支撑技术都属于私人拥有并且不对外公开；

（2）如果控制不好，芯材的屈服强度变化范围会很宽；

（3）现场安装公差一般比传统支撑框架小；

（4）强震时的永久变形会比较大，因为这种体系和其他体系一样，屈服后不能自动回到初始位置；

（5）需要制定检验和更换受损屈曲约束支撑的准则。

2.10.4 屈曲约束支撑的应用

屈曲约束支撑在日本的工程应用较早，特别是在阪神大地震后，这种支撑作为阻尼器大量应用在工程中。目前全球拥有专利权的制造厂商，几乎都集中在日本。日本大阪国际会议中心大楼，总高100m，抗侧力系统选用了数百个此种支撑。日本丰田市的巨蛋体育场，高度92m的斜张屋顶，使用了许多屈曲约束支撑作为耗能构件。日本竹中公司广岛分公司办公楼建成于1970年，由于日本规范的修订，使该建筑不满足抗震设防标准。因此，在1998年采取利用低屈服点钢制成的屈曲约束支撑进行了加固。

美国在1995年北岭地震以后，对于屈曲约束支撑的钢结构体系也进行了研究和应用。2000年美国加州大学Davis分校植物与环境科学大楼采用了132根屈曲约束支撑作为抗侧力构件，成为美国第一栋使用屈曲约束支撑的结构。

台北阳明山文化大学体育馆（图2-13）标准楼层为一椭圆形平面，长轴75m，短轴

50m，地上 10 层，地下 4 层。结构系统由韧性抗弯框架、巨型桁架系统与群柱系统构成，其中斜撑部分根据实际需求装设了 96 支双截面型屈曲约束支撑。台北关渡慈济大爱电视台（图 2-14）为 14 层钢骨钢筋混凝土建筑，在结构短向的外侧加装屈曲约束支撑，以提供侧向刚度与强度。屈曲约束支撑结合部分采用焊接方式。

图 2-13　阳明山文化大学体育馆屈曲约束支撑

威盛大厦（图 2-15）是我国大陆地区第一栋采用屈曲约束耗能支撑进行设计的高层建筑，位于北京中关村清华科技园，地下 2 层，地上 12 层，总高度 55m，作为办公楼使用。该建筑的抗侧力体系主要由两部分组成，即中心区域的屈曲约束耗能支撑框架和沿周边布置的普通钢框架组成的一个类似于框架－核心筒结构的抗侧力体系。北京通用国际时代广场是 103m 的钢结构建筑，考虑地处 8 度设防区，设计中采用了延性较好的框架结构，偏心钢支撑及屈曲约束支撑。世博中心工程应用了我国自行研制的 TJI 型屈曲约束支撑。上海磁悬浮工程虹桥站结构设计中也运用了同济大学自行研制的屈曲约束支撑。

图 2-14　关渡慈济大爱电视台
屈曲约束支撑

图 2-15　威盛大厦

屈曲约束支撑是一种十分有效的耗能构件，具有很稳定的滞回特性和良好的低周疲劳特性。随着人们对抗震要求的提高以及高层、超高层建筑的不断涌现，这种支撑必然会在工程界大量使用，但目前这类支撑的技术大部分掌握在私人手中不予公开，再加上缺乏系统的理论研究，使得屈曲约束支撑的应用受到了一定的制约。开发拥有自主知识产权的新型屈曲约束支撑是我国土木工程人员所面临的一次机遇和挑战。

2.11 钢 板 剪 力 墙

2.11.1 钢板剪力墙的发展与组成

钢板剪力墙结构是 20 世纪 70 年代发展起来的一种新型抗侧力结构体系。钢板剪力墙

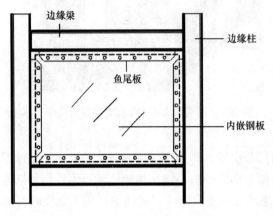

图 2-16 钢板剪力墙的组成

单元由内嵌钢板和竖向边缘构件（柱或竖向加劲肋）、水平边缘构件（梁或水平加劲肋）构成，如图 2-16 所示。当钢板沿结构某跨自上而下连续布置时，即形成钢板剪力墙体系。钢板墙整体的受力特性类似于底端固接的竖向悬臂组合梁：竖向边缘构件相当于翼缘，内嵌钢板相当于腹板，而水平边缘构件则可近似等效为横向加劲肋。

过去 30 年来，关于钢板墙作为主要水平抗侧力体系的试验研究和数值分析揭示了其独特的表现，包括较大的弹性初始

刚度、大变形能力和良好的塑性性能、稳定的滞回特性等。钢板墙已成为一种非常具有发展前景的高层抗侧力体系，尤其适用于高烈度地震区建筑。

2.11.2 钢板剪力墙的优点

与传统抗侧力体系相比，钢板剪力墙具有下列优点：

（1）与纯抗弯钢框架比较，采用钢板剪力墙可节省用钢量 50% 以上。与普通支撑钢框架比较，相同的用钢量，即使在假定支撑不屈曲的条件下，支撑所能提供的抗侧刚度最多与钢板剪力墙持平。但不必担心钢板剪力墙的墙板屈曲会导致承载力与耗能能力的骤降，尽管墙板屈曲后的滞回曲线会有不同程度的捏缩，但总是优于支撑屈曲后，其拉压不对称造成耗能能力的急剧下滑。

（2）与精致的屈曲约束支撑比较，钢板剪力墙不但相对便宜，且制作和施工都比较简单，因而其市场前景更佳。

（3）钢板剪力墙弥补了混凝土剪力墙或核心筒延性不足的弱点。钢板剪力墙，延性系数均在 8～13 之间，很难发生钢板剪力墙卸载的情况，相应外框架分担的水平力也不会大幅变化，有利于实现结构多道抗震防线的理念。

（4）采用钢板剪力墙结构，由于墙板厚度较钢筋混凝土墙要小很多，故能有效降低结构自重，减小地震响应，压缩基础费用。因为不需要额外对基础进行加固，使得钢板剪力墙非常适用于已有建筑的加固改造；另外，还可增加宝贵的使用面积，并使建筑布置更加灵活多变。

（5）相对现浇钢筋混凝土墙，钢板剪力墙能缩短制作及安装时间；其内嵌钢板与梁、柱的连接（焊接或栓接）方式简单易行，施工速度快；特别是对现有结构进行加固改造时，能不中断结构的使用，消除商业相关性。

2.11.3 钢板剪力墙的分类

2.11.3.1 薄钢板剪力墙和厚钢板剪力墙

按内嵌钢板宽厚比 λ 的大小，钢板剪力墙可分为厚钢板剪力墙和薄钢板剪力墙。

厚板剪力墙（λ＜250）有较大的弹性初始面内刚度，且在大震作用下具有良好的延性及稳定的滞回性能。厚板剪力墙通过面内抗剪承担侧向水平力，一般不会发生局部屈曲，即使发生屈服后屈曲也不会形成较大的拉力带，对周边框架梁柱的依赖程度小。厚板剪力墙采用低屈服点钢材较适宜，抗侧力设计值较大时除外。厚板墙的最大不足是耗钢量大及成本高，其发展受到一定的限制。

薄板剪力墙（λ≥250）由于其宽厚比较大，在侧向力较小时就发生局部屈曲，并随着侧向力的逐渐增大在钢板剪力墙对角线方向形成拉力带；拉力带锚固在钢板剪力墙周边梁柱构件上，对柱会形成附加弯矩。因此在设计薄钢板剪力墙时对其周边构件要适当加强，以保证钢板剪力墙拉力带充分发挥作用。另外，从耗能能力方面讲，薄钢板剪力墙的滞回曲线有不同程度的捏拢现象，不如厚钢板剪力墙滞回曲线饱满。

2.11.3.2 加劲和非加劲钢板剪力墙

加劲钢板剪力墙的设计原理是利用不同形式的加劲肋延缓钢板的屈曲，提高钢板的极限承载力及延性性能。对薄钢板剪力墙，可以通过设置加劲肋以改善其受力性能及延性。加劲肋有多种形式，如十字或井字形布置的加劲肋、对角交叉加劲肋和门、窗洞边加劲肋等。设置加劲肋的最大优点是提高薄板的弹性刚度，并使其在弹塑性范围内具有稳定饱满的滞回曲线，克服薄钢板滞回曲线的"捏拢"现象。

2.11.3.3 开竖缝钢板剪力墙

受混凝土开缝剪力墙的启示，日本学者提出了开竖缝钢板剪力墙结构体系，并已经在一些实际工程中得到应用。开竖缝墙具有如下优点：

（1）通过调整竖缝的间距、长度等，可以方便地改变单个墙体的刚度。

（2）钢板只与梁连接，对柱不产生附加弯矩，符合强柱弱梁的抗震理念，塑性和滞回性能较好。

2.11.3.4 组合钢板剪力墙

组合钢板剪力墙是在钢板一侧或两侧覆盖钢筋混凝土预制墙板，两种材料用抗剪螺栓固定。组合钢板剪力墙根据混凝土墙板与周边梁、柱结合方式又分为"传统"的和"改进"的组合钢板墙。所谓"传统"组合墙，是指混凝土墙板与周边的钢结构梁、柱紧密相接，不留缝隙，二者自始至终共同工作。不足在于，混凝土墙板因刚度较大，可能在水平位移较小时就首先发生破坏而提前退出工作。

"改进"型组合墙与"传统"组合墙的最大区别在于：混凝土墙板与周边梁、柱间预留适当的缝隙，这样，在较小的水平位移下，混凝土墙板并不直接承担水平力，而仅仅作为钢板的侧向约束，防止钢板发生面外屈曲，此时它对整体平面内刚度和承载力的贡献可忽略不计。随着水平位移的不断增加，混凝土墙板先在角部与边框梁、柱接触，随后，接触面不断增大，混凝土墙板开始与钢板协同工作。并且，此时混凝土墙板的加入，还可以补偿因部分钢板发生局部屈曲造成的刚度损失，从而减小了 $P\text{-}\Delta$ 效应。

组合钢板剪力墙的主要特点有：

（1）混凝土墙板相当于给内部钢板提供了侧向约束，从而提高了其屈曲强度。

（2）单纯混凝土剪力墙在循环荷载作用下会因拉伸产生裂缝，而在压缩区又会出现局部压溃现象，因此造成墙体的刚度和承载力大大退化。钢板的存在则可以有效地补偿这种刚度和承载力的损失。

（3）混凝土墙板可以同时起到防火、保温、隔声等作用，可减少后续工作量，降低施工成本。

2.11.3.5 低屈服点钢板剪力墙

厚板剪力墙一般先屈服，后屈曲；薄板剪力墙则先屈曲，后屈服。有时为了提高钢板剪力墙的耗能能力和延性，钢板剪力墙也采用低屈服点材料（$f_y=100\sim165\text{MPa}$）。此时，为了满足结构刚度要求，低屈服点钢板剪力墙均采用较强的加劲肋予以加强；也可以通过改变板厚来满足不同的设计承载力及初始刚度要求。低屈服点钢板剪力墙上还可以开一些圆形洞口，这样，不但可以调整钢板剪力墙的刚度，也方便设备管线的通过。低屈服点钢板具有更加优良的滞回性能，更长的低周循环疲劳寿命和更好的可焊性等优点。因此，低屈服点钢板剪力墙也可以作为耗能器元件使用，但这时它无法给结构提供足够的侧向刚度。

2.11.3.6 防屈曲耗能钢板剪力墙

防屈曲耗能钢板剪力墙由内嵌钢板和前后两侧混凝土盖板组成，如图 2-17 所示，内

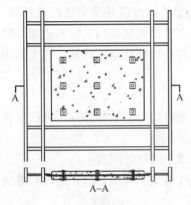

图 2-17 防屈曲耗能钢板剪力墙

嵌钢板采用低屈服点高延性钢材或高强度高延性钢材，与边缘梁柱构件采用螺栓或焊接连接，与前后表面的混凝土盖板紧密贴合；混凝土盖板与边缘梁柱构件留有一定的间隙，保证内嵌钢板在工作时混凝土盖板不与边缘构件接触，避免受到挤压破坏；内嵌钢板与混凝土盖板之间通过穿透三块板的普通螺栓或预应力高强度螺栓连接，在混凝土盖板上开椭圆形孔，以便螺栓有足够的滑移空间；连接螺栓的位置及分布根据内嵌钢板的面内变形及混凝土盖板的约束刚度确定，保证内嵌钢板在混凝土盖板的面外约束作用下，二者不发生面外局部失稳及整体失稳。

防屈曲耗能钢板剪力墙的最大优点是由于其防屈曲功能，钢板在面内有较大的刚度，同时在大震作用下钢板有非常饱满的滞回性能，其耗能效果发挥到了极致。防屈曲耗能钢板剪力墙对高层结构抗侧能力的贡献及钢板墙的消能减震，达到了完美的统一。

2.11.4 钢板剪力墙的应用

截至目前，采用不同种类钢板剪力墙作为主要抗侧力构件的建筑已达几十幢，主要分布于日本和北美等地震高烈度区。1970 年日本的 Nippon Steel Building（20 层）作为世界上第一幢采用钢板剪力墙作为抗侧力构件的建筑采用了纵横方向均设置槽钢加劲肋的钢板剪力墙。1978 年日本的 Shinjuku Nomura Office Tower（53 层，209m）采用尺寸为 5000mm×3000mm、厚度为 6～12mm 的钢板剪力墙。1988 年日本神户建成的 35 层 Kobe City Hall 大厦（高 129.4m）采用钢框架－钢板剪力墙双重抗侧力体系。该建筑经受了 1995 年阪神大地震的考验，研究人员在震后的调查中发现，该结构除第 26 层的加劲钢板发生局部屈曲外，整体结构并未发生明显破坏，而与其相邻的 8 层钢筋混凝土建筑的首层却完全垮塌。

美国加州地区是高烈度地震设防区，美国 Veterans 医疗管理局于 1971 年的 San

Frenando 地震后大量采用钢板剪力墙加固其所属震区内的医院，其中 Olive View Hospital（图 2-18）在地震中遭到了严重的破坏，在原场地重建的六层 Sylmar County Hospital 是美国第一幢采用钢板剪力墙的建筑，该建筑上部四层采用了尺寸为 7620mm×4720mm、厚度为 16～19mm 的钢板剪力墙以减小结构自重。此后该建筑历经了 1987 年的 Whittier 和 1994 年的 Northridge 两次大地震，除一些非结构构件发生了严重的破坏外，主要受力构件并未发生破坏，仅在钢板四周的焊缝处发现了微小裂纹，如图 2-19 所示。

图 2-18　1971 年震后的 Olive View Hospital　　　图 2-19　1994 年震后的 Sylmar County Hospital

我国采用钢板剪力墙的建筑较少，1987 年建成的上海新锦江饭店（共 44 层，高 153.2m）是我国第一幢采用钢板剪力墙的建筑，其结构的核心筒在 22 层以下采用厚度为 100mm 的钢板剪力墙，22 层以上采用"K"形支撑结构体系，如图 2-20 所示。于 2011 年 7 月投入使用的天津津塔位于天津市兴安路北侧，海河岸边，其中办公楼共 75 层，高度为 336.9m，为天津最高的建筑，也是世界上高度最高的钢板剪力墙结构，如图 2-21 所示。

图 2-20　上海新锦江饭店　　　　　　图 2-21　天津津塔

可以预见，随着钢板剪力墙研究的不断深入及其设计理论的不断完善，具有优异力学性能的钢板剪力墙结构将在工程中得到越来越广泛的应用。

思 考 题

1. 高强钢和低屈服点钢各自有什么特点？它们在实际工程中的应用有何区别？
2. 什么情况下优先选用耐候钢？
3. 如何合理选用厚钢板？
4. 简述热轧 H 型钢的特点及其在实际工程中的应用。
5. 简述屈曲约束支撑的特点。
6. 与钢筋混凝土剪力墙相比，钢板剪力墙有什么特点？

第3章 结构体系及计算方法

3.1 轻型门式刚架结构

门式刚架结构源于美国,在欧洲、日本和澳大利亚等国也有广泛的应用,尤以美国发展最快,应用也最为广泛。由于美国汽车工业的发展,最初主要将此类结构用于建造私人汽车车库的简易房屋。第二次世界大战期间,由于战争的需要,一些拆装方便的轻型房屋钢结构建筑用于营房和库房。20世纪中期,国外建筑钢材的产量和加工水平有了很大突破,随着色彩丰富、耐久性强的彩色压型钢板出现,加之H型钢和冷弯型钢的问世,极大地推动了轻型门式刚架结构的发展。随着新型建筑材料的出现,加工设备的改善,门式刚架结构体系逐渐应用于大型工业厂房、商业建筑、交通设施等建筑中,实现了结构分析、设计、出图的程序化,构件加工工厂化,安装施工和经营管理一体化的流程。目前,大部分国外轻钢结构公司(如美国的巴特勒公司、ABC公司等)都具有自己的轻型门式刚架房屋钢结构系列,各公司的产品大同小异。

我国门式刚架结构的应用和研究起步较晚,到20世纪80年代中后期,随着"三资"企业的增多,门式刚架结构在我国的工业厂房中开始使用,由于该结构具有施工方便、工期短和造价低等优点,因而得到了迅速发展;与此同时,《门式刚架轻型房屋钢结构技术规程》CECS102的颁布,也为我国轻型钢结构的推广应用起到了促进和规范化的作用。目前,《门式刚架轻型房屋钢结构技术规范》GB 51022—2015已于2016年8月开始实施,使我国门式刚架结构设计上升了新的台阶。

3.1.1 门式刚架结构的组成

一般地,门式刚架结构主要由以下几个部分组成,如图3-1所示。

(1)主结构:由横向门式刚架、吊车梁、支撑体系等组成,是该体系的主要承重结

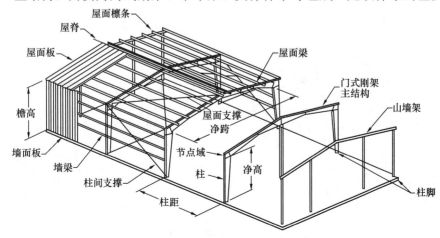

图3-1 门式刚架结构的组成

构。房屋所承受的竖向荷载、水平荷载以及地震作用均是通过门式刚架承受并传至基础。

（2）次结构：包括屋面檩条和墙面檩条等。屋面板支承在檩条上，檩条支承在屋面梁上，屋面檩条及墙面檩条一般为Z型或C型冷弯薄壁型钢。

（3）围护结构：屋面板和墙面板。屋面板（墙面板）起围护作用并承受作用在板上的荷载，再将荷载传至檩条上。屋面及墙面板一般为压型钢板、彩钢夹芯板等。

（4）辅助结构：楼梯、平台等。

（5）基础：承受刚架及基础梁传来的荷载，并将荷载传至地基上。

3.1.2 门式刚架结构的特点

门式刚架结构与钢筋混凝土结构及一般普通钢结构相比具有质量轻、刚度大、柱网布置灵活、结构简洁、受力合理及施工方便的特点。

3.1.2.1 质量轻

（1）围护结构由压型钢板、轻质保温材料及冷弯薄壁型钢等材料组成，屋面、墙面的质量都很轻，因而支承他们的主刚架的质量也很轻。用钢量一般在 $10 \sim 30 kg/m^2$。相同跨度和荷载条件下，自重仅为钢筋混凝土结构的 $1/30 \sim 1/20$、普通钢屋架的 $1/10 \sim 1/5$。因此，基础的尺寸也可以相应地减小。

（2）门式刚架的梁、柱多采用变截面杆件，可以节省材料。

（3）门式刚架的腹板可按有效宽度设计，即允许部分腹板失稳，并可利用其屈曲后强度。因此，门式刚架中腹板的高厚比可以超出《钢结构设计规范》GB 50017 的界限，从而减少结构的用钢量。

（4）门式刚架钢梁的侧向刚度和稳定性可通过檩条和隔撑来保证，钢梁的平面外计算长度为檩条或隔撑的间距，从而钢梁的翼缘宽度可以减小，降低用钢量。

3.1.2.2 整体刚度好

门式刚架体系中存在蒙皮效应，蒙皮效应的存在使建筑物整体刚度得以加强。蒙皮效应的工作原理是：围护板与檩条以及板与板之间通过不同的紧固件连接起来，形成了以檩条作为肋的一系列隔板。这种板在平面内具有相当大的刚度，类似于薄壁深梁中的腹板，檩条类似于薄壁深梁中的加劲肋，可以用来传递平面内的剪力，承受板平面内的各种荷载作用（图3-2）。

满足一定条件的压型钢板以及钢框架组成的门式刚架体系中存在着较大的蒙皮效应。

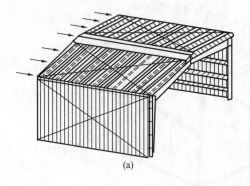
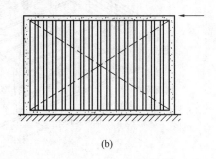

图 3-2 蒙皮效应工作原理

（a）蒙皮效应可传递水平力；（b）蒙皮效应类似于深梁腹板抗剪效果

但是由于有关屋面板抗剪性能、板与构件连接性能的资料尚不充分，因此在设计中一般不考虑蒙皮效应而仅作为一种安全储备。

3.1.2.3 柱网布置灵活

门式刚架的柱距不受模数限制，一般情况下，门刚的最优间距为6～9m，当设有大吨位吊车时，一般为7～9m，不宜超过9m，超过9m时屋面檩条、吊车梁与墙架体系的用钢量也会相应增加，造价并不经济。工程实践表明，7.5m左右的柱距较为经济。

3.1.2.4 支撑系统简洁

由于门式刚架屋面体系的整体性可以依靠檩条、隅撑来保证，因此可以减少屋盖支撑的数量。整体上看，结构的支撑系统（屋面支撑系统和柱间支撑系统）比较简洁，一般可采用柔性支撑（如张紧的圆钢），当厂房内有吊车或结构处于高烈度地区应采用刚性支撑（角钢、槽钢、钢管等）。

3.1.2.5 工业化程度高，施工周期短

门式刚架结构的主要构件和配件均为工厂制作，质量易于保证，工地安装方便。除基础施工外，基本没有湿作业，现场施工人员的需求量也很少。构件之间的连接多采用高强度螺栓连接，是安装迅速的一个重要方面，但必须注意设计为刚性连接的节点，应具有足够的转动刚度。

3.1.2.6 综合经济效益高

门式刚架结构由于材料价格的原因其造价虽然比钢筋混凝土结构等其他结构形式略高，但由于采用了计算机辅助设计，设计周期短；构件采用先进的自动化设备制造；原材料种类较少，易于筹措，便于运输；所以门式刚架结构的工程周期短，资金回报快，投资效益高。

3.1.3 门式刚架的结构形式

门式刚架又称山形门式刚架，按跨度数可分为单跨、双跨和多跨刚架，按屋面排水方式可分为单坡和双坡刚架。结构形式如图3-3所示。

根据跨度、高度及荷载的不同，门式刚架的梁、柱可采用变截面焊接工字形截面以节省材料，但当设有桥式吊车时，柱宜采用等截面构件。

门式刚架的柱脚可按铰接支承设计，此时刚架的平面内抗侧刚度完全由梁柱节点的抗弯能力提供。基础只承担轴力、剪力以及很小量的弯矩，因而可减小尺寸。当用于工业厂房且有桥式吊车时，宜将柱脚设计成刚接。

当无桥式吊车且刚架柱不是特别高、风荷载不是特别大时，门式刚架的中柱可采用摇摆柱。摇摆柱两端铰接，仅承受轴力，不参与抵抗侧力。中柱用摇摆柱的方案体现"材料集中使用"的原则，边柱和梁形成刚架，抵抗全部侧力，由于边柱的高度相对较小（即长细比较小），材料能够较充分利用。但需要注意的是，采用摇摆柱的刚架柱的计算长度系数需要修正，这是由于摇摆柱不提供抗侧刚度，然而其承受的轴向力却有促使刚架失稳的作用。修正公式可见《门式刚架轻型房屋钢结构技术规范》GB 51022—2015。当设有桥式吊车时，中柱宜两端刚接。

3.1.4 结构布置

3.1.4.1 刚架的建筑尺寸和布置

门式刚架的跨度取横向刚架柱间的距离，单跨跨度宜为12～48m，宜以3m为模数，

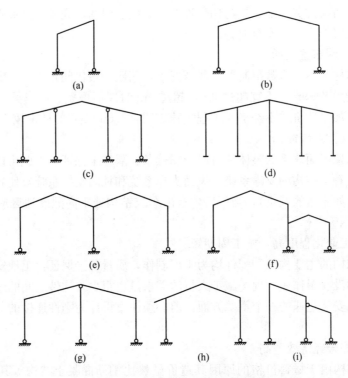

图 3-3　门式刚架的结构形式

（a）单跨单坡；（b）单跨双坡；（c）多跨中间摇摆柱刚架；
（d）多跨连续刚架；（e）双跨四坡；（f）不等高刚架；
（g）双跨双坡；（h）单跨双坡带挑檐；（i）双跨单坡（毗屋）

但也可不受模数限制。当边柱宽度不等时，其外侧应对齐。门式刚架的高度应取柱轴线和斜梁轴线交点至地坪的高度，宜取 4.5～9m，必要时可适当放大。门式刚架的高度应根据使用要求的室内净高确定，有吊车的厂房应根据轨顶标高和吊车净空的要求确定。柱的轴线可取柱下端（较小端）中心的竖向轴线，工业建筑边柱的定位轴线宜取柱外皮。斜梁的轴线可取通过变截面梁最小端中心与斜梁上表面平行的轴线。

门式刚架的合理间距应综合考虑刚架跨度、荷载条件及使用要求等因素，一般宜取 6m、7.5m 或 9m。

门式刚架轻型房屋的构件和围护结构通常刚度不大，温度应力相对较小。因此其温度分区与传统结构形式相比可以适当放宽，但应符合以下规定：纵向温度区段不宜大于 300m；横向温度区段不宜大于 150m。

3.1.4.2　外墙布置

当抗震设防烈度不高于 6 度时，外墙可采用砌体；当为 7 度、8 度时，外墙不宜采用嵌砌砌体；当为 9 度时，外墙宜采用与柱柔性连接的轻质墙板。

3.1.4.3　支撑和系杆的布置

支撑和系杆的作用是使每个温度区段或分期建设的区段构成稳定的空间结构体系。布置原则如下：

（1）在每个温度区段或分期建设区段中，应分别设置能独立构成空间稳定结构的支撑体系。

（2）在设置柱间支撑的开间，应同时设置屋盖横向支撑，以构成几何不变体系。

（3）端部支撑宜设在温度区段端部的第一或第二开间。柱间支撑的间距应根据房屋纵向柱距、受力情况和温度区段等条件确定，一般取 30~45m；有吊车时不应大于 50m。

（4）当房屋高度较大时，柱间支撑应分层设置；当房屋宽度大于 60m 时，内柱列宜适当设置支撑。

（5）当端部支撑设在端部第二个开间时，在第一个开间的相应位置应设置刚性系杆。

（6）在刚架转折处（边柱柱顶、屋脊及多跨刚架的中柱柱顶）应沿房屋全长设置刚性系杆。

（7）由支撑斜杆等组成的水平桁架，其直腹杆宜按刚性系杆考虑。

（8）刚性系杆可由檩条兼任，此时檩条应满足压弯构件的承载力和刚度要求，当不满足时可在刚架斜梁间设置钢管、H 型钢或其他截面形式的杆件。

（9）支撑宜采用张紧的十字交叉圆钢，连接件应能适应不同的夹角，圆钢端部应有丝扣，校正定位后张紧固定。

（10）当设有桥式吊车时，柱间支撑宜采用型钢（即刚性支撑）。

（11）经过以上原则布置的门式刚架轻型钢结构房屋属于排架结构，即纵向由支撑体系抵抗侧力，主刚架只承担跨度方向的侧向荷载。

3.2　多高层钢结构体系

多高层钢结构体系是指抗侧力结构采用钢结构或钢管混凝土结构、楼层采用楼承板或现浇混凝土楼板的多高层结构。按照抗侧力体系的不同可分为钢框架结构、半刚性框架结构、中心支撑钢框架结构、偏心支撑钢框架结构以及钢框架-钢板剪力墙结构、巨型结构等。

我国高层建筑钢结构起步较晚，过去一直受到传统砖混结构及钢筋混凝土结构经济耐用思路的排斥，也受到钢材价格相对昂贵，钢材品种不够齐全，配套新型保温、隔热、高强墙体材料还达不到国际标准等原因的影响，加之缺乏钢结构设计人员和施工技术人员，使推广多高层钢结构住宅存在诸多障碍。随着我国钢材产量的不断上升、钢材品种的不断丰富，在国家鼓励建筑用钢的产业政策推动下，中国钢结构产业和钢结构建筑得到高速发展。目前已形成从设计、科研、教学、制作、安装到配套材料、设备、生产、销售门类齐全的庞大产业链，为大力发展多高层钢结构建筑提供了良好的机遇。此外，我国是一个多地震的国家，由于钢材具有高强度、高延性的特点（其抗震性能优于其他结构体系），使得钢结构得到了更加广泛的应用。

图 3-4 为一些国内外已经建成的、有代表性的多高层钢结构工程。

3.2.1　钢框架结构

钢框架结构又称为抗弯框架，是由水平方向的梁和垂直方向的柱通过刚性节点连接组成的，通过结构构件的抗弯刚度来抵抗侧向力作用的结构体系（图 3-5）。这种体系受力明确，制作安装简单，施工速度较快，由于在垂直平面上不设斜杆，使建筑物可以形成较大空间，为平面布置提供了灵活性；其结构各部分的刚度比较均匀，构造也最简单；框架

图 3-4　多高层钢结构建筑

(a) 央视 CCTV 大楼；(b) 广州国际金融中心；(c) 深圳地王大厦；
(d) 深圳发展中心大厦；(e) 上海金茂大厦与环球金融中心；(f) 台北 101；
(g) 香港中银大厦；(h) 台湾高雄国际广场；(i) 迪拜塔

(a)   (b)

图 3-5　钢框架结构

(a) H 型钢框架；(b) 方钢管框架

结构的梁、柱构件易于标准化、定型化、装配化，施工速度快。

在水平荷载作用下，框架的侧移分量由三部分组成：楼层剪力使框架柱产生垂直于柱轴线的弯曲变形和剪切变形（图 3-6），由此产生层间位移；因为梁柱刚接，框架柱的柱端弯矩使框架梁产生反对称的弯曲变形和剪切变形产生的层间位移；由于倾覆力矩，使结构一侧的柱子产生轴向压缩变形而另一侧产生轴向拉伸变形，结构整体弯曲产生了相应的层间位移。其中柱轴向变形引起的侧移分量所占比例较小，由梁、柱的弯曲变形和剪切变形引起的侧移分量所占比例较大，所以就框架在水平荷载作用下总体变形产生的侧移曲线形状而言，框架属于剪切型。

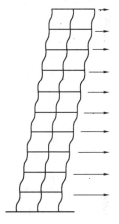

图 3-6　钢框架结构的变形

框架结构的侧向刚度小，属柔性结构和单一抗侧力体系。在风荷载或水平地震作用下，弹塑性变形所产生的水平位移 Δ 较大，作用在结构上的竖向荷载 P 使结构进一步增加侧移值，且引起结构的各构件产生附加内力，这一现象称之为 P-Δ 二阶效应。这将降低结构的承载力和结构的整体稳定。另外框架节点域存在不可忽视的剪切变形，使框架的水平位移增大 10%～20%，在设计时必须加入考虑。节点域剪切变形对内力的影响一半在 10% 以内，可以不计其影响。综上可知，纯钢框架结构的抗侧力能力相对较差。

框架结构的自振周期长，建筑物自重较小，从而地震作用也较小，这是对抗震有利的一面。但另一方面，国内外许多震害都表明：框架由于侧向刚度小，在强震下的顶端水平位移和底部的层间位移都过大，致使地震中非结构性（如填充墙、建筑装修和设备管道等）破坏严重。在地震过程中，这些非结构性破坏常常危害生命财产的安全，或者由于次生灾害（例如由此引起的火灾）而造成更大的破坏和损失，而且震后的修复工作量和投资往往也是巨大的。如果为了满足层间位移，提高结构的抗侧刚度，则只能加大梁柱截面，这将很快超出经济合理的范围。因此，框架结构适用于小于 30 层的结构。

3.2.2　半刚性框架结构

在钢框架的传统分析理论中，总是将框架的梁柱连接假设成理想铰接或完全刚接。前者意味着梁柱之间不能传递弯矩，即梁柱发生的转动是相互独立的；后者假定框架受荷变形后，梁柱间的夹角保持不变。这种理想化的假设大大简化了钢框架的分析和设计过程，但是在实际工程中，所谓的刚性连接是具有一定柔度的，所谓的理想铰接也具有一定刚度，这就有可能导致基于理想假定的结构设计可能是不安全或偏于保守的。

1994 年美国 Northridge 地震和 1995 年日本阪神地震引起工程界的普遍关注，被认为抗震性能卓越的现代钢框架结构大量出现了脆性断裂现象。国外学者对此进行了大量的研究工作，发现焊接质量对钢结构受力性能影响极大，但由于焊接质量的离散性较大，无法完全保证连接的可靠性，为此提出了半刚性框架结构。所谓半刚性框架结构就是梁柱连接采用半刚性连接的钢框架，半刚性连接是连接节点的 $M\text{-}\theta$ 曲线介于刚性和铰接之间的连接方式。

3.2.2.1　半刚性连接的形式

常见半刚性连接主要包括多种以高强度螺栓连接为主的连接形式，比如 T 形钢螺栓连接、端板螺栓连接（带或不带加劲肋）、顶底和腹板角钢螺栓连接、顶底角钢螺栓连接、腹板双（单）角钢螺栓连接等（图 3-7）。各类连接的弯矩—转接曲线（$M\text{-}\theta$ 曲线）如图 3-8所示。

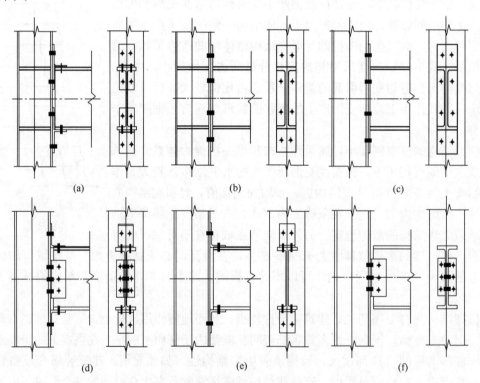

图 3-7　常见的半刚性连接形式

（a）翼缘 T 形钢连接；（b）带加劲肋的外伸端板连接；（c）不带加劲肋的外伸端板连接
（d）顶底翼缘和腹板双角钢螺栓连接；（e）顶底翼缘角钢连接；（f）腹板双角钢连接

3.2.2.2　半刚性框架的特点

半刚性连接钢框架具有以下特点：

（1）合理地选择半刚性连接转动刚度和抗弯承载力可以优化结构弯矩分布，使组合梁充分发挥作用（图3-9），从而节省材料。

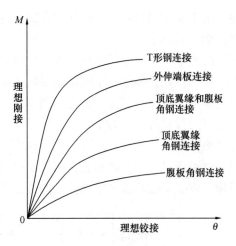

图3-8　常见半刚性连接的弯矩—转角曲线

（2）半刚性连接组合框架具有良好的抗震性能。和刚接框架相比，半刚性框架具有更好的变形能力及耗能能力。

（3）与传统的需要大量焊接的刚性连接相比，半刚性节点大量采用高强螺栓连接，制作和安装简易而迅速，并且节约用钢量，降低工程的造价，国外学者曾对半刚性连接钢框架做了经济评估，认为在保证结构安全使用的前提下，无侧移框架可节省造价的5%～10%，而有侧移框架则可达10%～25%。

（4）半刚性连接的刚度较弱，在侧向荷载作用下变形较大，一般只能应用于15层以下的建筑。

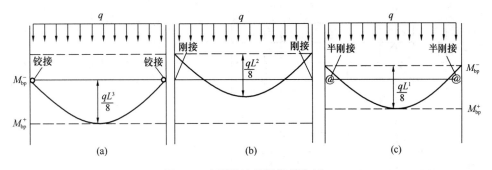

图3-9　半刚性连接的调幅作用

（a）铰接框架；（b）刚接框架；（c）半刚接框架

3.2.3　钢框架—中心支撑结构

在框架结构体系中设置斜向支撑构件就形成了框架—支撑结构体系，当斜向支撑构件的两端均位于梁、柱相交处，或一端位于梁、柱相交处，另一端在另一支撑与梁的连接点处同梁相连，则构成了框架—中心支撑结构体系。图3-10为该结构体系的几种常用布置形式。值得注意的是，当采用单斜杆体系时，应同时设置不同倾斜方向的两组单斜杆（图3-10g）。有抗震设防要求的结构不得采用图3-10（h）所示的斜杆体系。从图中可以看出，斜向支撑构件与梁、柱一起形成了竖向支撑桁架。与框架结构体系相比，框架—中心支撑结构体系在弹性变形阶段具有较大的刚度，很容易满足规范对结构物层间位移的限值要求。竖向支撑桁架的抗侧向力能力与其高宽比成反比，一般情况下，竖向支撑桁架的高宽比小于10～12时，该体系的抗剪效果较好。在节点设计方面，若支撑足以承受建筑物的全部侧向力作用，则框架梁、柱节点可全部做成铰接，仅承受竖向荷载；如果单纯依靠支撑不能提供足够的侧向刚度，则可将部分或全部梁、柱节点做成刚性连接，由支撑桁架和框架共同承担水平荷载。

在侧向力作用下，竖向支撑桁架表现为弯曲型变形，框架为剪切型变形，二者互为补充，变形相互协调。这与钢筋混凝土结构中的框架—剪力墙结构相类似。在这种结构体系中，由于支撑的存在，使得作用在梁、柱及其节点域上的力减少，节点设计和构造要比框架结构体系简单、可靠。但是，在强震作用下，这种结构体系中的支撑会发生如图 3-11 所示的变形。此时受压斜杆屈曲，导致整个结构体系的承载力下降，并引起较大的侧向变形。滞回性能是衡量一个结构体系抗震能力的主要指标，而强震作用下中心支撑体系的滞回性能主要取决于其受压行为。当支撑长细比较大时，滞回圈较小，耗能能力弱。因此，在进行支撑设计时，为了尽可能地避免支撑在反复拉压作用下承载力降低，应按规范的要求严格控制其长细比。对在工程设计中经常使用的如图 3-10（b、c、d）所示的人字形支撑，也可通过加大与之相连接的框架梁的截面尺寸，使其在强震作用下仍能处于弹性变形阶段，以此来改善整个结构体系的受力性能。

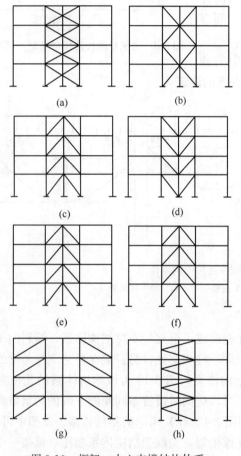

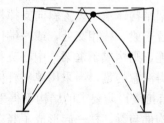

图 3-10　框架—中心支撑结构体系　　　　图 3-11　地震作用下中心支撑变形

3.2.4　钢框架—偏心支撑结构

框架结构体系具有很好的延性和耗能能力，但当楼层较高时，其刚度往往不够，且节点设计和施工都很复杂。中心支撑结构虽然大大增加了结构的侧向弹性刚度，然而，如果将中心支撑设计得在强震作用下不致屈曲，则将造成地震力过大，使主体结构含钢量增加，不够经济合理；若允许支撑屈曲，则屈曲后其性能退化，影响整体结构的承载力和耗能能力。框架—偏心支撑结构体系很好地解决了上述结构体系存在的问题。

在框架—支撑结构体系中，若支撑斜杆一端与梁连接（不在柱节点处），另一端连接在梁与柱相交处，或在偏离另一支撑的连接点与梁连接，并在支撑与支撑之间形成一梁段，则构成了框架—偏心支撑结构体系。上述梁段称为耗能梁段，是这一结构体系的核心构件。图 3-12 为该结构体系的几种常用布置形式，其中图 3-12（e）为耗能梁段的长度。无论哪一种布置方式，支撑斜杆中轴向力的垂直分量都可以通过耗能梁段中的内力得到平衡。而在框架—中心支撑结构体系中，受拉支撑的强度虽然很高，压杆屈曲后却会引起节点处竖向力的不平衡。图 3-13 为框架—偏心支撑的塑性变形形态。

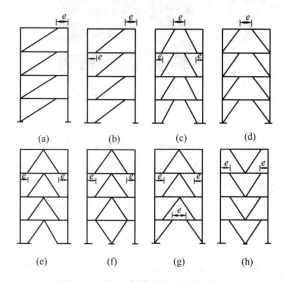

图 3-12　中心支撑钢框架结构体系

图 3-13　框架—偏心支撑的塑性变形形态

可以看出，耗能梁段能够充分协调不同方向支撑之间的变形关系，可以通过精确的分析计算，使耗能梁段在正常使用条件或小震情况下保持在弹性变形阶段，而在强震作用下，通过其非弹性变形，在其中产生塑性铰耗能。图 3-14 为框架—偏心支撑的耗能机制。在这种结构体系中，耗能梁段就像电路中的保险丝一样，通过塑性变形，有效地限制了支撑斜杆中的轴向应力，使支撑不屈曲，即使在强震作用下也能发挥其强度和延性作用。

值得注意的是，在布置偏心支撑时，除了满足建筑师对门窗洞口的设置要求外，还应根据不同的支撑形式控制耗能梁段的长度 e 的大小。因为 e 的取值直接关系到耗能梁段的变形形态和耗能性能。当 e 较小时，耗能梁段为短梁段，其非弹性变形主要为剪切变形，由剪切作用使梁段屈服形成剪切型塑性铰；当 e 较大时，耗能梁段的梁端弯矩也较大，其非弹性变形主要为弯曲变形，容易使梁段屈服后形成弯曲型塑性铰。试验研究表明，剪切屈服型耗能梁段对框架—偏心支撑结构抵抗强震作用特别有利。主要原因是，剪切屈服型耗能梁段能使整体结构的弹性刚度与框架—中心支撑结构相接近，而其耗能能力和滞回性能优于弯曲屈服型。

综上所述，偏心支撑结构体系相对于其他结构体系的优点是，在小震或中等地震作用下刚度很大，在强震作用下具有很好的延性和耗能能力，是钢结构建筑中较为理想的抗侧力体系，尤其适合在高烈度地区使用。

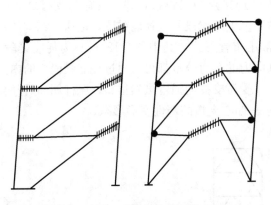

图 3-14　偏心支撑结构的耗能机制　　　　　图 3-15　偏心支撑结构

3.2.5　交错桁架结构体系

交错桁架结构体系是麻省理工学院于 20 世纪 60 年代中期开发的一种新型结构体系，主要适用于中高层住宅、旅馆、办公楼等平面为矩形或由矩形组成的钢结构房屋。在美国、澳大利亚等国家已有不少应用，在我国应用较少，1999 年上海北蔡防水材料厂（上海现代房地产公司）建造了一栋 5 层的住宅示范房，从理论上及计算上均没有充分发挥交错桁架的优势，做法比较粗糙，结果不够理想。

交错桁架结构体系是由柱、平面桁架（图 3-17）、楼板、连梁及节点组成的空间结构体系，结构的组成如图 3-16 所示。钢柱布置在房屋的外围，中间无柱。桁架的高度与层高相同，长度与房屋宽度相同。桁架两端支承于外围钢柱上，桁架在相邻柱轴线上为上、下层交错布置。楼面板跨越同层桁架间距的一半，即一端支承在一桁架的上弦，另一端则悬挂在相邻桁架的下弦。在每层楼面的两个相邻桁架之间，可以获得一个两倍柱距的空间，满足住宅大开间的要求，桁架或支撑均包在分户墙中。在顶层，无法使桁架交错排列，由于楼面板跨度的限制，可采用立柱支承楼面；在底层，可在二层设吊杆支承楼面。

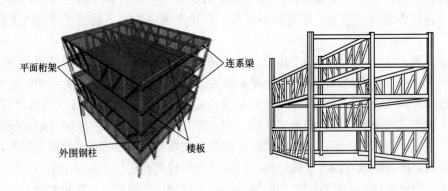

图 3-16　交错桁架结构体系

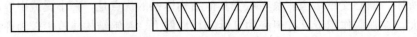

图 3-17　平面桁架的基本形式

桁架采用斜杆体系和空腹体系相结合，节点间可不设斜杆，做成矩形门孔，设置走廊或连通相邻房间。层高可以取的很小，在住宅中层高可以降低到 2.65m，可以得到 18m×30m×2.4m 的净空，而这是普通钢筋混凝土和普通钢框架结构无法做到的。

交错桁架体系具有合理的传力途径。在交错桁架体系中侧向荷载施加给楼板，楼板将侧向荷载传递到桁架上弦，剪力由桁架腹杆传至下一层楼板，由于该柱列的桁架错层，水平力不能再直接往下传，必须通过楼板传到相邻柱列的桁架上弦，如此层层往下传递累积，传到基础。交错桁架体系中承受重力的柱沿结构周边布置，各跳层布置的桁架将这些截面很大的外柱刚劲地连接起来，提供了很大的刚度，使得建筑物抗倾覆力矩的力偶臂很大，能抵抗很大的侧向荷载。交错桁架体系各层的刚度和承载力变化均匀，各楼层的屈服强度系数大致相等，避免了因刚度或承载力的突变而出现薄弱层。此外，由于交错桁架体系主要由桁架腹杆承受水平力，柱中的弯矩值很小，所以塑性铰不会出现在柱上。这使得在侧向荷载下，结构由稳定构架变成机构所需形成的塑性铰的数量多，塑性发展过程长，耗散的能量多，抗震性能强。

交错桁架体系仅由周围柱支承桁架，不必设置内柱和相应的基础，自重轻，便于安装，降低了地基与基础的造价。施工上可标准化生产，施工速度快，现场湿作业少。对于典型的旅馆或居住大楼，交错桁架的钢材用量与常用的钢框架相比较一般可减少 50%，与框架—支撑体系相比可减少 40%。可见交错桁架体系与其他结构体系相比较，建筑布置灵活，结构可靠，整体经济效益好，是推进钢结构建筑产业化的较理想结构体系。

3.2.6 钢框架—钢板剪力墙结构体系

钢板剪力墙（下简称钢板墙）结构是 20 世纪 70 年代发展起来的一种新型抗侧力构件，当钢板墙沿结构某跨自上而下连续布置，与传统的钢框架结构配合可形成钢框架—钢板剪力墙结构体系（图 3-18）。钢板墙整体的受力特性类似于底端固接的竖向悬臂组合梁：竖向边缘构件相当于翼缘，内嵌钢板相当于腹板，而水平边缘构件则可近似等效为横向加劲肋。过去 30 年来，关于钢板墙作为主要水平抗侧力体系的试验研究和数值分析揭示了其独特的表现，包括较大的弹性初始刚度、大变形能力和良好的塑性性能、稳定的滞回特性等。钢板墙已成为一种非常具有发展前景的高层抗侧力体系，尤其适用于高烈度地震区建筑。

到目前为止，全球采用钢板剪力墙作为抗侧力结构的建筑已达数十幢，主要分布于北美和日本等高烈度地震区。位于东京的日本钢铁公司 Shin Nittetsu Building（20 层，1970 年），是日本第一幢钢板墙建筑，也是世界上第一幢同类型结构体系的建筑物。该建筑横向采用了由五榀 H 形钢

图 3-18　钢框架—钢板剪力墙结构

板墙组成的抗侧力体系，钢板尺寸约为 3.70m×2.75m，纵横方向均设置了槽钢加劲肋，钢板厚度从 4.5～12mm 不等。北美采用钢板墙作为水平抗侧力体系的代表建筑有德州达拉斯的 Hyatt Regency Hotel（30 层，1978 年）。该建筑整体平面呈弧形，且建筑立面由多个高度不同的部分组成。长轴方向采用钢框架—支撑体系，短轴方向采用钢板墙。采用

钢板墙方案主要基于以下三个原因：①若采用钢框架，构件断面尺寸会很大，减少了使用空间；若两个方向均采用钢支撑框架，则需要外包很厚的墙体，同样占用了宝贵的空间。②由于建筑物不规则，建造商不愿采用钢筋混凝土框架结构。并且，钢框架—混凝土剪力墙结构体系又会因较长的混凝土施工周期而影响整个工程的进度。③经分析比较，钢板墙体系比采用钢框架结构体系耗钢量大约减少 1/3。

图 3-19 Kobe City Hall

采用钢板墙的建筑已经历过实际的地震考验并且有着良好的表现。最为成功的一例是神户的一幢 35 层（129.4m 高）大楼（Kobe City Hall，图 3-19），该楼于 1988 年建成，经受了 1995 年阪神大地震。研究人员在震后调查中发现，该建筑物未出现任何明显的结构破坏，仅在 26 层发生了加劲钢板墙的局部屈曲；屋顶部位两个方向的侧移分别只有 225mm 和 35mm。而紧邻其前的八层钢筋混凝土建筑，其中一层被压扁，上部三层整体坍塌并水平滑出较大距离。图 3-20 为坐落在西雅图市的 23 层美国联邦法院大厦，该建筑采用非加劲钢板剪力墙作为抗侧力体系，并采用巨大的内填混凝土钢管柱作为钢板墙的周边构件。

3.2.6.1 钢框架—钢板剪力墙结构的特点

（1）与纯抗弯钢框架相比，采用钢板墙可节省用钢量 50% 以上。与普通支撑钢框架相比，相同的用钢量，即使在假定支撑不屈曲的条件下，支撑所能提供的抗侧刚度最多与钢板墙持平。但不必担心钢板墙的墙板屈曲会导致承载力与耗能能力的骤降，尽管墙板屈曲后的滞回曲线会有不同程度捏缩，但总是优于支

图 3-20 美国联邦法院大厦

撑屈曲后拉压不对称造成耗能能力的急剧下滑。

（2）与精致的防屈曲支撑比较，钢板墙不但相对便宜，且制作和施工都比较简单，因而其市场前景更佳。

（3）钢板墙弥补了混凝土剪力墙或核心筒延性不足的弱点。试验表明，钢板墙自身鲁棒性非常好，延性系数均在 8～13 之间，很难发生钢板墙卸载的情况，相应外框架分担的水平力也不会大幅变化，有利于实现结构多道抗震防线的理念。

（4）由于钢板墙墙板厚度较钢筋混凝土墙要小很多，故能有效降低结构自重，减小地震响应，压缩基础费用。因为不需要额外对基础进行加固，使得钢板墙非常适用于已有建筑的加固改造；另外，还可增加宝贵的使用面积，并使建筑布置更加灵活多变。

（5）相对现浇钢筋混凝土墙，钢板墙能缩短制作及安装时间；其内嵌钢板与梁、柱的连接（焊接或栓接）方式简单易行，施工速度快；特别是对现有结构进行加固改造时，能不中断结构的使用。

3.2.6.2　半刚性钢框架—钢板剪力墙结构体系

半刚性框架延性好但刚度较差，钢板剪力墙具有良好的延性和刚度，二者组合可形成半刚性框架—钢板剪力墙新型结构体系，既可以更真实地模拟连接的特性，增大节点延性，实现内力重分布，提高框架的经济性，又可以简化节点构造，提高施工效率。该体系由西安建筑科技大学率先提出，目前处于研究阶段，图 3-21 所示为该体系的试验情况。

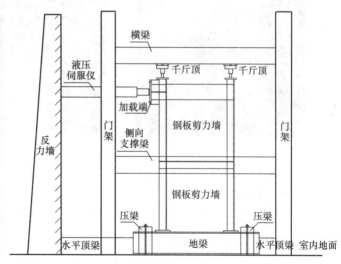

图 3-21　半刚性框架—钢板剪力墙结构试验情况

该结构具有以下特点：

（1）既利用了半刚性框架的延性，又发挥了钢板墙的延性和刚度，具有刚度大、延性好、滞回性能好的特点，图 3-22、图 3-23 所示分别为该结构的滞回曲线和骨架曲线。

（2）相对于一般的钢框架—钢板剪力墙结构，该结构兼顾了半刚性框架结构的优点，节点制作大大简化，可节约用钢量，降低工程的造价，图 3-24、图 3-25 分别为端板连接和腹板顶底角钢连接两种半刚性连接形式。

（3）层间相对位移变化较缓和、平面布置较易获得大空间，实现多道抗震设防。

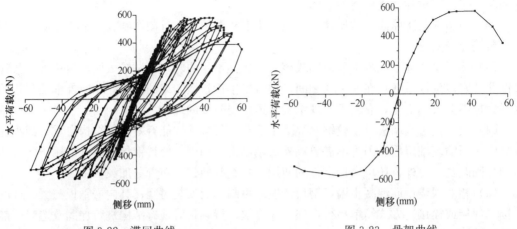

图 3-22　滞回曲线　　　　　　　　图 3-23　骨架曲线

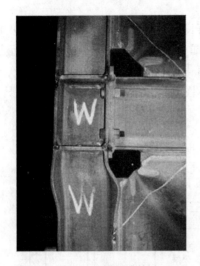

图 3-24　端板连接

图 3-25　腹板顶底角钢连接

3.2.7　巨型结构

巨型结构的概念产生于 20 世纪 60 年代末，是由梁式转换楼层结构发展而来。巨型结构体系是一种新型超高层建筑结构体系，又称超级结构体系（图 3-26），它是由不同于通常梁、柱概念的大型构件（巨型梁、巨型柱等）组成的主结构与由常规结构构件组成的次结构共同工作而形成的一种结构体系。主结构本身就可以成为独立结构，其中巨型柱的尺寸通常超过一个普通框架的柱距，巨型梁采用高度在一层以上的平面或空间格构式桁架，一般隔若干层才设置一道。主结构通常为主要抗侧力体系，承受自身和次结构传来的各种荷载；次结构主要承担竖向荷载和少部分作用于其上的风荷载和地震作用，并负责将力传递给主结构。

巨型结构从材料上可分为巨型钢筋混凝土结构、巨型钢骨钢筋混凝土结构、巨型钢－钢筋混凝土结构及巨型钢结构；按其主要受力体系可分为：巨型桁架（包括筒体）、巨型框架、巨型悬挂结构和巨型分离式筒体等四种基本类型。

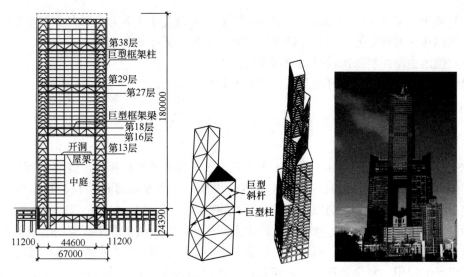

图 3-26　巨型结构

3.2.7.1　巨型结构的特点

巨型结构具有良好的建筑适应性和潜在的高效结构性能，正越来越引起国际建筑业的关注。巨型结构具有一系列不同于普通结构的特点：

（1）传力明确。巨型结构是一种新型结构体系，主结构为主要的抗侧力体系和承重体系，次结构只起辅助作用和大震下的耗能作用，并负责将竖向荷载传给主结构，传力路线非常明确。

（2）建筑功能适应性好。巨型结构的次结构只是传力结构，故次结构的柱子不必连续，建筑物中可以布置大空间或空中台地或大门洞。次结构中的柱子仅承受巨型梁间的少数几层荷载，截面可以做得很小，给房间布置的灵活性创造了有利条件。

（3）结构整体性能好。在高层建筑结构中，抗侧力体系的抗侧能力强弱是衡量结构体系是否经济有效的尺度。巨型结构的大梁作为刚臂，使得整个结构具有极其良好的整体性，可有效地控制侧移。同时也可在不规则的建筑中采取适当的结构单元组成规则的巨型结构，有利于抗震。

（4）可将多种结构形式及不同材料进行组合。由于巨型结构体系的主结构和次结构可以采用不同的材料和体系，因此体系可以有不同的变化和组合。例如，主体结构可采用高强材料，次结构采用普通材料等。

（5）施工速度快。巨型结构体系可先施工主结构，待主结构完成后分开各个工作面同时施工次结构，这样可大大加快施工进度。

（6）巨型结构体系可节约材料，降低造价。虽然主结构的截面尺寸大，材料用量也大，但量大面广的次结构只承受有限几层竖向荷载的作用，故其截面尺寸比一般超高层建筑小得多，对材料性能要求也较低，从总体上说可节约材料和降低造价。

3.2.7.2　巨型结构的发展趋势

（1）组合构件的使用。最常用的建筑材料是钢和混凝土，钢—混凝土组合构件使这两种材料取长补短，可以更充分地利用材料的性能。使用高强混凝土浇筑而成巨型钢管混凝土柱，使结构在达到结构预期的强度和刚度的同时，提高了建筑物的经济效益。

（2）使用大型支撑或剪力墙以增加侧向刚度。大型支撑或剪力墙增大了结构的抗侧刚度，使结构在达到规定的侧移和加速度限值时，更为经济有效。

（3）使用主动控制系统或被动控制系统减震。

（4）结构设计时使用更好的分析设计软件和验证方法。

3.3 大跨空间结构体系

空间结构的技术水平是一个国家土木建筑业水平的重要衡量标准，也是一个国家综合国力的体现。因此世界各国对空间结构技术的发展一直给予高度的重视。自改革开放以来，随着我国国民经济的高速发展和综合国力的提高，我国空间结构的技术水平也得到了长足的进步，正赶超国际先进水平。大跨度空间结构的社会需求和工程应用逐年增加，空间结构在各种大型体育场馆、剧院、会议展览中心、机场候机楼、各类工业厂房等建筑中得到了广泛的应用。特别是近几年，随着北京 2008 年奥运会、上海 2010 年世界博览会等国家重大社会经济活动的成功举办，一大批高标准、高规格的体育场馆、会议展览馆、机场航站楼等社会公共建筑进入人们的视野，极大地推动了我国空间结构技术水平的发展。

3.3.1 空间结构体系的分类

一般的，空间结构按形式分为五大类，即薄壳结构（包括折板结构）、网壳结构、网架结构、悬索结构和膜结构（包括充气膜结构和支承膜结构）。但这种分类方法难以涵盖近年来空间结构发展中出现的新结构，也难以充分反映新结构的结构构成及其特点，如张弦梁（张弦立体桁架）结构、树状结构、各种形式的张拉整体结构等很难归属到哪一类。因此，提出了一种按空间结构组成的基本单元进行分类的方法。组成空间结构的基本单元包括板壳单元、梁单元、杆单元、索单元和膜单元。从结构理论的观点看，一种单元或多种单元的集成便可构成各种具体形式的空间结构。根据国内外已建的空间结构工程，可归纳出 33 种空间结构形式，见图 3-27。这些空间结构中，既包含了传统的薄壳结构、悬索结构，也包含了体现空间结构领域新成果的新型结构形式，如索穹顶结构、张弦梁结构。不难发现，这 33 种空间结构都可用某一种单元或某两种、三种单元集合构成。这样的分类方法具有实用性、包容性和开放性，它与结构分析的计算方法及计算机程序有机结合起来，任何新的空间结构体系均可在这一分类的框架中找到适当的位置，同时该分类也启发人们去不断创新、开发出新的空间结构形式。

3.3.2 传统的空间结构体系

3.3.2.1 平板网架

平板网架是一种铰接杆系结构，具有受力合理、计算简便、刚度大、材料省、制作安装方便等优点，是我国历年来空间结构中最普遍的一种形式，也是我国最成熟的一种空间结构，大中小跨度均适用，应用极为广泛。根据我国《空间网格结构技术规程》JGJ 7—2010，平板网架共分为 13 种：两向正交正放、两向正交斜放、两向斜交斜放、三向、单向折线形、正放四角锥、正放抽空四角锥、斜放四角锥、棋盘型四角锥、星形四角锥、三角锥、抽空三角锥、蜂窝形三角锥网架。平板网架在我国运用时间很早，可追溯到 1964 年的上海师范学院球类房，该网架结构运用的是钢管板节点。1966 年天津大学研制成功我国第一座用于天津科学宫的焊接空心球节点斜放四角锥网架，此后网架逐渐发展起来，特别是焊接球节点网

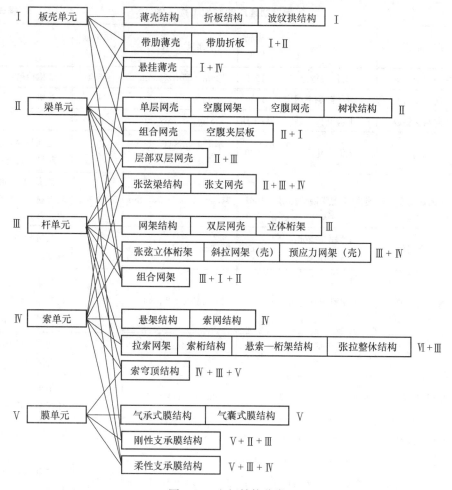

I	板壳单元	薄壳结构	折板结构	波纹拱结构		I
		带肋薄壳	带肋折板	I+II		
		悬挂薄壳	I+IV			
II	梁单元	单层网壳	空腹网架	空腹网壳	树状结构	II
		组合网壳	空腹夹层板	II+I		
		层部双层网壳	II+III			
		张弦梁结构	张支网壳	II+III+IV		
III	杆单元	网架结构	双层网壳	立体桁架		III
		张弦立体桁架	斜拉网架（壳）	预应力网架（壳）		III+IV
		组合网架	III+I+II			
IV	索单元	悬架结构	索网结构			IV
		拉索网架	索桁结构	悬索—桁架结构	张拉整休结构	VI+III
		索穹顶结构	IV+III+V			
V	膜单元	气承式膜结构	气囊式膜结构			V
		刚性支承膜结构	V+II+III			
		柔性支承膜结构	V+III+IV			

图 3-27　空间结构分类

架带动了整个空间结构行业的发展。我国早期建设的平板网架工程可参见表 3-1。

平板网架分有单层、双层和三层网架，单层应用很少，如图 3-28 所示。双层是应用最广的，几乎所有平板网架都是双层的。三层网架是双层的发展，适用于大中跨度，刚度好，内力分布均匀，且可降低内力峰值，网架杆件较短网格小，可节约钢材。如图 3-29所示为我国大连造船厂平板网架。

图 3-28　平板网架吊装

图 3-29　大连造船厂平板网架

序号	网架形式	工程名称	建成年份	平面尺寸×高度	用钢量 (kg/m²)	安装方法
1	两向正交正放	上海体院篮球房	1966	35m×35m×2.5m	15.4	双机抬吊
2	两向正交斜放	上海体院羽毛球房	1966	30m×45m×2.5m	14.5	双机抬吊
3	两向斜交斜放	上海新火车站	后未用	54m×72m×5m	50	
4	三向	上海文化广场	1970	扇形 76m×(62.8～138.2)m×5m	45	地面拼装，拔杆整体起吊，高空移位
5	正放四角锥	上海市范学院球类房	1961	31.5m×40.5m×1.8m	35.6	四角锥单元起吊，高空拼装(铜管板节点)
6	正放抽空四角锥	上海市航空俱乐部机库	1966	27.3m×35.1m×2.2m	～17	双机抬吊，高空平移就位
7	斜放四角锥	天津科学宫礼堂	1966	14.8m×23.3m×1m	6.3	分条起吊，水平移动就位，高空拼接(钢管焊接球节点)
8	棋盘形四角锥	大同矿务局云岗矿食堂	1973	18m×24m×1.3m (2个)	7	四个 5 吨手拉葫芦提升网架
9	星形四角锥	杭州起重机械厂食堂	1980	28m×36m×2.5m	28	地面拼装，拔杆整体起吊，高空移位
10	单向折线形	大同矿务局一车间	1978	12m×40m×1m	9	分条起吊，高空拼接
11	三角锥	上海徐汇区工人俱乐部	1981	正六边形 D24m×1.96m	21	满堂脚手架，高空拼装
12	抽空三角锥Ⅰ形	天津塘沽车站	1977	圆形 D47.2m×(3.0～3.6)m	30	地面拼装，道木垛上顶升就位
13	抽空三角锥Ⅱ形	保定百花电影院	1982	长六边形 (21.6～28)m×35.3m×1.96m	24.5	地面拼装，双拔杆整体吊装
14	蜂窝形三角锥	大同矿机修厂会议室	1978	15.4m×16.3m×1m	7.2	工地组拼，整体吊装
15	六角锥	某车间网架模型	1966	7.2m×7.5m×1m		按单元逐个拼装，再整体吊装就位

3.3.2.2　组合网架结构

组合网架结构是板系、梁系和杆系协同工作的组合空间结构。它以钢筋混凝土代替上弦，以组合节点代替上弦节点，从而形成下部为钢结构、上部为钢筋混凝土结构的组合结构。这种结构可充分发挥两种材料的强度优势，承重和围护的功能合而为一，水平、竖向刚度都大，抗震性能好。截至目前，我国已建成 60 余幢组合网架结构，是世界上组合网架用得最多的国家。代表性的工程有 1987 年建成的江西抚州地区体育馆，平面尺寸 45.5m×58m，厚 3.2m，耗钢量 31.8kg/m²。1988 年建成的新乡百货大楼加层扩建工程，平面尺寸为 35m×35m，是我国首次在多层大跨建筑中采用组合网架楼层及屋盖结构。长沙纺织大厦平面尺寸为 24m×27m，采用柱网为 10m×12m、7m×m 的高层建筑组合网架楼层及屋盖结构。上海国际购物中心的六、七层楼层采用平面尺寸为 27m×27m 预应力组合网架。

3.3.2.3　网壳结构

网壳结构属于一种曲面形网格结构，有杆系结构构造简单和薄壳结构受力合理的特点、因而是一类跨越能力大、刚度好、材料省、杆件单一、制作安装方便、有广阔应用和发展前景的大跨度和特大跨度的空间结构。网壳按曲面形式分有柱面网壳（包括圆柱面和非圆柱面壳），回转面网壳（包括锥面、球面与椭球面网壳），双曲扁网壳，双曲抛物面鞍形网壳（包括单块扭网壳，三块、四块、六块组合型扭网壳）等。据不完全统计，我国已建成和在建的各种网壳结构近 200 幢覆盖面积达 20 万 m²。

我国早期跨度最大的网壳结构是天津市 1995 年举行第 43 届世界乒乓球锦标赛的体育馆（图 3-30），跨度 108m，矢高 15.4m，悬臂 13.5m，总直径 135m 双层球面网壳，正放四角锥体系，耗钢量 55kg/m²。另一个是 1996 年举行亚洲冬运会的哈尔滨速滑馆（图 3-31），平面尺寸为 86.2m×191.2m。壳厚 2.1m，中部为圆柱面，两端为半球面的长椭圆平面总用钢量 745t，耗钢量 50kg/m²。

图 3-30　天津新体育馆

图 3-31　哈尔滨速滑馆

在网壳结构蓬勃发展的同时，各种新型网壳相继研制成功并获得实际工程应用。

（1）局部双层网壳结构。局部双层网壳结构是介于单、双层网壳之间的结构形体，可采用双层网壳抽空办法，或单层网壳加劲加强办法，或采用两向正交拱形立体桁架来构成局部双层网壳。局部双层网壳不受单层网壳稳定性控制，同时可按铰接体系考虑，与双层网壳相比，大幅度减少下弦杆腹杆及下弦节点，有明显经济效益。如带肋局部双层网壳，是一种典型且应用很广泛的局部双层网壳结构，按一定的规律设置为双层网格结构而大部分为单层壳面结构。这种结构不但外观简洁，达到很高的艺术效果和建筑功能，而且整体承载力及经济性能比单层网壳高，如图 3-32 所示。

（2）索桁架预应力穹顶。索桁架预应力穹顶也是一种比较新颖的结构形式，它是由一系列桁架及拉索组合而成，包括径向桁架、环向桁架和预应力索。它综合了网壳，桁架和悬索结构的优点，具有受力性能良好、形式简洁明快、造型优美等特点，如图 3-33 所示。

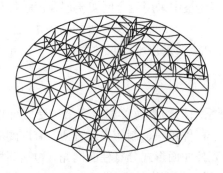

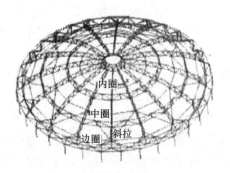

图 3-32　带肋局部双层网壳

图 3-33　索桁架预应力穹顶

（3）折板式网壳结构。折板式网壳结构兼有平板网架及网壳的优点，结构形式丰富，受力性能优良，一般不存在稳定问题，且经济指标较优越，如世界大学生运动会主体育场（图 3-34）、广州歌剧院等（图 3-35）。

图 3-34　世界大学生运动会主体育场

图 3-35　广州歌剧院

（4）预应力网壳结构。预应力技术与空间网壳相结合将产生较高的经济效益，通过预应力技术可使杆件达到最佳内力状态，且可提高网壳刚度，减少挠度。支座水平推力也可减少，甚至无水平推力。攀枝花市体育馆系用八支座八瓣十频次短程线形双层球面网壳，跨度 60m，外挑 2.4~7.4m 不等，形成缺角八边形，耗钢量 37.8kg/m²，比非预应力节约 25%，1994 年建成，如图 3-36 所示。

（5）斜拉网壳。斜拉网壳是将斜拉桥技术及预应力技术综合应用到网格结构而形成一

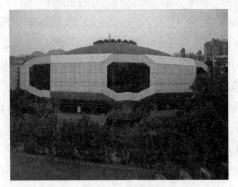

图 3-36　攀枝花市体育馆

种形式新颖协同工作的杂交结构体系，如北京亚运会综合体育馆、浙江大学体育场司令台、新加坡港务局（PSA）仓库、太旧高速路旧关收费站、浙江黄龙体育中心体育场，以及深圳市游泳跳水馆。以浙江黄龙体育中心体育场为例，该结构的两塔间距离达 250m，每个月牙形网壳上弦面还巧妙地放置了 9 道稳定索以抵抗向上的风荷载，如图 3-37 所示。

（6）球面网壳。目前我国已有很多此类结构的工程实例，如中国科技馆、天津科技馆

图 3-37 浙江黄龙体育中心体育场

（图 3-38）、河北省科技馆宇宙剧场（图 3-39）、大连青少年宫球幕影院和天象馆穹顶等。

图 3-38 天津科技馆

图 3-39 河北省科技馆宇宙剧场

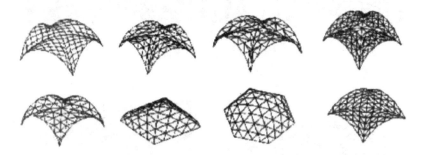

图 3-40 单层叉筒网架

（7）叉筒网壳。叉筒网壳结构它是由柱面网壳按一定形式相贯组合而成，柱面之间不同的相贯角度可以组合成多种新颖的建筑造型，如图 3-40 所示。它有单层、单层加肋、双层及局部双层叉筒网壳之分。

3.3.2.4 张拉结构

（1）悬索结构。悬索结构是一种理想的大跨度屋盖结构形式，它是以钢索（钢丝、钢绞线或钢丝绳）作为主要承重构件，与吊桥或斜拉桥一类的桥梁结构是一脉相承的。由于钢索是以高强钢材制成，材料强度得到了充分发挥，因而做到自重轻而覆盖面较大，能收到明显经济效果。悬索结构有单层索系、双层索系、索-梁（桁）体系、鞍形索网以及各种组合悬挂体系，表 3-2 列举了我国早期悬索结构工程概况。

国内具有代表性的悬索结构工程有：安徽体育馆悬索屋盖（单层悬索体系，图 3-41）、吉林滑冰馆（预应力双层索系，图 3-42）、朝阳体育馆（两片索网和索拱体系的中央支承结构，图 3-43）。

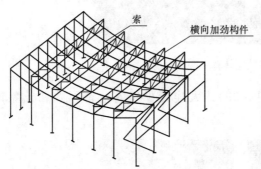

图 3-41　安徽体育馆

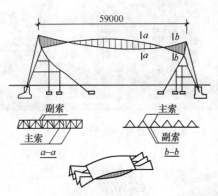

图 3-42　吉林滑冰馆

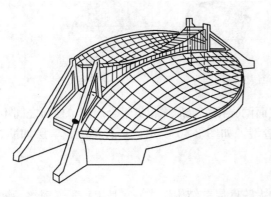

图 3-43　朝阳体育馆

结构形式	工程名称	平面及尺寸	建成年份
车辐式双层索系	北京工人体育馆	圆形，直径 94m	1961
	成都城北体育馆	圆形，直径 61m	1979
	广汉市文体馆	圆形，直径 44m	1991
双曲抛物面索网	天津大学健身房	椭圆形，24.6m×36.6m	1965
	浙江人民体育馆	椭圆形，60m×80m	1967
	新疆化肥厂俱乐部	椭圆形，36m×50m	1977
平行双层空间索系	吉林滑冰馆	矩形，59m×72m	1986
平行双层平面索系（索桁架）	无锡体育馆	矩形，43m×44m	1991
单层平行索系	淄博市体育馆	矩形，54m×38m	1986
	淄博毛纺厂俱乐部	矩形，36m×27m	1987
	东营钻井公司体育馆	矩形，54m×38m	1988
	新汶矿务局体育馆	矩形，54m×38m	1989
伞形单层辐射索系	柳州水泥厂熟料库	圆形，半径 94m	1987
	淄博市长途汽车站	圆形，半径 94m	1989
单层悬挂索网	淄博市化纤厂餐厅	方形，30m×30m 对角线主索支承	1987
单层平行索系、以刚架作为中央支承	丹东体育馆	六边形，80m×45m	1988
鞍形索网，以拱作为中央支承	四川省体育馆	六边形，74m×79m	1988
	青岛市体育馆	卵形，73m×89m	1990
鞍形索网，以索-拱体系作为中央支承	北京朝阳体育馆	近似椭圆，66m×73m	1990
横向加劲平行索系	安徽省体育馆	六边形，72m×53m	1989
	上海杨浦区体育馆	矩形，54m×38m	1989
	潮州体育馆	方形，56m×56m	1992
斜拉屋盖结构	奥林匹克体育中心体育馆	矩形，70m×83.2m	1990
	奥林匹克体育中心游泳馆	矩形，78m×117m	1990
	呼和浩特民航机库	矩形，42m×63m	1991
	无锡游泳馆	矩形，19m×31.5m	1992

（2）张弦梁结构。张弦梁结构是由下弦索、上弦梁和竖腹杆组成的索杆、梁结构体系。通过对下弦的张拉，竖腹杆的轴压力使上弦梁产生与外荷载作用相反的内力和变位，起卸载作用。上海浦东机场航站楼屋盖（图 3-44）是一项有代表性的大跨度张弦梁结构，上弦由三根平行的方钢管并以短管相连而成，腹杆为圆钢管，下弦为高强冷拔镀锌钢丝束。

张弦梁中的梁如采用空间桁架则可能

图 3-44　上海浦东机场航站楼屋盖

跨越更大的空间,广州会展中心就是典型工程(图 3-45)。

图 3-45　广州会展中心

(3) 弦支穹顶。弦支穹顶(Suspen-Dome)是日本法政大学川口卫教授 1993 年研制成功的,他将张拉整体结构(索穹顶)一些思路应用于单层球面网壳结构而形成的一种崭新的结构形式,其形成原理如图 3-46。

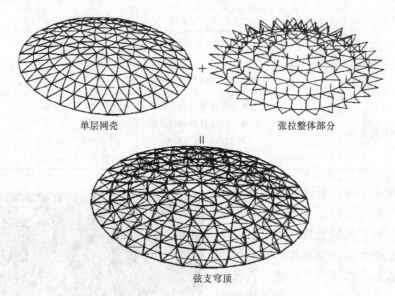

单层网壳　　　　　　　　　+　　　　　　　　张拉整体部分

‖

弦支穹顶

图 3-46　弦支穹顶的形成

弦支穹顶具有以下特点:

① 弦支穹顶是一种异钢种预应力空间结构,可获得跨越更大跨度的潜力;

② 通过对拉索施加预应力使上层单层壳中产生与荷载反向的变形和内力,这样较单

74

纯单层网壳杆件内力及节点位移小得多；

③ 对下部结构产生的水平推力减小甚至完全消除；

④ 施工较索穹顶简单得多。

（4）索膜结构。索膜结构是20世纪中期发展起来的一种新型建筑结构形式，是由多种高强薄膜材料（PVC或Teflon）及加强构件（钢架、钢柱或钢索）通过一定方式使其内部产生一定的预张应力以形成一种空间形式，作为覆盖结构，并能承受一定的外荷载作用的一种空间结构形式。膜结构可分充气膜结构和张拉膜结构两大类。充气膜结构是靠室内不断充气使室内外产生一定的压力差（一般在10～30mm汞柱之内），室内外的压力差使屋盖膜布受到一定的向上浮力，从而实现较大的跨度。张拉膜结构则通过柱及钢架支撑或钢索张拉成型，其选型非常优美灵活。

膜结构所用膜材料由基布和涂层两部分组成，基布主要用聚酯纤维和玻璃纤维材料。涂层材料主要有聚氯乙烯和聚四氟乙烯。常用膜材为聚酯纤维覆以聚氯乙烯（PVC）和玻璃纤维覆以聚四氟乙烯（Teflon）。前者强度低、弹性大、易老化、徐变大、自洁性差，但价格便宜、容易加工、色彩丰富、抗折性能好，可在其上涂一层聚四氟乙烯涂层，可提高抗老化和自洁能力，寿命可达15年。而后者材料强度高、弹性模量大，自洁、耐久、耐火等性能好，但价格贵、不易折叠、对裁剪要求高，寿命可达30年以上。目前由于充气膜结构日常维护费用高，且易发生事故，国外已有不再发展充气膜的趋势，我国迄今也没有一个建造的实例。

膜结构设计主要包括找形、荷载分析和裁剪三大内容，较一般空间网格结构复杂。目前我国设计人员已可以自行设计自行施工，并开发出过硬的计算机设计软件。

张拉膜结构可详细划分为：张拉式膜结构、骨架式膜结构和组合式膜结构。张拉式膜结构中的膜材是一重要受力构件，充分利用膜材的高强抗拉性能，预应力值一般较大，它提供整体刚度，受力分析复杂，对施工精度要求高，但体型丰富，很受建筑师青睐。骨架式膜结构的膜一般作为蒙皮覆盖在骨架上，不能充分发挥膜材高强抗拉性能。组合式则介于两者之间，是在封闭的自身稳定骨架体系上布置张拉式膜单元。1997年竣工的上海八万人体育场看台顶篷（图3-47），是我国规模和影响力较大的膜结构之一。

图 3-47　上海八万人体育场

3.3.3　新型的空间结构体系

由于计算技术、新型材料及空间结构分析理论的发展，近几十年来，国内外空间结构得到迅速发展除目前常用的网架、网壳、悬索、膜结构等体系外，各种新型空间结构体系，如可展开折叠结构、开合屋盖结构、张拉整体结构以及各种混合结构体系等，在体育场馆、展览馆、飞机库、厂房等建筑中也得到广泛应用，这些结构体系的出现开创了空间结构的新局面。

3.3.3.1　可展开折叠式结构

可展开折叠式结构（Deployable/Foldable Structure）是近些年发展起来的一种新型空间结构体系，其基本特点可概述为：结构在未使用时可收缩折叠成捆状或其他形状储存或运输，使用时可方便地在现场展开成型，迅速构成整体结构（如图 3-48 所示）。通常，结构的整体或部分可在工厂预先装配完成，然后折叠储存，备以后展开使用。该体系一般多用于临时性或半永久性结构，安装、拆除方便迅速，可重复使用。

图 3-48　某网壳的折叠展开

为保持结构安装、拆除方便迅速的优点，应使屋面与结构一起具有可展开折叠能力，并与结构形成整体，可展开折叠结构的屋面做法一般采用由膜材或织布构成的柔性屋面形式。与常规结构相比，可展开折叠结构的最大优点是施工方便、现场展开成型速度快，具有造型新颖、易于工厂化生产、折叠后体积小、便于运输和储存、现场展开、安装和拆除快、施工方便，并可重复使用等优点。该类结构特别适用于中小跨度的临时性结构或流动性结构，如抗震救灾紧急需要的现场指挥部及生活用房、航天空间站、大型比赛集会或旅游区临时工作室、流动展览厅、农村暖棚等，具有很好的应用前景。

3.3.3.2　开合屋盖

开合屋盖结构是一种根据使用需求可使部分或全部屋盖结构开合移动的结构形式，它使建筑物在屋顶开启和关闭两个状态下都可以正常使用。据统计，国际上从 20 世纪 60 年代至今已建成 200 余座开合结构，但绝大多数属于中小型建筑，主要用于游泳馆、网球场等体育建筑。从这些工程应用中人们已充分领略到这种结构的优越性：雷雨风雪时将屋盖关闭，享受一种温馨与热烈；天高气爽时将屋盖打开，感受自然之美。此外屋盖开启后室内外融为一体，尤其在夜晚，夜色与灯光融合，更有一种特殊感受。目前开合结构不仅用于体育场馆，而且广泛用于飞机库、商场、厂房及需要晾晒的仓储建筑。

与固定式屋盖相比，开合屋盖在技术上有很多特殊的问题必须慎重对待，如在结构形状不断改变的条件下，设计荷载尤其是风荷载以及结构运动产生的冲击效应的评估与选择，屋盖走行部及轨道设计，屋盖运行故障检测及排除措施，屋盖的监控与安全保障系统设置等。为了经济安全，移动结构构造应简单并尽量轻型化；屋盖开启或关闭过程一般控制在 20～25min，为尽量减少冲击力，应控制开始或停止时间在 1～2min；应装置地震传感器和风速仪，当超过特大风速和地震强度时，开关系统应能判别，以调整整个系统不会超载；屋盖应按装电视摄像及超声波传感系统，以便及时发现故障原因；控制装置设计应有富余，当装置的任何部分失灵时不至于整个系统失灵，为此应用一种双控制系统，既能自动也能手动；在开合功能失灵时，应能保障整个屋盖结构的安全。在已建成的开合结构中不乏打开合不上、合上开不了的例子，更有一些开合结构因开合功能故障最终不得不改为固定屋盖。这说明开合结构确实是一种技术性很强的结构形式，对设计和施工都有很高的要求。

屋盖的开合方式是开合屋盖设计的重要内容，开合方式直接决定着建筑功能的实现、结构形式与体系的确定、屋面系统的设计、机械传力系统等多个方面。根据屋面的运动方式，开合屋盖可主要分为平行移动式、绕轴转动式、折叠方式和组合方式四种类型。平行移动式又可分为水平移动和空间移动两种，绕轴转动式又可分为绕竖直轴转动和绕水平轴转动两种。下面介绍一些有代表性的工程。1993 年建成的日本海洋穹顶（图 3-49）由 4 块独立的拱形板组成，矢跨比为 0.21，开启时，中央两块拱形板分别向两相反方向平行移动，并与其相邻的拱形板重叠，两组两块重叠的拱形板再向两相反方向平行移动至开启终点。2006 年建成的江苏省南通体育中心体育场（图 3-50），其开闭顶是国际上最复杂的结构之一，开闭顶系统结构包括上部活动屋盖、支撑拱架、固定屋架机械驱动系统等，总重量 10000t，拱架最大跨度 280m，相当于四个足球场的宽度，开闭顶最高点达 50m，相当于 14 层楼的高度，其中整个活动屋盖移动距离为 120m，自重 2200t、重量相当于 60 架波音飞机或 1250 辆桑塔纳轿车。

图 3-49　日本海洋穹顶　　　　　　　图 3-50　南通体育中心体育场

3.3.3.3　玻璃结构

玻璃被作为建筑材料用于建筑物已有很长的历史，但多用于门、窗、采光带等。近年来随着玻璃性能的不断改善以及人们对玻璃特性认识的不断深入，玻璃已被越来越多的作为承重材料用于建筑结构。

在一般人眼里玻璃是一种纤薄易碎的东西，很难与硕大的承重结构联系起来。事实上虽然玻璃在力学性能上有一定的局限性，但如果对其设计合理，扬长避短，用于建筑结构会取得意想不到的效果。透明或半透明是玻璃的最主要也是最显著的特征，因此玻璃结构一般明亮华丽，从采光这个角度上说，这也是一种节能结构。玻璃在力学性能上有点像混凝土，是一种脆性材料，抗压性能好、抗拉性能差，应力-应变关系表现为线性，弹性模量在 $70 \sim 73$GPa 之间，约为钢材弹性模量的三分之一。一般浮法玻璃的抗弯强度为 50MPa，经过热处理后玻璃的性能可显著改善，钢化玻璃的抗弯强度高于 70MPa，淬火玻璃的抗弯强度则可超过 120MPa，甚至可达到 200MPa，而玻璃的自重为 2500kg/m³，所以玻璃的强重比要优于普通钢材，玻璃结构能给人一种轻巧的感觉。玻璃的热膨胀系数为 9×10^{-6}，与钢材的相近，这使得钢材和玻璃能够用于同一结构，发挥各自特长。玻璃的耐腐蚀性能很强，可抵抗强酸的侵蚀，因此玻璃结构的防腐费用较低。越来越多的建筑师和结构工程师在工程中利用玻璃来实现建筑物更亮、更轻、更美的高科技效果，增强城市的现代化气息（图 3-51、图 3-52）。

玻璃板本身的强度、刚度计算是在整体结构分析的基础上进行的，在这方面国际上还没有相应的规范作为依据，但德国等一些国家的学者已经将以概率统计为基础的可靠度理论引入玻璃结构的计算，并用极限状态法给出了相应的强度、位移验算公式。因此玻璃结构的计算目前已不困难，研究的重点则应放在结构形式及细部构造上。

图 3-51　玻璃展厅

图 3-52　玻璃结构楼梯

3.3.4　空间结构体系的发展方向

3.3.4.1　空间结构向超大跨度结构发展

近年来，已建或在建的超过百米跨度的建筑愈来愈多，各种形式的空间结构向超大跨度结构发展，如国家体育场"鸟巢"微弯形网架（340m×290m）、国家大剧院双层空腹网壳（212m×146m）、深圳湾体育中心（500m×240m）、南京奥体中心体育场大拱（360m）、国家游泳中心"水立方"多面体空间刚架（177m）等。特别值得一提的是北京首都国际机场新航站楼，总长达2500m，主体建筑包括 T3A 和 T3B 两座航站楼和一座地面交通中心。图 3-53 所示为 T3A 结构平面图，平面呈"人"形，分为主体部分和东、西指廊三部分，结构长 950m（其中指廊部分长 412m，主体部分长 538m），宽 750m，屋顶结构采用微弯形抽空三角锥网架Ⅰ形。这些超大跨度工程往往是标志性工程，投资巨大、社会影响大，需要进行技术攻关、技术创新，如多维多点输入的抗震分析、温度应力对结构的影响、施工安装精度、地基不均匀沉降等。此外，深圳湾体育中心（图 3-54）钢结构屋盖由单层网壳、双层网架（综合馆和游泳馆）及竖向支撑系统构成。单层网壳为复杂的空间曲面，屋盖体系最大标高52m，由箱形截面构件组成，最重的有 52t，最轻的也有 8t，屋面单层斜交网壳中的构件均为弯扭构件，所以呈现不规则的弯曲、扭转。

图 3-53　北京首都国际机场新航站楼

图 3-54　深圳湾体育中心

3.3.4.2　从较重的屋盖向轻型屋盖体系发展，从刚性结构体系向柔性体系发展

近20年来，空间结构技术水平发展迅速。由早期的薄壳结构、网架结构、网壳结构和悬索结构发展到各种组合结构（如组合网格结构）、杂交结构（如斜拉网格结构、预应力网格结构等）和以索膜等柔性材料为特征的新型预张力结构；由单一的结构形式发展到各种结构形式的合理组合；由早年较重的屋盖结构体系向更加轻型的屋盖结构体系发展；由传统的刚性结构发展到半刚性结构和柔性结构。

在空间结构研究领域，包括索杆张力结构等新型结构体系的研究开发和工程应用近年来一直是国际、国内空间结构界研究的重点，并应用在一些重要的国际盛会，这些新型结构体系包括：空间张弦梁结构、弦支网壳结构、空腹索桁结构、索杆全张力结构等。这些新型结构在国内的工程应用尚属凤毛麟角，有些尚属空白，但研究工作已经起步并取得了显著的成果。这些结构采用轻质高强的现代材料——拉索、膜和压杆，使结构自重大大减轻，三者的有机结合使其成为受力合理、结构效率极高的体系，而作为索和膜，它们是几乎没有自然刚度的，所以这类结构的几何形状和结构刚度必须由体系内部施加的预应力来提供，由此产生了全新的施工工艺。可以说这些新型结构体系集新材料、新技术、新工艺和高效率于一身，是先进建筑科学技术水平的反映。

3.3.4.3　从固定屋盖结构向可开启结构发展

传统的建筑物往往是固定的屋盖结构，但随着社会的物质生活水平不断提高的需求，空间结构在功能上提出了更高的要求。可开启结构已在国内外的一些大型工程中应用，并越来越得到广泛重视。目前国内的大型可开启结构有：江苏南通体育中心体育场（图3-55）、上海旗忠森林体育城网球中心（图3-56）、杭州黄龙体育中心网球场等。可开启结构是集结构、机械传动、控制于一体的复杂的系统工程。

图3-55　南通体育中心体育场　　　　图3-56　上海旗忠森林体育城网球中心

3.3.4.4　从单一的设计技术向制造信息化集成技术发展

空间结构是一种特殊的工程产品，与机械、机电行业有着密切的关系。空间结构制作加工过程包括设计、翻样、材料采购、下料、加工等多个工序。据估计，全国与空间结构有关的加工制造企业超过300家。通过CAD技术的广泛应用，空间结构的设计手段有了很大进步。随着信息化技术和先进数控设备的应用，空间结构产品需要信息技术、设计技术、制造技术、管理技术的综合应用，提高生产效率和实现定制化策略，从而提高空间结构产品的创新能力和企业的技术和管理水平。

3.4　钢结构设计方法的研究进展

钢结构设计的基本原则是要做到技术先进、经济合理、安全适用和确保质量。因此，

结构设计要解决的根本问题是在结构的可靠和经济之间选择一种最佳的平衡，使由最经济的途径建成的结构能以适当的可靠度满足各种预定的功能要求，即使结构在施工和使用期间经受各种自然和人为作用的考验，而且不妨碍建筑物的正常使用。为此，在结构设计中应主要考虑如下两个方面的问题：（1）结构在各种作用下的效应计算，即结构分析；（2）结构作为工程系统正常运行的可靠性确定，即可靠性分析。无论从结构分析方法演进的历史，还是从其未来发展的趋势上看，只有将结构分析和可靠性分析两者相结合，相得益彰，才能使结构设计方法臻于完善。

3.4.1 钢结构设计方法的演进

3.4.1.1 容许应力法（ASD）

ASD 的设计原则是：结构构件的计算应力不得大于结构设计规范所给定的容许应力。结构构件的计算应力是按规范规定的标准荷载，以一阶弹性理论计算得到；容许应力则是用一个由经验判断的大于 1 的安全系数去除材料的屈服应力或极限应力而确定。

ASD 设计公式的通式为：

$$\Sigma S_{ni} \leqslant [\sigma] = \frac{R_n}{K} \tag{3-1}$$

其中，R_n 是材料的屈服应力或极限应力的标准值，K 即为安全系数，S_n 代表结构构件在某一工况下由荷载标准值求得的计算应力，n 表示工况数，i 表示某一工况下的荷载数。

容许应力法的主要优点是计算简单，但存在如下主要不足：

（1）对于塑性材料，由于没有考虑结构在塑性阶段的承载潜力，其实际的安全水平偏高；

（2）不能合理考虑结构几何非线性的影响；

（3）由于采用单一安全系数，无法有效地反映抗力和荷载变异的独立性，致使承受不同类型荷载（如活载的变异性要比恒载的变异性大得多）的结构安全水平相差甚远；

（4）不能从定量上度量结构的可靠度，更不能使各类结构的安全度达到同一水准。

3.4.1.2 塑性设计法（PD）

PD 的设计原则是：结构构件的塑性极限承载力应不低于标准荷载引起的构件内力乘以安全系数。在结构分析中常采用一阶塑性分析法或刚塑性分析法。

PD 设计公式的通式为：

$$K \cdot \Sigma S_{ni} \leqslant R_n \tag{3-2}$$

其中，R_n 是考虑结构材料的塑性性质及其极限强度而确定的极限承载力，K 为安全系数，S_n、n 和 i 的意义同前。

塑性设计法的主要优点是允许结构在进入塑性后进行内力重分布，这就要求结构和构件有足够延性，因而在塑性设计中截面腹板和翼缘的尺寸比例有严格的限制。虽然塑性设计法考虑了材料的非线性，可克服容许应力法中的缺陷，但材料屈服的扩展和结构构件的稳定性在结构设计中仍然没有反映。同时在结构可靠性方面，塑性设计法同容许应力法一样，还是由经验性的安全系数来保证。

3.4.1.3 极限状态设计法（LRFD）

为了克服上述缺陷，采用抗力和荷载分项系数代替原来单一安全系数的极限状态设计法成为现行世界各国的主要设计方法。由于荷载的作用，结构在使用周期内有可能达到各种极限状态，这些极限状态可分为两类：承载能力极限状态和正常使用极限状态。结构的安全性对应结构的承载能力极限状态，包括构件断裂、失稳、过大的塑性变形等所导致的结构破坏。极限状态设计法就是要求保证结构在使用期内不超越各种极限状态。

LRFD 设计公式的通式为：

$$\sum \gamma_i \cdot S_{ni} \leqslant \phi \cdot R_n \tag{3-3}$$

其中，R_n 和 S_n 分别为结构构件抗力和荷载效应的标准值，ϕ 和 γ_i 分别代表抗力分项系数与荷载分项系数，它们是通过概率分析和可靠度校核得到的，同经验性的安全系数相比在概念上有本质的区别。在极限状态设计法中，可进行二阶分析，考虑几何非线性的影响，从而克服容许应力法与塑性设计法中的缺陷。在结构的可靠性方面，由于采用不同的荷载分项系数和极限状态方程，极限状态设计法从根本上克服了上述缺陷，使结构构件具有比较一致的可靠度水平。

3.4.2 现行钢结构设计方法的缺陷

极限状态设计法是结构从经验设计向概率设计转变的一次变革，但现行的建筑钢结构安全性设计方法仍有待进一步完善。目前世界各国关于建筑钢结构安全性设计的一般步骤为：先按一阶或二阶弹性方法计算各种荷载及其组合作用下结构的位移和各构件的内力，即整体结构的弹性分析；然后将结构分析所得内力用于构件的各种极限状态方程进行构件设计，即单个构件的非弹性设计。若构件满足各种规定的极限状态方程，则认为结构设计符合规范要求。这种设计方法实质上是基于构件承载力极限状态的结构设计，存在着如下缺陷：

（1）结构内力计算模式与构件承载力计算模式不一致

由于整体结构的弹性分析未考虑材料非线性和（或）几何非线性的影响，而构件的非弹性设计却考虑了材料非线性和几何非线性的影响，一般情况下，结构构件达到极限承载力时已处于非线性弹塑性状态，其内力会重新分配。因此，按弹性状态计算结构各构件的内力并不是该构件达到极限承载力时的实际内力。换句话说，整体结构的弹性分析与单个构件的非弹性设计的方法不协调。

（2）结构整体失稳的计算模式与实际失稳状态不一致

现行规范对结构失稳的计算模式是基于"结构同一层柱同时按相同模式对称或反对称失稳"假定，结构的整体稳定是通过构件设计中考虑计算长度的方法来近似保证。这一计算模式与一般情况下结构中个别或少数构件首先达到弹塑性失稳的实际形式不一致。换句话说，计算长度的概念并不能真实有效地反应结构和构件之间的相互关系。

（3）现行设计方法不能准确预测结构体系的破坏模式和极限承载力

由于现行钢结构设计方法一般先对整体结构进行弹性分析，然后对各构件按极限状态方程逐个检验其安全性。这种设计方法实质上是一种基于构件承载力极限状态的结构设计法，这种方法只能预测构件的极限承载力，而不能预测结构体系的破坏模式和极限承载力。其主要原因是：存在整体结构的弹性分析与逐一对单个构件进行非弹性设计之间的不协调现象，未能反映单个构件与整体结构之间的耦合关系；缺乏可以准确而直接地描述结构处于极限状态时的各种主要非线性性能的结构分析模型。实际上，尽管构件是结构的组成部分，但单个或某些构件达到极限状态并不表示整个结构体系达到极限状态。例如，刚架中一根本身不承受横向荷载的梁，当该梁两端形成塑性铰时，整个刚架仍然可以继续加载，即刚架并未达到极限状态。

（4）不同结构整体承载力极限状态可靠度水平不一致

结构作为整体承受各种荷载作用是建筑结构最重要的基本功能，但现行设计理论由于以结构构件为设计对象，只能保证结构构件极限承载状态的名义可靠度水平，而不能保证结构整体承载极限状态的可靠度水平。因为结构的整体极限状态不仅与各构件的极限承载力有关，还与结构各构件间的相关性、抗力与荷载间的相关性、结构的赘余度、结构形式以及结构的受载状态等诸多因素有关。

3.4.3　钢结构分析设计方法的研究现状

目前，建筑钢结构分析设计方法的研究主要表现在以下 3 个方面：

3.4.3.1　对现行方法的改进

由于现行建筑钢结构设计方法存在上述缺陷，不少研究者试图在弹性范围内对现行方法加以改进，这些工作包括：

（1）对计算长度的改进，如考虑框架柱不同时弹性失稳或弹塑性失稳的影响、考虑中间摇摆柱的影响、考虑梁柱半刚性连接的影响、考虑框架非完全侧移约束的影响、考虑构件初始缺陷和结构二阶效应的影响以及试图在一定的限制条件下用构件实际长度代替计算长度的研究等；

（2）采用名义荷载模型，如考虑在钢框架的弹性分析中施加大小约等于 $0.2\%\sim$ 0.5% 倍竖向荷载的水平横向荷载，以补偿由于忽略材料非弹性和初始缺陷效应引起的误差等；

（3）运用等效切线模量的概念，如降低弹性分析中的结构构件的弹性模量（以等效切线模量代替）来考虑结构非线性和缺陷的影响等。然而，无论这些方法本身的精度如何，它们都是试图以结构的弹性分析达到非弹性分析的结果，存在根本的局限性，因而在设计方法上无实质性突破。

3.4.3.2　对新的结构分析设计方法的探讨

要彻底克服前述现行建筑钢结构设计方法中的前 3 种缺陷，必须建立以结构整体承载极限状态和结构整体极限承载力为目标的结构分析设计方法。为此，近年来一些研究者已提出了所谓的集成非弹性设计（Integrated Inelastic Design）和高等分析设计（Advanced Analysis Design）方法等。这些方法主张在结构分析中充分考虑影响结构性能的各种因素，特别是非线性因素，直接计算和验算结构的整体极限承载力，以彻底免除构件计算长度和构件相关方程的概念，即免除构件验算的步骤。欧洲规范和澳大利亚极限状态标准已包含了针对钢框架结构的此类设计方法的试用性条文。精确的结构整体极限承载力分析实质上是结构的二阶非弹性全过程分析。最近十几年国内外学者提出了一系列较精确的适用于高等分析的二阶非弹性分析模型，如塑性区模型、准塑性区模型或考虑塑性扩展的准塑性铰模型、名义荷载塑性铰模型、精化塑性铰模型以及实用精化塑性铰模型等，并进一步考虑了梁柱连接半刚性、节点域剪切变形以及它们的共同效应对结构极限承载力的影响等。

3.4.3.3　对结构体系可靠度计算方法的探讨

结构体系可靠度的计算方法大致可概括为：失效模式法、Monte Carlo 法、响应面法和随机有限元法等。失效模式法由于无法与精确的结构非线性分析相结合，一般认为不能用于复杂结构体系的精确计算。响应面法通常将结构的极限状态面在设计验算点处作一阶或二阶近似，对于验算点处曲率变化较大的极限状态面可能导致较大的误差。虽然近来作过一些改进，但响应面法仍然主要用于计算结构在正常使用极限状态下的可靠度。随机有限元法是一种新兴的方法，它通常以低阶或高阶摄动理论为基础建立结构的随机有限元方程，一般需计算结构功能函数关于随机向量的导数。随机有限元法虽然计算快，但由于其要求理论推导的严密性而限制了它在结构可靠度分析中的应用。Monte Carlo 法是一种简单但计算量大的方法，常作为校核其他方法的标准。然而随着各种包含降低抽样方差技巧的新方法出现，Monte Carlo 法在结构可靠度分析中的应用将愈加普遍。

3.4.4 结构高等分析的概念与特点

高等分析的概念最早出现在澳大利亚极限状态标准中。近年来，随着计算机技术的飞速发展和结构分析理论的不断深入，为研究和发展高等分析设计方法提供了现实条件和理论基础，使人们对该法的认识和了解更加深入。现在将高等分析技术直接用于设计接近可能。

高等分析是指能够准确跟踪结构中各构件塑性渐变的全过程，能够准确预测结构体系及其组件的破坏模式与极限荷载，而又不需按规范公式逐一对各构件进行验算的任何一种方法。高等分析方法主张在结构分析中充分考虑影响结构性能的各种非线性因素（几何非线性、材料非线性、连接非线性等），直接计算或验算结构的整体极限承载力，以彻底摒弃构件计算长度和构件相关方程的概念，即免除构件验算的步骤，使结构可靠度更为统一，将大大简化设计过程，提高结构设计效率。高等分析方法与传统的设计方法相比，具有如下特点：

(1) 高等分析可以准确预测结构体系及其组件的破坏模式与极限荷载；

(2) 高等分析可以跟踪结构体系的非弹性内力重分布；

(3) 高等分析可以准确跟踪结构中构件塑性渐变的全过程；

(4) 高等分析可免除现行设计方法中构件验算的步骤；

(5) 高等分析解决了传统设计方法中结构弹性分析与构件极限状态设计不一致的矛盾；高等分析消除了现行设计方法中结构整体失稳计算模式与结构实际失稳状态不一致的现象；

(6) 高等分析可直接提供比现行方法更多的二阶非弹性分析的结构性能资料；

(7) 高等分析的结构设计效率高，因为它完全摒弃了逐一对各构件进行冗长、烦琐的验算工作；

(8) 高等分析使结构的可靠度更为统一。

思 考 题

1. 简述轻型门式刚架结构的特点及其布置要求。
2. 简述多高层钢结构体系的分类及其各自的特点。
3. 简述大跨度空间结构体系的分类及其各自的特点。
4. 简述钢结构设计方法的研究进展。

第4章 钢结构的加工和连接方法

通常构件是由若干零件和部件经过连接组装成的。建筑钢构件的常见零件有：腹板、翼缘板、节点板、加劲肋等，组成的构件有：焊接 H 型钢、牛腿、柱脚等。钢结构构件（梁、柱、支撑、辅助构件等）通常在工厂进行加工、预拼装，然后再运输到工地上进行连接组装成整体结构，达到经济、简便、安全、使用的要求，如图 4-1 和图 4-2 所示。

图 4-1 钢结构加工

(a)   (b)

图 4-2 钢结构连接示意图
(a) 梁-柱连接；(b) 柱脚连接

4.1 钢结构的加工准备

4.1.1 审查施工图
4.1.1.1 施工图的组成
在建筑钢结构中，钢结构施工图一般可分为钢结构设计图和钢结构施工详图两种。

（1）钢结构设计图

钢结构设计图由具有相应设计资质的设计院完成。

钢结构设计图应根据钢结构施工工艺、建筑要求进行初步设计，然后制定施工设计方案并进行计算，根据计算结果编制而成。钢结构设计图一般较简明，使用的图纸量也比较少，设计图在深度上一般只绘制出杆件布置、构件截面与内力及主要节点构造，其内容一般包括设计总说明、布置图、构件图、节点图及钢材订货表等。其目的、内容及深度均应为钢结构施工详图的编制提供依据。

（2）钢结构施工详图

钢结构施工详图是直接供制造、加工及安装使用的施工用图，是直接根据结构设计图编制的工厂施工及安装详图，有时也含有少量连接、构造等计算。它只对深化设计负责，一般多由钢结构制造厂或施工单位进行编制。

随着钢结构在建筑领域越来越多的使用，钢结构详图设计的重要性也逐步体现，它是钢结构工程的主要环节之一，这一环节完成的好坏直接影响钢结构的制作成本、质量和进度。

施工详图通常较为详细，使用的图纸量也比较多，通常，一套完整的钢结构详图其内容应包含图纸目录、设计总说明、构件安装布置图及构件详图等。

1）总说明应包含工程概况、材料要求、焊缝等级及质量要求、构件制作要求、涂装要求、安装要求（如高强螺栓应提供初扭、终扭扭矩要求）等需要说明的内容，表达应明确、清晰、简洁。

2）构件布置图应根据工程实际情况灵活分布，布置图应表述清晰准确，详图与布置图表达内容相符。

3）构件详图应选择最有代表性的立面作主视图，在构件视图中应包含构件安装位置、方向，所示视图应能完整表达构件特征。构件中各种材料编号正确，图中注明螺栓规格、孔径、焊缝形式、大小、坡口形式。对于超长、超重构件需要确定分段位置，分段位置确定时应首先考虑运输车辆、起重设备的能力，再考虑材料的合理利用、接头处焊缝位置的错开等问题。

4.1.1.2　图纸审查的目的

加工前，要检查图样设计的深度能否满足加工、施工的要求，核对图样上构件的数量和安装尺寸，检查构件之间有无矛盾等。同时对图样进行工艺审核，即审查技术上是否合理，制作上是否便于施工，图样上的技术要求按加工单位的施工水平能否实现等。此外，还要合理划分运输单元。做好变更签证手续。

4.1.1.3　图纸审查的内容

图纸审查的主要内容包括：

（1）设计文件是否齐全，设计文件包括设计图、施工图、图样说明和设计变更通知单等；

（2）构件的几何尺寸是否齐全；

（3）相关构件的尺寸是否正确；

（4）节点是否清楚，是否符合国家标准；

（5）标题栏内构件的数量是否符合工程总数；

（6）构件之间的连接形式是否合理；

（7）加工符号、焊接符号是否齐全；

（8）结构用材料是否符合规范要求、有无特殊要求，构件分段是否合理；

（9）结合本单位的设备和技术条件考虑，能否满足图样上的技术要求；

（10）图样的标准化是否符合国家规定等。

4.1.2 钢结构的加工准备

钢结构加工工艺流程：选购原材料→钢板、型钢预处理→放样、下料。

4.1.2.1 备料

备料应满足设计图纸和业主要求，并检查核对供应商提供的质量证明文件。

（1）选购的原材料（钢板、型钢、钢管等）时，应根据施工图样材料表算出各种材质、规格的材料净用量，再加一定数量的损耗，编制材料预算计划。

（2）提出材料预算时，需根据使用长度合理订货，以减少不必要的拼接和损耗。

（3）使用前应核对每一批钢材的质量保证书，必要时应对钢材的化学成分和力学性能进行复验，以保证符合钢材的损耗率。

（4）使用前，应核对来料的规格、尺寸和重量，并仔细核对材质。如需进行材料代用，必须经设计部门同意，并将图纸上所有的相应规格和有关尺寸全部进行修改。

4.1.2.2 编制工艺规程

钢结构零、部件的制作是一个严密的流水作业过程，指导这个过程的除生产计划外，主要是工艺规程。工艺规程是钢结构制作中的指导性技术文件，一经制订，必须严格执行，不得随意更改。

工艺规程的主要内容：

（1）成品技术要求。

（2）为保证成品达到规定的标准而需要制订的措施：

1）关键零件的精度要求、检查方法和使用的量具、工具。

2）主要构件的工艺流程、工序质量标准、为保证构件达到工艺标准而采用的工艺措施（如组装次序、焊接方法等）。

3）采用的加工设备和工艺装备。

4.1.2.3 钢结构放样

放样是钢结构加工的第一道工序，只有放样尺寸精确，才能避免以后各道加工工序的累积误差，保证整个工程的质量。

放样是根据钢结构施工详图或构件加工图，以1∶1的比例把产品或零部件的实形画在放样台上，画出各构件的实际尺寸、形状，对于较复杂的构件需经过展开，核对图纸的安装尺寸和孔距，根据实样制作样板和样杆，以样板为准，在钢板上画出要加工的零部件。

放样作为号料、切割和制孔的依据。放样时要先打出构件的中心线，再画出零件尺寸，得出实样；实样完成后，应复查一次主要尺寸，发现误差应及时改正。

放样工具常用的具有：钢卷尺、直尺、角度尺、直角尺、墨斗、焦线、石笔、样冲、剪刀等。各测量工具必须与标准尺校验合格后方可用于放样，从而保证制作的精度。

样板材质一般选用彩色钢板（PVC板）和不锈钢钢板，保证制作精度且不易变形。如图4-3所示为钢结构檩条放样图。

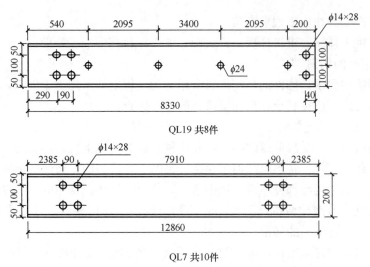

QL19 共8件

QL7 共10件

图 4-3 钢结构檩条放样图

4.1.2.4 钢材号料

钢结构的号料是采用经检查合格的样板（样杆）在钢板或型钢上划出零件的形状及切割、铣刨、弯曲等加工线以及钻孔、打冲孔位置，并标出零件编号。号料要根据图纸用料要求和材料尺寸合理配料。尺寸大、数量多的零件，应统筹安排、长短搭配，先大后小或套材号料，大型构件的板材应使用定尺料。如图 4-4 所示为钢结构号料现场示意图。

对放样检查无误后，按放样的构件几何尺寸进行下料，下料时留有足够多的加工余量及焊接收缩余量，并标识记录。

钢材号料的工作内容一般包括：检查核对材料，在材料上划出切割、铣、刨、弯曲、钻孔等加工位置，打冲孔、标注出构件的编号等。

图 4-4 钢结构号料

凡型材端部存有倾斜或板材边缘弯曲等缺陷，号料时应去除缺陷部分或先行矫正。

根据锯、割等不同切割要求和对刨、铣加工的零件，预放不同的切割及加工余量和焊接收缩量。

因原材料长度或宽度不足需焊接拼接时，必须在拼接上注出相互拼接编号和焊接坡口形状。如拼接件有眼孔，应待拼接焊接、矫正后加工眼孔。

4.2 钢结构的加工方法

钢结构是由钢板、型钢等部件组合连接而成的结构，钢结构的构件加工一般在金属加工厂中完成，部分需在施工现场安装。

根据设计施工详图要求将样板进行切割、坡口、打孔等加工处理。

4.2.1　钢材的切割

根据工程结构要求，构件的切割可以采用剪切、锯割或采用手工气割，自动或半自动气割。钢材的切断，应按其形状选择最适合的方法进行。

4.2.1.1　机械切割方法

剪切的材料对主要受静荷载的构件，允许材料在剪断机上剪切，无需再加工。剪切的材料对受动荷载的构件，必须将截面中存在有害的剪切边清除。剪切或剪断的边缘，必要时应加工整光，相关接触部分不得产生歪曲，以免影响连接。常用的方法有：

（1）剪板机、型钢冲剪机（图 4-5）。切割速度快、切口整齐、效率高，适用于薄钢板、压型钢板、冷弯檩条的切割。

（2）无齿锯。切割速度快，可切割不同形状的各类型钢、钢管和钢板，切口不光洁，噪声大，适于锯切精度要求较低的构件或下料留有余量、最后尚需精加工的构件。

（3）砂轮锯。切口光滑，生刺较薄易清除，噪声大，粉尘多，适用于切割壁型钢及小型钢管，切割材料的厚度不宜超过 4mm。

（4）锯床（图 4-6）。切割精度高，适于切割各类型钢及梁、柱等型钢构件。

图 4-5　液压闸式剪板机

图 4-6　锯床

4.2.1.2 气割方法

气割可以利用多头直条气割机、H 型钢自动气割机或人工气割，下料完成后清除铁锈、污物，气割后清除熔渣、飞溅物。图 4-7 为常见气割机检查气割构件的质量，切割面不得有裂纹、夹渣、分层和大于 1mm 缺损。常用方法有：

（1）自动切割。切割精度高，速度快，在其数控气割时可省去放样、划线等工序而直接切割，适于钢板切割。

（2）手工切割。设备简单，操作方便，费用低，切口精度较差，能够切割各种厚度的钢材。

图 4-7　气割机

4.2.1.3　等离子切割

等离子切割是利用高温等离子电弧的热量使工件切口处的金属局部熔化（和蒸发），并借高速等离子的动量排除熔融金属以形成切口的一种加工方法。配合不同的工作气体可以切割各种氧气切割难以切割的金属，尤其是对于有色金属（不锈钢、铝、铜、钛、镍）切割效果更佳；其主要优点在于切割厚度不大的金属的时候，等离子切割速度快，尤其在切割普通碳素钢薄板时，速度可达氧切割法的 5～6 倍、切割面光洁、热变形小、几乎没有热影响区。图 4-8 所示为钢材等离子切割机。

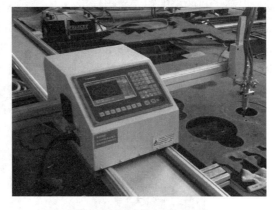

图 4-8　钢材等离子切割机

4.2.1.4　数控相贯切割

数控相贯切割是指对钢管与管子的结合处相贯线孔、相贯线端部、弯头（虾米节）进行自动计算和切割。此类加工以往大多采用制作样板、划线、人工放样、手工切割、人工打磨等落后繁复操作工艺。数控相贯线切割机能十分方便的切割加工此类工件，无需操作者计算、编程，只需输入管道相贯系统的管子半径、相交角度等参数，机器就能自动切割出管子的相贯线、相贯线孔以及焊接坡口。数控管子相贯线切割机采用数字化控制，设备控制轴数有二至六轴等不同机型。每种机型在切割如工时实现控制轴联运,具有切割各种相贯线、相贯孔功能;定角坡口、定点坡口、变角坡口切割功能;管子不圆度和偏心补偿功能。如图 4-9 所示为数控相贯线切割机。

图 4-9　数控相贯线切割机

4.2.2　钢构件的制孔

钢结构制作中,常用的加工方法有钻孔、冲孔、铰孔等,施工时,可根据不同的技术要求合理选用,如图 4-10 所示。

(1) 钻孔:普遍采用,原理是切削,精度高,孔壁损伤小,数控多维钻床效率、精度更高,是目前发展趋势,如螺栓球。

(2) 冲孔:一般用于较薄构件和非圆孔的加工,而且要求孔径一般不小于钢材厚度。

(3) 铰孔:用铰刀在冷却润滑液下对已粗加工的孔进行精加工,以提高光洁度和精度。铰孔属于精加工,用铰刀来进行。在事先钻出的留有余量的底孔中铰去薄薄的一层余量,提高了孔的精度和表面粗糙度。

(4) 扩孔:在原孔粗加工基础上扩大及消除缺陷。扩孔属于粗加工范畴,通常用麻花钻或扩孔钻来加工,扩孔的余量较大。它可以准确地定心,提高了基准孔的精度,并且减少刀具的磨损,提高了生产效率。扩孔主要用于构件的拼装和安装,如叠层连接板孔。

(a)　　　　　　　　　　　　(b)

图 4-10　钢构件制孔
(a) 钻孔;(b) 冲孔

4.2.3 钢材的边缘加工

边缘加工在钢结构制造中，经过剪切或气割过的钢板边缘，其内部结构会发生硬化和变态。为了保证桥梁或重型吊车梁等重型构件的质量，需要对边缘进行加工，往往要将边缘刨直或铣平。根据施工图设计要求，为了保证焊缝质量，考虑到装配的准确性，要将钢板边缘刨成或铲成坡口，准确确定坡口位置和几何尺寸，采用砂轮打磨或机械刨边处理。边缘加工时，刨削量不得小于2mm。特别是焊缝坡口尺寸应按工艺要求作精心加工。

4.2.3.1 加工部位

钢结构制造中，常需要做边缘加工的部位主要有：

(1) 吊车梁翼缘板、支座支承面等具有工艺性要求的加工面。

(2) 设计图样中有技术要求的焊接坡口。如图4-11所示，坡口是主要为了焊接工件，保证焊接精度，要求不高时也可以气割（如果是一类焊缝，需超声波探伤的，则只能用机加工方法），如：K形坡口、V形坡口、U形坡口等。

(3) 尺寸精度要求严格的加颈板、隔板、腹板及有孔眼的节点板。

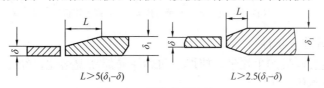

$$L > 5(\delta_1 - \delta) \qquad L > 2.5(\delta_1 - \delta)$$

图4-11 钢构件板边坡口

4.2.3.2 加工方法

常用的边缘加工方法有铲边、刨边、铣边：

(1) 铲边

铲边是通过对铲头的锤击作用而铲除金属的边缘多余部分而形成坡口，图4-12为构件铲边用的坡口机。铲边有手工和机械两种。铲边的精度较低，一般用于要求不高、少量坡口的加工。

(2) 刨边

刨边主要是在刨边机上进行，用于板料边缘的加工。消除构件切割面毛刺，使构件端面平整光滑，以保证焊缝质量等级要求较高的质量要求。钢构件刨边加工有直边和斜边两种。钢构件刨边加工的余量随钢材的厚度、切割方法的不同而选取，一般刨边加工余量为2～4mm。

图4-12 构件铲边—坡口机

(3) 铣边

对于有些构件的端部，可采用铣边（端面加工）的方法代替刨边。铣边是为了保持构件的精度，如吊车梁、桥梁等支座部分，钢柱或塔架等的金属抵承部位，能使其力由承压面直接传至底板支座，以减少连接焊缝的焊脚尺寸。这种铣削加工，一般是在端面铣床或铣边机上进行的。

构件的端部支撑边要求创平顶紧和构件端部截面精度要求较高的，无论是什么方法切割和用何种钢材制成的，都要刨边和铣边。

4.3　钢结构连接的基本方法

4.3.1　连接分类与特性

连接是把型钢和钢板组成构件和结构的不可缺少的手段。

钢结构的连接方法主要有焊接连接、螺栓连接和铆钉连接三种（图 4-13）。

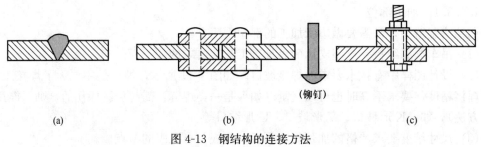

图 4-13　钢结构的连接方法
(a) 焊接连接；(b) 铆钉连接；(c) 螺栓连接

4.3.1.1　焊缝连接特性

焊缝连接是通过电弧产生热量，使焊条和焊件局部高温熔化，经冷却凝结成为焊缝，从而将焊件连接成整体。

焊缝连接的优点是：构造简单，节约钢材，加工方便，易于采用自动化作业。焊接连接一般不需拼接材料，不需开孔，一般可直接连接；连接的密封性好，刚度大。目前，土木工程中焊接结构占绝对优势。但是，焊缝质量易受材料、操作的影响，因此对钢材材性要求较高。高强度钢更要有严格的焊接程序，焊缝质量要通过多种途径的检验来保证。

焊缝连接的缺点是：焊缝附近的钢材，在高温作用下形成热影响区，使其金相组织和力学性都发生变化，导致材质局部变脆；焊接过程中钢材由于受到不均匀的加温和冷却，使结构产生焊接残余应力和残余变形，也使钢材的承载力、刚度和使用性能受到影响。

焊缝连接不宜用于直接承受动力荷载的部件，如重级工作制的吊车梁、柱及制动梁的相互连接，但可广泛用于静力荷载作用或间接动力荷载作用的构件连接中。

4.3.1.2　螺栓连接特性

螺栓连接分为普通螺栓连接和高强度螺栓连接两种。

螺栓连接的优点是：螺栓连接施工工艺简单，安装方便，适用于工地安装连接，能更好地保证工程进度和质量。

螺栓连接的缺点是：螺栓连接因开孔对构件截面会产生一定的削弱，且被连接的构件需要相互搭接或另加拼接板、角钢等连接件，因而相对耗材较多，构造较繁。

（1）普通螺栓连接

普通螺栓连接一般有粗制螺栓和精制螺栓两种。粗制螺栓由圆钢热压而成，表面粗糙。螺杆与孔之间有空隙，受剪能力较差，一般用于安装连接中；精制螺栓在车床上加工而成，螺杆直径基本与孔径相同，抗剪能力较好，但制造过程比较费工，成本较高，一般很少采用。

（2）高强度螺栓连接

高强度螺栓连接是一种新的钢结构连接形式，它具有施工简单、受力性能好、可拆换、耐疲劳以及在动力荷载作用下不致松动等优点，是很有发展前途的连接方法。一般用于结构梁－柱、梁－梁等主要受力部件的连接传力，适用于有抗滑移要求、受动力荷载作用的构件连接。

高强度螺栓连接和普通螺栓连接的主要区别是：普通螺栓板件接触面无需打毛处理，扭紧螺帽时产生的预拉力很小，由板面间挤压产生的摩擦力可以忽略不计。

4.3.1.3 铆钉连接特性

进行铆钉连接时，先在被连接的构件上制成比钉杆直径大 1.0～1.5mm 的孔，然后将一端有半圆钉头的铆钉加热，直到铆钉呈樱桃红色时将其塞入孔内，再用铆钉枪或铆钉机进行铆合，使铆钉填满钉孔，并打成另一铆钉头。铆钉在铆合后冷却收缩，对被连接的板束产生夹紧力，这有利于传力。

铆钉连接的优点是：塑性和韧性较好，传力可靠，质量易于检查，适用于直接承受动力荷载的结构连接。

铆钉连接的缺点是：构造复杂，用钢量多，目前已很少采用。在工厂几乎被焊接代替；在工地几乎被高强度螺栓连接代替。

4.3.2 焊接连接

焊接连接常采用的有自动焊接和人工焊接，方法有电弧焊、电渣焊、高频焊等。

4.3.2.1 电弧焊

电弧焊是利用通电后焊条和焊件之间产生的强大电弧提供热源，熔化焊条落在焊件上被电弧吹成的小凹槽的熔池中，并与焊件熔化部分结成焊缝，构件连接成一整体（图 4-14）。电弧焊的焊缝质量比较可靠，是最常用的一种焊接方法。

电弧焊分为手工电弧焊和自动或半自动电弧焊。

（1）手工电弧焊：在通电后，涂有焊药的焊条与焊件之间产生电弧，熔化焊条成焊缝（图 4-15）。焊药则随焊条熔化而形成熔渣覆盖在焊缝上，同时产生一种气体，防止空气与熔化的液体金属接触，保护焊缝不受空气中有害元素影响。手工电弧焊的焊条应与焊件的金属强度相适应。对 Q235 钢的焊件宜用 E43 系列焊条（即抗拉强度最小值约为 420N/mm^2），对 Q345 钢的焊件宜用 E50 型系列焊条，对 Q390、Q420 钢的焊件宜用 E55 系列焊条。当不同钢种的钢材连接时，宜用与低强度钢材相适应的焊条。

手工电弧焊具有设备简单适应性强的优点，特别是用于短焊缝或曲折焊缝的焊接，或施工现场的高空焊接。

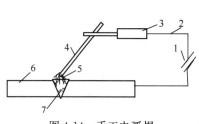

图 4-14　手工电弧焊
1—电源；2—导线；3—夹具；4—焊条；
5—电弧；6—焊件；7—焊缝

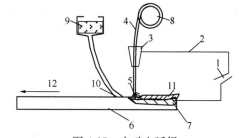

图 4-15　自动电弧焊
1—电源；2—导线；3—夹具；4—焊丝；
5—电弧；6—焊件；7—焊缝；8—转盘；
9—漏斗；10—溶剂；11—熔化的熔剂；12—移动方向

（2）自动或半自动埋弧焊：焊条采用没有涂层的焊丝，插入从漏斗中流出的覆盖在被焊金属上面的焊剂中，通电后由于电弧作用熔化焊剂，熔化后的焊剂浮在熔化金属表面保护熔化金属，使之不与外界空气接触，有时焊剂还可提供给焊缝必要的合金元素，以此改善焊缝质量。焊接进行时，焊接设备或焊体自行移动，焊剂不断由漏斗漏下，电弧完全被埋在焊剂之内。同时，绕在转盘上的焊丝也不断自动熔化和下降进行焊接。对 Q235 的焊件，可采用 H08、H08A、H08MnA 等焊丝配合高锰、高硅型焊剂；对 Q345 和 Q390 焊件，可采用 H08A、H08E 焊丝配合高锰型焊剂，也可采用 H08Mn、H08MnA 焊丝配合中锰型焊剂或高锰型焊剂。

自动焊的焊缝质量均匀，焊缝内部缺陷少，塑性好，冲击韧性高，抗腐蚀性强，适用于直长焊缝。半自动焊除人工操作前进外，其余与自动焊相同。

4.3.2.2　电阻焊

电阻焊是利用电流通过焊件接触点表面的电阻产生的热量来熔化金属，再通过压力使焊件焊合（图 4-16）。薄壁型钢的焊接常采用电阻焊。电阻焊适用于板叠厚度不超过 12mm 的焊接。

4.3.2.3　气焊

气焊是利用乙炔在氧气中燃烧而形成的火焰来熔化焊条，形成焊缝（图 4-17）。气焊用于薄钢板或小型结构中。

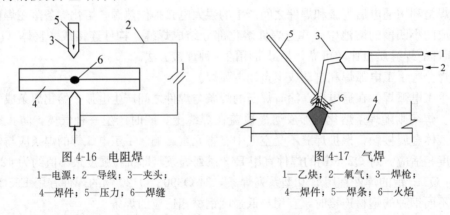

图 4-16　电阻焊　　　　　　　　　　图 4-17　气焊
1—电源；2—导线；3—夹头；　　　　1—乙炔；2—氧气；3—焊枪；
4—焊件；5—压力；6—焊缝　　　　　4—焊件；5—焊条；6—火焰

4.3.2.4　电渣焊

电渣焊是利用电流通过熔渣所产生的电阻热作为热源，将填充金属和母材熔化，凝固后形成金属原子间牢固连接（图 4-18），主要用于厚板拼接，炼钢厂高炉的垂直焊接，大型铸件、锻件的焊接，小管电渣焊机主要用于建筑钢结构隔板的焊接、法兰的焊接。

4.3.2.5　高频焊

高频焊是利用高频电流（300～450kHz）在焊件表面产生电阻加热，并在施加（或不施加）顶锻力的情况下，使焊件金属间实现相互连接的一种焊接方法，可分为接触高频焊和感应高频焊（图 4-19）。高频焊是专业化较强的焊接方法，生产率高，焊接速度可达 30m/min，主要用于制造管子时纵缝或螺旋缝的焊接。

焊接材料的选择应与母材的机械性能相匹配。对低碳钢一般按焊缝金属与母材等强度的原则选择焊接材料；对低合金高强度结构钢一般应使焊缝金属与母材等强或略高于母材，同时焊缝金属必须具有优良的塑性、韧性和抗裂性；当不同强度等级的钢材焊接时，宜采用与低强度钢材相应的焊接材料。焊接材料应存放在通风干燥、适温的仓库内，不同类别焊材应分别堆放。存放时间超过一年者，其工艺及机械性能原则上应进行复验。

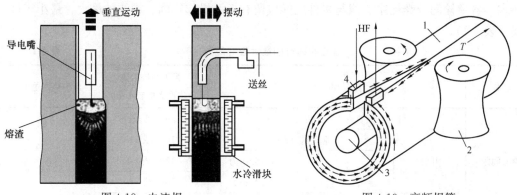

图 4-18　电渣焊

图 4-19　高频焊管
HF—高频电源；T—管坯运动方向
1—焊件；2—挤压辊轮；3—阻抗器；4—触头接触位置

　　钢结构的焊接应尽可能用胎夹具，以有效地控制焊接变形和使主要焊接工作处于平焊位置进行。

　　焊接预热应视钢材的强度及所用的焊接方法来确定合适的预热温度和方法。碳素结构钢厚度大于 50mm，低合金高强度结构钢厚度大于 36mm，其焊接前预热温度宜控制在 100～150C。预热区在焊道两侧，其宽度各为焊件厚度的 2 倍以上，且不应小于 100mm。

4.3.3　螺栓连接

　　钢结构螺栓连接就是将螺栓、螺母、垫圈和连接件连接在一起形成的一种连接形式。

4.3.3.1　螺栓的排列

　　螺栓连接相比焊接连接属于散点式连接，根据传力大小计算出所需螺栓数目，合理布置在连接部位。

　　螺栓的布置应使各螺栓受力合理，同时要求各螺栓尽可能远离形心和中性轴，以便充分和均衡地利用各个螺栓的承载能力。螺栓在构件上的排列可以是并列或错列（图 4-20）。

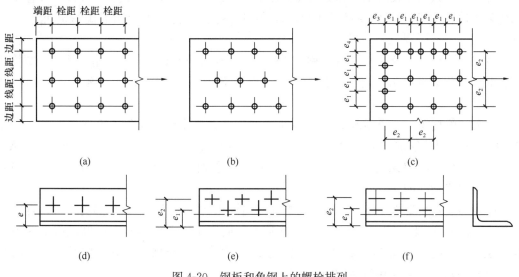

图 4-20　钢板和角钢上的螺栓排列
（a）、（f）并列；（b）、（e）错列；（c）、（d）容许距离

螺栓间的间距确定，既要考虑螺栓连接的强度与变形等要求，又要考虑便于装拆的操作要求，各螺栓间及螺栓中心线与机件之间应留有扳手操作空间。螺栓的最大、最小容许距离（表 4-1）。

螺栓和铆钉的最大容许距离 表 4-1

名称		位置和方向		最大容许距离 （取两者的较小值）	最小容许距离
中心间距	外排（垂直内力或顺内力方向）			$8d_0$ 或 $12t$	$3d_0$
	中间排	垂直内力方向		$16d_0$ 或 $24t$	
		顺内力方向	构件受压力	$12d_0$ 或 $18t$	
			构件受拉力	$16d_0$ 或 $24t$	
	沿对角线方向			—	
中心至构件 边缘距离	顺内力方向			$4d_0$ 或 $8t$	$2d_0$
	垂直内力方向	剪切或手工气割边			$1.5d_0$
		轧制边、自动 气割或锯割边	高强度螺栓		$1.5d_0$
			其他螺栓		$1.2d_0$

注：1. d_0 为螺栓孔或铆钉孔径，t 为外层板厚度；
2. 钢板边缘与刚性构件（如角钢、槽钢）相连的螺栓最大间距，可按中间排数值采用。

4.3.3.2 螺栓材料与孔隙

（1）制孔

螺栓连接需根据施工图纸，采用样板法，胎具法制孔执行《钢结构工程施工质量验收规范》GB 50205—2011 的要求。

螺栓连接前应对螺栓孔进行加工，可根据连接板的大小采用钻孔或冲孔加工。

构件制孔优先采用钻孔，钻孔前，一是要磨好钻头，二是要合理地选择切削余量。

冲孔一般只用于较薄钢板和非圆孔的加工，孔径一般不得小于钢板的厚度，如檩条等结构采用冲孔。当证明某些材料质量、厚度和孔径、冲孔后不会引起脆性时允许采用冲孔。

（2）普通螺栓可分为 C 级（又称粗制螺栓）螺栓和 A、B 级（又称精制螺栓）螺栓两种。其中 C 级螺栓有 4.6 级（屈强比为 4.6）和 4.8 级两种，A、B 级螺栓有 5.6 级和 8.8 级两种。

C 级螺栓直径与孔径相差 1.0～2.0mm。A、B 级螺栓直径与孔径相差 0.3～0.5mm，A、B 级螺栓间的区别只是尺寸不同，其中 A 级为螺栓杆直径 $d \leqslant 24$mm 且螺栓杆长度 $l \leqslant 150$mm 的螺栓，B 级为 $d > 24$mm 或 $l > 150$mm 的螺栓。一般情况下，螺栓直径应与被连接件的厚度相匹配。

C 级螺栓安装简单，便于拆装，但螺杆与钢板孔壁不够紧密，当传递剪力时，连接变形较大，故 C 级螺栓宜用于承受拉力的连接中，或用于次要结构和可拆卸结构的受剪连接以及安装时的临时固定。A、B 级螺栓的受力性能较 C 级螺栓为好，但其安装费时费工，且费用较高，目前建筑结构中已很少使用。

（3）高强度螺栓是用强度较高的钢材制作，如 8.8 级（40B 钢、45 号钢、35 号钢）、

10.9 级（20MnTiB 钢、35VB 钢），高强度螺栓所用的螺帽和垫圈采用 45 号钢或 35 号钢制成。

高强度螺栓安装时通过特制的扳手，以较大的扭矩上紧螺帽，使螺杆产生很大的预应力，高强度螺栓的预应力把被连接的部件夹紧，使部件的接触面间产生很大的摩擦力，以此来传递外力。按设计及受力要求不同，高强度螺栓连接可分为摩擦型和承压型两种。

（a）摩擦型连接：外力仅依靠板件的接触面间的摩擦力来传递，这种连接称高强度螺栓摩擦型连接。其特点是连接紧密，变形小，受力可靠，耐疲劳，可拆卸，安装简单。这种连接主要用于直接承受动力荷载的结构以及构件的现场拼接和高空安装的一些部位。

在高强度螺栓连接中，摩擦面的状态对连接接头的抗滑移承载力有很大的影响。在钢结构中，常用的处理方法有：喷砂（丸）法、酸洗处理加工法、砂轮打磨处理加工、钢丝刷处理加工。

（b）承压型连接：高强度螺栓也可同普通螺栓一样，依靠杆和螺孔之间的承压来受力，这种连接称为高强度螺栓承压型连接。其连接承载力较摩擦型的高，可节约钢材，也具有连接紧密，可拆卸，安装简单的特点，但这种连接在摩擦力被克服后剪切变形较大，故其适用于承受静力荷载或间接承受动力荷载的结构。

高强度螺栓孔采用钻孔，孔边应无飞边和毛刺；摩擦型的孔径比螺栓公称直径大 1.5～2.0mm，承压型的孔径则大 1.0～1.5mm。

4.3.3.3　螺栓的安装

（1）螺栓头和螺母下面应放置平垫圈，以增大承压面积。

（2）每个螺栓一端不得垫两个及两个以上的垫圈，并不得采用大螺母代替垫圈。螺栓拧紧后，外露螺纹不应少于 2 扣。

（3）对于设计有要求防松动的螺栓、锚固螺栓应采用有防松装置的螺母（即双螺母）或弹簧垫圈，或用人工方法采取防松措施（如将螺栓外露螺纹打毛）。

（4）对于承受动荷载或重要部位的螺栓连接，应按设计要求放置弹簧垫圈，弹簧垫圈必须设置在螺母一侧。

（5）对于工字钢、槽钢类型钢应尽量使用斜垫圈，使螺母和螺栓头部的支承面垂直于螺杆。

（6）为了使螺栓受力均匀，螺栓紧固必须从中心开始，对称施拧。

（7）拧紧成组的螺母时，必须按照一定的顺序进行，并做到分次序逐步拧紧（一般分 3 次拧紧），否则会使零件或螺杆松紧不一致，甚至变形。

（8）在拧紧长方形布置的成组螺母时，必须从中间开始，逐渐向两边对称地扩展。在拧紧方形或圆形布置的成组螺母时，必须对称地进行。

4.4　钢结构连接的工程应用

钢结构的构件是由型钢、钢板等通过必要的连接构成的，各构件再通过安装连接构成整体结构。因此，连接在钢结构工程中处于重要的枢纽地位。在进行连接的设计时，必须遵循安全可靠、传力明确、构造简单、制造方便和节约钢材的原则。故连接部位应有足够的强度、刚度和延性。被连接件之间应保持准确的安装位置，以满足传力和使用的目的。

连接的加工和安装比较复杂、费时费工，因此选定合适的连接方案和节点构造是钢结构设计中的重要环节。

钢结构连接常用的主要有焊接连接、螺栓连接两种情况。实际上，钢结构连接主要体现在节点上，节点性能要求是钢结构连接方法的重要影响因素。

4.4.1 钢结构的拼接

4.4.1.1 拼接方法

由于受型钢或钢板出厂规格、构件运输条件、起吊设备等因素影响，钢结构梁、柱等构件往往需要在工厂或工地进行拼接，应选择合理的拼接位置及方法，保证构件的受力及使用。构件拼接构造设计应遵循的原则是：

(1) 断开截面的强度没有受到削弱；

(2) 断开截面处保持变形的连续性，不会出现转折；

(3) 截面的各部分都得到拼接，可直接传力；

(4) 避免应力集中和焊缝密集，保持施工方便。

工厂拼接：一般是受到钢材规格或现有钢材尺寸限制而做的拼接，可以在钢结构加工厂利用大型先进的连接设备，直接对焊或拼接板加角焊缝，保证连接质量。

工地拼接：一般是受到运输或安装条件限制而做的拼接，在工厂合理分段制作然后运到工地进行拼接安装。采用拼接板加高强螺栓或端板加高强螺栓，施工方便，施工速度快。

常用拼接方法要求：

(1) 采用对接焊缝，质量等级一、二级；

(2) 采用拼接板和角焊缝，注意腹板焊缝的施焊条件；

(3) 采用拼接板和高强度螺栓（摩擦型），适用于工地拼接；

(4) 采用端板、螺栓连接（法兰盘式），用于压杆比拉杆更合适；

(5) 仅压力作用时还可采用铣平顶紧，直接传力的方法，辅以少量防止错动的连接。

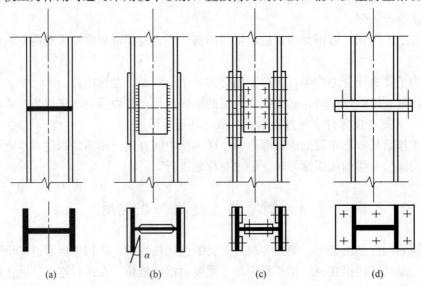

图 4-21　等截面压杆的拼接方法

（a）对接焊缝连接；（b）角焊缝连接；（c）拼接板—高强度螺栓连接；（d）端板—高强度螺栓连接

4.4.1.2 拼接构造

等截面压杆的拼接方法如图 4-21 所示，可采用焊接也可采用螺栓连接。

变截面柱拼接依据柱截面微小变化和截面变化较大两种情况选择拼接方案，如图 4-22 所示，应采取加紧板保证节点刚度及板件稳定。

梁与梁的拼接可采用焊接连接，如图 4-23 所示，或采用高强度螺栓工地拼接，如图 4-24 所示。

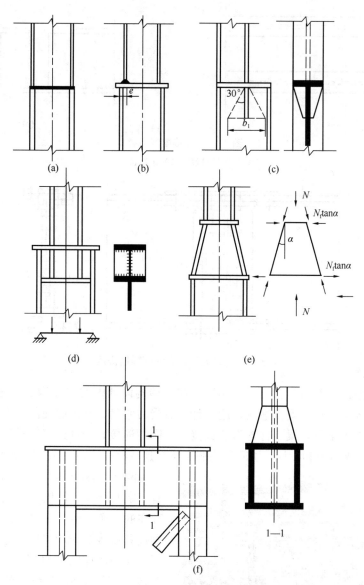

图 4-22 变截面柱的拼接方法

(a)、(b)、(c) 截面变化微小的连接；(d)、(e)、(f) 截面变化较大的连接

4.4.2 梁、柱的连接

4.4.2.1 节点的连接性能

在传力性能上，连接作为连系结构构件的媒介，梁、柱连接在各个构件之间传递的内

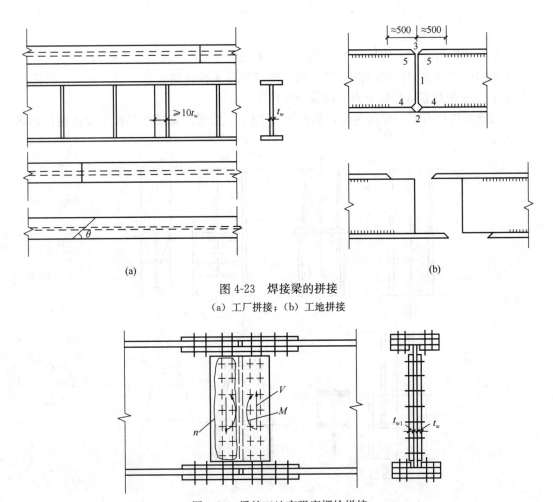

图 4-23　焊接梁的拼接

（a）工厂拼接；（b）工地拼接

图 4-24　梁的工地高强度螺栓拼接

力包括弯矩、扭矩、剪力和轴向力的作用。在钢结构设计中的连接构造问题灵活性较大，为保证结构的经济合理、安全适用，应设计节点受力明确、施工简便的构造方案。一般说来，从受力性能上来看，梁、柱连接有铰接、半刚性连接和刚性连接三种连接类型。

传统的钢框架分析和设计为了简化均假定梁柱连接是完全刚性或理想铰接，但实际上，任何刚性连接都具有一定的柔性，铰接具有一定的刚性。理想中的刚接和铰接是不存在的。换句话说，梁柱连接全部是处在刚接和铰接之间的半刚性连接。不过，为了设计和研究的方便，习惯上，只要连接对转动约束达到理想刚接的 90％以上，即可视为刚接。而把外力作用下梁柱轴线夹角的改变量达到理想铰接的 80％以上的连接视为铰接。处在两者之间的连接，即为半刚性连接。根据需要，在一个结构中往往存在多种连接方式。如图 4-25 所示为钢

图 4-25　钢框架连接

框架连接，其中，屋盖梁与梁刚性连接；梁与柱刚性连接；次梁与主梁铰接。

4.4.2.2 刚性连接

刚性连接是指具有足够刚度，能保证所连接杆件之间夹角保持不变的连接，如图 4-26～图 4-29 所示。刚性连接包括全焊接连接、栓焊连接和刚度很大的高强度螺栓连接，如短 T 形钢连接和外伸端板连接，如图 4-27（b）、（c）所示。全焊接连接由于加工精度要求较高，并且影响焊缝质量的因素较多，同时在某些部位还容易形成三向应力现象，因此工程中用的很少。栓焊连接是目前国内外钢框架中用得最多的刚性连接形式，它具有很多优点，但也有一些缺陷，如螺栓连接和焊缝连接在受力变形时存在协调问题，另外在翼缘焊缝处很容易发生脆断等。短 T 形钢连接是最近新出现的一种完全用高强度螺栓连接的刚性连接形式，由于在连接中不需要焊缝，避免了焊接残余应力的出现，也减少了翼缘处焊缝三向应力的出现，因此，短 T 形钢连接是一种比较理想的刚性连接形式。

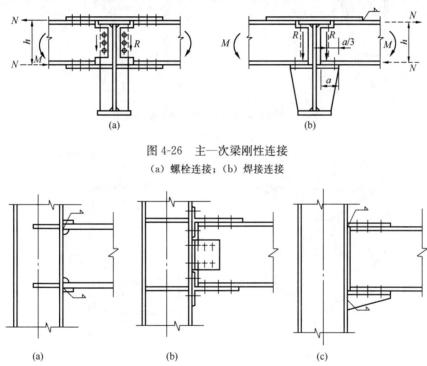

图 4-26　主—次梁刚性连接

（a）螺栓连接；（b）焊接连接

图 4-27　多层框架梁与柱刚性连接

（a）焊接连接；（b）螺栓连接；（c）栓焊混合连接

4.4.2.3 柔性连接

柔性连接即铰接是节点不传递弯矩且可自由转动，通常构件端部约束条件按简支设计，一般节点螺栓布置在靠近形心轴位置。按照工程分析中的规定只要外力作用下梁柱轴线夹角的改变量达到理想的铰接的 80% 的连接都属于柔性（铰接）连接，因此连接弯矩—转角刚度很小，柔性很大的单腹板角钢连接、单板连接属于典型的柔性连接。另外柔性较小的双腹板连接有时也属于铰接连接。单腹板角钢连接由一个角钢用螺栓或用焊缝连接到柱子及梁的腹板上，最常用的形式是角钢在制造厂与柱焊接，而梁在现场用螺栓与角钢连接。单板连接是用一块板来取代连接角钢，它所消耗的材料比单角钢连接少，同时偏心

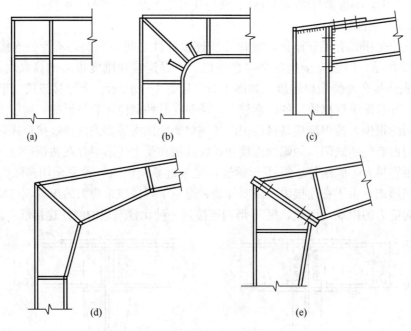

(a)　　　　　　　　　(b)　　　　　　　　　(c)

(d)　　　　　　　　　(e)

图 4-28　单层刚架梁与边柱刚性连接方案

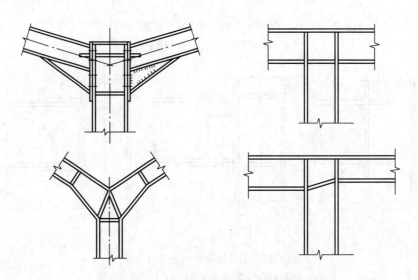

图 4-29　单层刚架中柱刚性连接方案

的影响也小。

次梁与主梁的连接在构造上，次梁通常采用简支梁，位置关系上可以采用叠接或侧接（图 4-30）。图 4-31 所示为吊车梁与柱柔性连接示意图。

4.4.2.4　半刚性连接

半刚性连接主要通过摩擦型高强螺栓、焊缝和连接件（角钢、端板、T 形钢）把梁柱连接在一起，根据连接件的不同和连接位置的变化主要有以下类型：

（1）腹板双角钢连接是由两个角钢（图 4-32a），用焊缝或用螺栓连接到柱子及梁的腹板上。试验证明，这类连接能够承受的弯矩达到梁在工作荷载下全固端弯矩的 29％，对

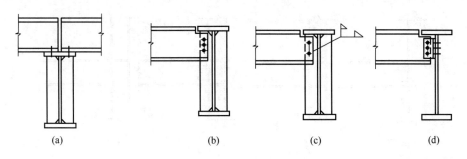

图 4-30　主次梁柔性连接

(a) 叠接；(b)、(c)、(d) 侧接

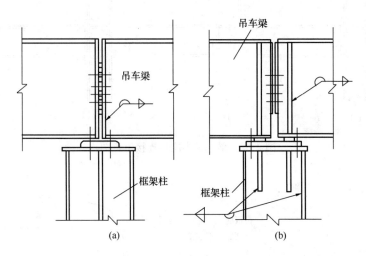

图 4-31　吊车梁与柱柔性连接

(a) 凸缘式吊车梁；(b) 平板式吊车梁

于梁高度较大的连接尤其如此。

（2）矮端板连接（图 4-32b）是由一个长度比梁高小的端板用焊接与梁相连，用螺栓与柱相连组成，这类连接的弯矩与转角特性关系和双腹板角钢连接相似。

（3）顶底角钢连接（图 4-32c）及腹板带双角钢的顶底角钢连接（图 4-32d），这类连接被视为最典型的半刚性连接。

（4）平齐、外伸端板连接（图 4-32e、f），这种连接当连接要求抗弯时，端板连接是梁与柱的连接的常用方式。端板在加工厂与梁端两个翼缘及腹板焊接，然后在现场用螺栓与柱连接。

（5）短 T 形钢连接（图 4-32g）是由设在梁上、下翼缘处的两个短 T 形钢，用螺栓与梁和柱相连而成，这类连接被认为是最刚劲的半刚性连接之一，当与双腹板角钢一起使用时，尤其刚劲。

几种典型连接关系半刚性连接弯矩与转角位移关系曲线对比见图 4-33。

4.4.3　柱脚的连接

柱脚的功能将柱子内力可靠地传递给基础，并和基础有牢固的连接。柱脚的构造应尽可能符合结构的计算简图。在钢结构工程中通常柱脚是比较废钢材也比较费工的节点。

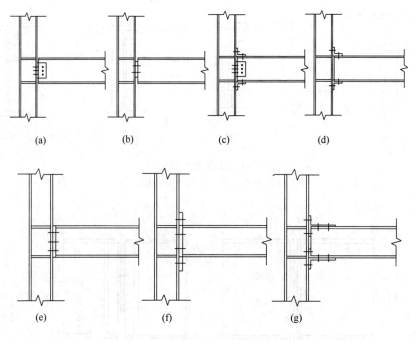

图 4-32　梁—柱半刚性连接示意图

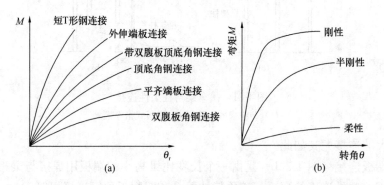

图 4-33　半刚性连接弯矩与转角位移关系

钢结构柱脚一般由三部分组成，底板主要用来均匀传递、分散竖向荷载到混凝土基础；锚栓用于连接钢柱和混凝土基础，并传递由于风力、弯矩在柱脚连接处产生的拉力；柱脚加紧板可以增大底板刚度，节约钢材，减少底板不均匀变形，保证竖向力的可靠传递。

柱脚的具体构造取决于柱的截面形式及柱与基础的连接方式，通常柱与基础的连接方式分为刚性连接和铰接两种，如图 4-34～图 4-36 所示。

4.4.4　杆系结构的连接

对结构进行合理优化，将梁系结构转化为杆系结构，可以降低屋盖结构的重量，使杆件受力更为合理，材料充分发挥作用，从而实现节约钢材的目的。这类结构杆件首位相交形成格子式结构。现代工程中这类结构使用灵活，用途广泛，如钢屋架、拱架、网架、网壳、塔架等。但是其节点多，构造复杂，故根据应用条件，截面形式的不同，其节点构造

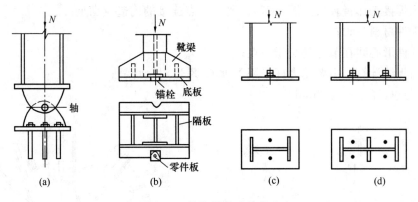

图 4-34 柱脚铰接连接构造

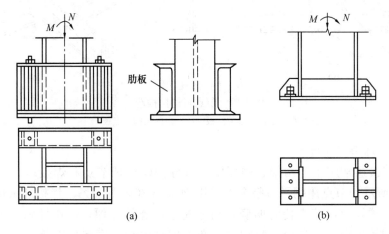

图 4-35 柱脚刚性连接构造

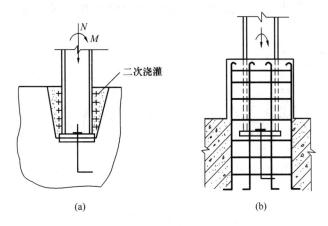

图 4-36 埋入式和外包式刚接柱脚

形式有节点板连接、球节点连接、相贯节点连接等多种形式。

4.4.4.1 节点板连接

桁架中的杆件通过焊缝连接于节点板上,这类节点刚度较大,造价较低,构造尚简单；但现场焊接工作量较大（图 4-37）。要求节点连接的构造应满足：

（1）构件材料一致；

（2）杆件形心线在节点处交于一点；

（3）角焊缝计算，主要受力杆采用 V 形或 K 形对接焊缝；

（4）节点板厚度：$t \geqslant 6mm$。

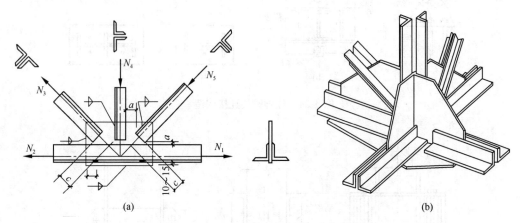

(a)　　　　　　　　　　　　　　　　(b)

图 4-37　节点板连接构造

（a）平面桁架节点板；（b）空间结构节点板

4.4.4.2　球节点连接

球节点连接通常应用于网架、网壳中。可分为螺栓球节点和焊接球节点，如图 4-38～图 4-40 所示。节点用钢量占整个网架用钢量的 20％～25％。焊接球采用焊缝将管件焊接连接在球体上，节点传力明确，构造简单，连接方便，适用性强，但焊接工作量大，热影响较集中，残余变形影响大。螺栓球是由高强度螺栓将管件连接在球体螺栓孔中，螺栓球节点小，相对重量轻，常温下作业，安装方便，可拆卸；但球体加工复杂，零部件多，要求精度高，价格贵。通常网架结构杆件采用圆钢管，这类节点构造应满足下列要求：

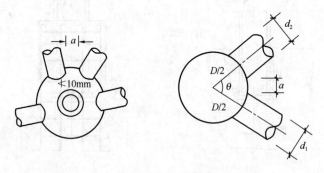

图 4-38　焊接球节点连接构造

（1）受力合理，传力明确；

（2）杆轴线交于一点，无附加弯矩；

（3）构造简单，施工方便；

（4）避免死角，钢管两端应封闭。

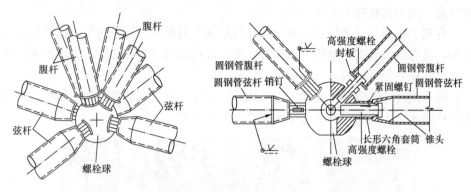

图 4-39　螺栓球节点连接构造

（a）　　　　　　　　　　　（b）

图 4-40　球节点钢结构工程

（a）螺栓球网架；（b）焊接球网壳

4.4.4.3　相贯节点连接

相贯节点多用于圆管、方管及它们之间的连接，这种连接舍去了节点板，但连接断面一般是较复杂的相贯线，需要加工的条件、设备要求较高如图 4-41 所示。这种节点采用焊接连接，故焊接工作量大，技术要求高，相贯节点连接美观，多用于大型、重要结构的连接。图 4-42 为咸阳机场管桁架结构。相贯节点连接具有以下的特点：

图 4-41　相贯节点连接构造

（1）节点形式简单。结构外形简洁、流畅，可适用于多种结构造型。

（2）刚度大，几何特性好。钢管的管壁一般较薄，截面回转半径较大，故抗压和抗扭性能好。

（3）施工简单，节省材料。管桁结构由于在节点处摒弃了传统的连接构件，而将各杆件直接焊接，因而具有施工简单、节省材料的优点。

（4）有利于防锈与清洁维护。钢管和大气接触表面积小，易于防护。在节点处各杆件直接焊接，没有难于清刷、油漆、积留湿气及大量灰尘的死角和凹槽，维护更为方便。管形构件在全长和端部封闭后，其内部不易生锈。

（5）圆管截面的管桁结构流体动力特性好。承受风力或水流等荷载作用时，荷载对圆管结构的作用效应比其他截面形式结构的效应要低得多。

图 4-42　咸阳机场管桁架结构

思 考 题

1. 简述钢结构施工详图的设计要求。
2. 钢结构加工生产准备工作包括哪些内容？
3. 钢材切割下料的方法有哪些？
4. 简述钢结构连接的类型及特点。
5. 为何要规定螺栓排列的间距要求？
6. 普通螺栓与高强度螺栓之间的主要区别是什么？
7. 钢结构常用的连接方法有哪些？
8. 简述梁柱的连接性能与分类。

第 5 章　钢结构施工技术及力学模拟

随着我国综合国力的提高和经济的发展，建筑形式呈现出多样化的发展趋势。为了更好地表现出建筑师的理念、创意以及实现一些特殊的建筑功能，很多的建筑形式需要突破原有的模式而日趋复杂，这些都推动着建筑结构形式的不断创新。现代钢结构正朝着高、大、复的方向发展，复杂钢结构的大跨、高层建筑愈来愈多；新的施工技术以及在施工过程中的力学问题也越来越受到广泛的关注。

5.1　钢结构施工技术的发展

传统的结构设计和施工基本上是两个独立的过程。在结构设计阶段，通常是一次性建立结构计算模型（即形成完整的使用阶段的结构刚度矩阵）并施加使用阶段的各种荷载和边界条件，然后进行结构分析；设计者通常不参与施工阶段的结构验算，并不考虑施工过程对结构受力和变形的影响。这种做法有三方面的原因：

（1）设计和施工在我国通常为两个不同的技术单位，即设计院通常不会承担施工任务，而施工单位也不会进行设计工作。设计是走在施工之前的，也就是说设计时并不知道将来具体施工的情况，因此也就无法在设计阶段对施工过程进行分析并将施工影响考虑到后续的设计中。

（2）施工过程力学分析手段的缺乏，也是设计者不考虑施工过程对结构受力和变形影响的主要原因。由于施工力学不同于经典的结构力学，其分析是基于时变力学体系的，即结构的刚度、荷载以及边界条件等随着施工过程的推进是不断发生变化的；而通常的结构分析软件只能分析在结构刚度和边界条件不变的情况下承受各种荷载工况时的受力状态，所采用的分析方法无法进行施工过程的力学分析。

（3）传统的结构体系不太复杂，结构形式比较规则并且结构规模不大，施工过程对其影响有限，不考虑施工过程对结构受力和变形的影响不会对结构安全性产生显著的影响。

然而随着现代钢结构的发展，其体系和规模日趋多样化，并向"高、大、复"的方向发展。许多新颖的结构形式需要采用新的施工方法来完成，并且施工过程对结构的影响也越来越大，设计和施工不再是两个独立的过程，其相互之间的联系也越来越紧密。对一个相同的结构，不同的施工方法和步骤最终产生的结构受力和变形是不同的，有时这种不同是不可忽视的，会对结构产生致命的影响。传统的施工过程验算通常是针对施工中的单个构件或某个施工阶段特定的结构形式进行分析和验算，并没有将整个施工过程作为一个连续的动态的整体来考虑。因此随着现代钢结构施工技术和施工过程的复杂化，施工过程对结构的影响已不能忽视，对施工过程的控制也要求越来越精确，传统的施工方法和施工过程验算已经不能满足现代大型复杂钢结构的需要。由于对施工过程影响的认识不足，现代工程中的施工事故时有发生。因此对施工过程力学分析的研究也越来越受到重视，并在近十年中迅速地发展起来。

在结构的整个建造和使用周期内，结构事故的发生概率在施工过程中最高，而结构竣工后发生事故的概率相对较小。对于现代复杂钢结构，由于其体量大、体型新颖独特、结构体系和节点构造复杂，施工过程中影响结构受力和变形的因素较多；如不采取先进的施工技术并对施工过程的受力和变形进行精确控制则更易发生工程事故。

因此对超高层建筑、大跨度结构以及复杂工程进行相应的施工过程力学模拟，无论是在理论研究方面还是在工程实际应用中都具有非常重要的意义。目前，在一些大型复杂钢结构工程中，已经开始采用施工过程力学模拟对预选施工方案进行分析来确定最优施工方案，并以此对具体施工中可能发生的受力和变形状态进行预测和控制。作为施工技术中的一种新的形式，施工过程力学模拟技术已开始逐渐发展起来，并成为目前国内外研究的热点课题之一。

5.2 现代钢结构的体系和规模

现代钢结构的发展日趋多样化，其主要特点是"高、大、复"，它是先进生产力的外在表现，体现了人类社会对物质和精神文明的追求。在"高"的方面主要体现在超高层钢结构建筑上，目前已建成的世界最高建筑为迪拜的哈里法大楼（原称布吉大楼，又叫迪拜塔），已达828m。"大"主要指大跨度空间结构，其覆盖范围已达200m以上，已建成的如上海南站跨度为276m，北京国家体育场（俗称"鸟巢"）跨度为333m，英国伦敦千年穹顶直径为320m；深圳世界大学生运动会主体育场，其跨度为285m。"复"是指建筑师为了其建筑语言和理念的表达而将建筑造型设计得新奇和复杂化，如中央电视台新台址大楼、法门寺合十舍利塔等。因此现代钢结构体系越来越复杂多样，规模也越来越大，由多种结构体系组合形成的复杂钢结构已广泛应用于现代建筑之中。

5.2.1 高层及超高层钢结构

随着社会生产力的发展和人们生活的需要，高层及超高层钢结构建筑逐渐发展起来，这是商业化、工业化和城市化的结果，是近代经济发展和科学技术进步的产物。在土地资源十分宝贵的城市，人口众多而居住面积少，修建适量的高层及超高层建筑是发展的必然方向。国外的高层建筑是19世纪后期开始修建的，而超高层建筑则是在20世纪早期才开始逐渐发展起来；我国的高层建筑从20世纪初才开始修建，而超高层建筑开始于20世纪70年代。随着材料技术的发展和计算技术的进步，高层和超高层建筑的结构体系由单一的钢筋混凝土结构向钢筋混凝土结构、钢结构以及钢—混凝土组合结构的多元化方向发展，从传统的框架结构体系向框—剪、剪力墙、框—筒、筒体、巨型结构体系等结构形式演变，并且向着"高度更高、规模更大、地下室更深、结构更复杂、功能更齐全"方向迈进。美国芝加哥家庭保险大楼，地上10层，高55m，于1883年建成，是世界上第一座按照现代钢框架结构原理设计建造的高层建筑，代表了现代高层建筑的开端。20世纪以来，随着钢结构设计技术的发展，世界超高层钢结构建筑得到了较大发展，1913年建成的纽约伍尔沃斯大楼（Wool Worth），主体结构为31层，塔楼29层，总高243.8m，采用钢框架结构体系，是当时世界最高建筑物；1968年在芝加哥兴建的汉考克大厦，主体结构100层，高344m，采用钢结构内筒加X形支撑—钢桁架外筒的结构形式；1972年建造的纽约世界贸易中心大厦，110 层，北塔楼高 417m，南塔楼高 415m，结构采用筒中筒体系，外筒由钢框架组成；1974 年在芝加哥建成的西尔斯大厦，110 层，高 443m，结构采用由 9 个标准方筒组成的束筒体系。这些结构新体系能满足特殊功能和综合功能要求，具有良好的建筑适应性和潜在的高效结构性能。

我国在高层及超高层钢结构上起步较晚，但发展迅速，经历了国外设计、我国参与设计到国内自主设计的过程。在钢结构体系上也经历了纯框架、框架—支撑、筒体到巨型结构体系的发展过程，这也反映了我国在高层钢结构的设计、制作、施工安装等技术上的进步。1987 年建成的深圳发展中心大厦，地上 43 层，高 165.3m，采用钢框架—钢筋混凝土剪力墙结构体系，是中国大陆第一座超过 100m 的建筑；1990 年建成的北京京广中心，地上 52 层，高 208m，采用钢框架—预制带缝混凝土剪力墙混合结构体系，是中国大陆第一座超过 200m 的建筑；1996 年建成的深圳地王大厦，地上 69 层，主体高 325m，采用外围钢框架—钢筋混凝土核心筒结构体系，是中国大陆第一座超过 300m 的建筑；1998 年建成的上海金茂大厦，地上 88 层，主体结构高 420.5m，采用巨型外伸桁架、巨型柱和核心筒组成的混合结构体系，是中国大陆第一座超过 400m 的建筑，其建成标志着我国的超高层钢结构已进入世界前列；2008 年建成的上海环球金融中心，地上 101 层，主体总高 492m，采用三重结构体系组成（即由巨型柱、巨型斜撑以及带状桁架构成的三维巨型框架结构、钢筋混凝土核心筒结构、构成核心筒和巨型结构柱之间相互作用的伸臂钢桁架组成），是大陆第一座 500m 级的建筑。此外，我国还建成一批体型复杂的超高层钢结构或混合结构建筑，如中央电视台新台址主楼，建筑高度 234m，两塔楼双向倾斜 6°，顶部通过 "L" 形大悬臂连接形成一个不规则 "空间门式" 的复杂结构体系；法门寺合十舍利塔为空间折线形结构，主塔身呈双手合十形，具有 "空间弯折" 及 "顶部连体" 的建筑特点，主体为型钢混凝土结构。国内外已建部分超高层钢结构或混合结构建筑如图 5-1 所示。

据统计，目前在全世界最高的 100 栋建筑物中全钢结构的占了近 60 栋，其中钢与混凝土混合结构约占一半，而高层钢结构所占比例有增加的趋势。高层建筑特别是超高层建筑最适合的结构形式应该是钢结构或以钢结构为主的混合结构或组合结构，我国在超高层建筑方面已走在世界前列。

5.2.2 大跨度空间钢结构

随着体育、会展、航空业等的发展以及人类大型集体活动的增加，人们对于建筑物的跨度和空间要求越来越高，因此大跨度空间钢结构在近些年来得到了迅猛发展，并广泛应用于各种文化体育场馆、会议展览中心、机场候机厅（航站楼）、机库等大型公共建筑以及不同类型的重型工业建筑中。国际期刊《空间结构》的主编 Z. S. Makowski 曾说过：在 30 多年前空间结构还被认为是一种新颖的并充满陌生的非传统结构，但在今天却已经被全世界所熟悉并广泛接受了。通过回顾国内外空间钢结构的发展历史，大跨度空间钢结构的发展趋势有如下几点：

（1）空间钢结构的跨度由大型向巨型结构发展

空间钢结构最大的特点就是跨度大，覆盖面广，可以获得巨大的使用空间。在空间结构的发展过程中，有人提出空间结构将来不仅仅是覆盖一个建筑，而会是一个建筑群或小区。空间钢结构的发展趋势是突破传统的建筑功能，向巨型结构发展，达到跨度几千米、

图 5-1　国内外已建超高层建筑实例

(a) 迪拜哈里法大楼；(b) 西尔斯大厦；(c) 环球金融中心和金茂大厦；

(d) 台北 101 大厦；(e) 法门寺合十舍利塔

面积几平方公里，为人们提供全新概念的清洁而舒适的生活和工作环境。

（2）从单一结构体系向混合结构体系发展

混合结构体系是将传统的空间结构形式通过一定的方式组合起来，发挥几种单一结构体系的优点，扬长避短，大大提高了结构的力学和经济性能，并能组成丰富的结构外形来满足建筑设计的需要。这种混合结构体系近年来在国内外大型空间结构中被广泛应用，将会是未来大跨度空间钢结构应用最多的结构形式。

（3）从静态结构向可变结构的发展

由于现代建筑使用功能的多样化要求，驱使结构在其形式上也要能够不断变化来满足建筑功能的需求。比如要求一个建筑可以是体育场，也可以是展馆、音乐厅，结构体系可以加上一些机械装置来改变形式以满足不同使用功能的要求。

（4）屋盖形状的拓扑优化

形态分析、形体设计以及仿生学将在未来大跨度钢结构中得到充分应用，在将来的场馆建设中会逐步采用屋盖结构的形状优化和拓扑优化，这对建筑、结构方案的优选将起到至关重要的作用。

（5）新型材料在空间钢结构中的运用

轻质高强的材料将运用于大跨空间钢结构中，以此改善结构的力学性能并获得良好的经济效益。如现今的铝合金新材料应用于网壳结构，可以有效降低结构自重，使结构能获得更大的跨度或良好的经济性。

目前大跨度钢结构的形式大致可分为以下三类：

（1）刚性结构体系

这类大跨度钢结构主要包括网架、网壳、空间折板、空间桁架等，其构件为能承受拉、压、弯的刚性杆件（如各种型钢、钢管等）。如广州新白云机场飞机维修库屋盖采用的是型钢桁架空间结构，它由 H 型钢组成的立体桁架纵横交错形成空间受力体系，最大跨度 150m；深圳世界大学生运动会主体育场采用的是单层折面空间网格结构，结构的主杆件为铸钢管、焊接钢管及铸钢管＋焊接钢管，次杆件为焊接箱形截面杆件，这些结构构件通过承力节点进行连接，形成稳定的复杂空间结构体系，最大跨度 285m；深圳机场航站楼二期采用了钢管杆件直接汇交的空间管桁架结构，具有外形丰富、结构轻巧、传力简捷、制作安装方便的特点，是近年来大型公共建筑常采用的一种结构形式；美国新奥尔良的超级穹顶体育馆采用的是联方型双层球面网壳，直径为 213m。

（2）柔性结构体系

这类大跨度钢结构主要包括索结构、膜结构、索膜结构以及张拉集成体系等，其结构的主要受力单元是单向受拉的索或双向受拉的膜。这种结构是通过一定方式使其索或膜内部产生一定的预张应力以形成某种空间形状，并能承受一定的外荷载作用的一种空间结构形式。如伦敦的千年穹顶由 12 根 100m 高的钢桅杆张拉着直径 365m，周长大于 1000m 的穹面钢索网，室内最高处为 50 多米，容积约为 240 万 m^3，屋面采用仅为 1mm 厚的膜状材料；日本的东京都室内棒球场（又名东京巨蛋）采用的是索—充气膜结构，跨度为 210m，它是通过向气密性好的膜材所覆盖的空间注入空气，利用内外空气的压力差使膜材受拉，形成一定的刚度来承重。

（3）杂交结构体系

这种体系是在通常的刚性结构体系中引入现代预应力技术，从而形成一类新型的、杂交的预应力大跨度空间钢结构体系；通过适当配置拉索，可起到提高整个结构的刚度、改善原结构的受力状态、改善内力分布、降低应力峰值的作用，从而可降低材料耗量，具有明显的技术经济效果。目前这类结构体系主要包括预应力网格结构、斜拉网格结构、索穹顶结构、张弦梁结构、弓式预应力钢结构等。如浦东国际机场航站楼屋盖采用的是张弦梁结构，上弦由三根平行方管组成，下弦为国产高强冷拔镀锌钢丝束，腹杆为圆钢管，最大跨度为 82.6m；广州会展中心屋盖，采用了张弦立体桁架结构，跨度为 126.5m。国内外已建部分大跨空间钢结构如图 5-2 所示。

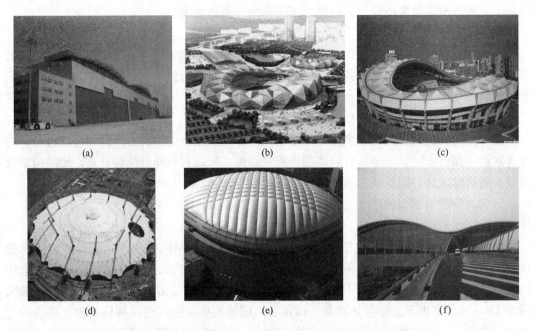

图 5-2　国内外已建大跨度空间钢结构建筑实例

(a) 广州新白云机场飞机维修库；(b) 深圳大运会主体育场；(c) 上海体育馆；

(d) 伦敦千年穹顶；(e) 东京巨蛋；(f) 上海浦东机场

5.3　高层及超高层钢结构施工技术

5.3.1　高层及超高层钢结构施工特点

高层及超高层钢结构的基本施工方法均是自下而上施工安装的。对于高层混凝土结构，施工过程须逐层进行；而对于高层钢结构可分施工段进行安装，每一施工段包含结构的数层，应通过施工过程力学模拟分析确定。高层及超高层钢结构的施工特点主要有以下几个方面。

（1）结构高，施工控制难度大

超高层钢结构建筑最为显著的特点是高度高，通常为垂直向上扩展，这一特点决定了超高层钢结构的施工只能是逐层或逐段依次向上进行，作业空间狭小，施工组织难度高，难以有效利用作业时间和空间。此外，有些超高层建筑的高度并不高，但造型奇特，如陕西法门寺合十舍利塔和中央电视台新台址大厦，由于建筑在竖向不规则，呈现空间弯折的几何形态，使得施工工艺技术和施工过程控制更为复杂。现代超高层建筑高度的不断增加和建筑造型的奇异变化，都增加了结构施工的难度，如混凝土超高程输送、安全高效的模板体系、重型钢结构吊装、结构施工控制等。同时，施工过程中结构的变形和构件内力的积累及变化将更为复杂、显著，这都对施工过程的预先模拟和施工过程控制提出了更高的要求。

（2）基础的施工与控制难度大

为了结构稳定和开发地下空间的需要，超高层建筑的基础埋置都比较深，如有的工程

114

基础桩长达 80 多米，无论采用现浇灌注桩还是预制桩，桩基础施工难度都非常高。同时为了改善上部结构的受力，基础底板的厚度都比较大，混凝土的强度等级高，如中央电视台新台址主楼的基础底板厚度达 7.5m，电梯井部位基础底板更是厚达 13.35m，底板混凝土强度等级达 C40。因大体积混凝土中的水泥水化产生的热量不易散发而使混凝土内部温度急剧上升，由此产生较大的内外温差，为施工控制提出了更高的要求。

（3）施工周期长，环境对施工的影响难以避免

超高层建筑体量大，施工周期长，我国单栋高层建筑竣工工期平均为 10 个月左右，超高层建筑平均 2 年左右，规模大的超高层建筑施工工期长达 5 年。施工过程中冬期、雨期、大风等恶劣天气影响不可避免。特别是随着结构施工高度的增加，作业环境更加恶劣，大风、温度变化等对施工过程中结构的力学性能及变形状态影响显著，也将使得结构的施工控制难度增加。

（4）场地狭小，平面布置困难

超高层建筑大多建于交通繁忙的城市繁华地段，施工场地狭小，环境保护要求高，这均给施工组织、施工平面布置、施工方案合理化及施工经济性带来困难和影响。

（5）垂直运输对施工中的结构影响较大

超高层建筑体量庞大，施工过程中结构构件、设备、施工辅助材料等垂直运输量往往很大，垂直运输体系依附于结构主体上，对处于建造过程中的非完整结构的受力性能和施工过程有着显著的影响。

5.3.2 高层及超高层钢结构施工的主要技术策略

高层及超高层钢结构在施工前应首先根据工程的特点，分析并明确施工的技术难点和要点，然后制订针对性的施工方案、技术路线；根据预定的施工方案，对施工过程中的每一施工阶段进行施工过程跟踪验算及模拟仿真，最终确定施工工艺作业过程和施工控制方法。高层及超高层钢结构主要的施工技术策略为：控制主楼结构施工、流水作业、机械化作业等。

（1）控制主楼结构施工

在超高层建筑施工过程中，主楼结构的施工工期起控制作用，缩短工期的关键是缩短主楼的工期。在结构施工前，应进行合理的多施工方案模拟验算比较，以寻求结构安全、施工过程安全、所需工期短、经济效果好的最优或较优的施工方案，并制定出合理的施工过程控制方法。

（2）流水作业

超高层建筑施工作业面狭小，通常须自下而上逐层或逐段施工，其优点是可充分利用每一个楼层空间，通过有序组织，使各工种紧密衔接，实现空间立体流水作业，大大加快施工速度，缩短建设工期。但在结构施工过程中，每个施工单元的层数及楼面浇筑顺序，均应通过施工模拟验算确定，以控制尽可能合理的构件内力分布及结构变形。

（3）机械化施工

超高层建筑施工作业面狭小，高空作业条件差，施工进度要求高，因此应有效利用现代科技成果，采用大型机械化施工与控制技术，以减少现场作业量特别是高空作业量，加快施工速度，缩短施工工期，提高施工质量。但大型机械设备的采用，却在施工过程中增加了荷载甚至动力作用。因此结构的施工过程模拟分析，应考虑设备荷载及其动力效应对

结构与施工过程的影响，以保证结构、施工过程及设备的安全性。

5.3.3 高层及超高层钢结构施工的主要技术

高层及超高层钢结构的施工工艺技术随着结构高度的不断增加和结构形体的日益复杂化，所带来的需要攻克的技术难题日益增多。目前主要的施工技术有：

（1）施工方案的确定和施工过程的跟踪模拟计算；

（2）桩基础施工中，控制桩基础沉降和提高桩基础承载力；

（3）基坑工程施工中，基坑的围护方案，应保证主楼先行施工；

（4）大体积混凝土结构施工中，结构内外温差及温差裂缝控制；

（5）钢结构工程施工中，深化设计、钢结构加工制作、运输、高空安装、恶劣环境下特厚钢板焊接；

（6）施工过程中结构变形、内力及稳定性的控制。

5.3.4 高层及超高层钢结构施工控制

高层及超高层钢结构在施工过程中由于受各种荷载作用，结构构件乃至结构整体的变形随着施工进程不断发生变化。为了合理地控制施工过程，保证结构的施工精度以及施工完成后整体结构具有合理的力学性态（理论设计的力学性态），需要对每个施工阶段的内力和变形进行跟踪计算，获得施工过程中结构在恒载条件下的变化规律，为确定施工控制方法或技术措施提供依据。

对结构施工状态内力和变形的分析，需考虑前一施工阶段结构内力和变形对后一施工阶段内力和变形的影响，这样才能准确评价结构安装时期的内力和变形状态及其变化特征，为合理的构件预变形和施工过程修正方案提供准确可靠的数据。目前，结构预变形的有限元分析方法可以分为正装迭代法和倒拆法两种，两种不同分析方法可以得到相同的变形规律。

超高层钢结构在施工过程中对施工变形的基本控制方法为：以施工过程理论模拟计算结果为基础，确定结构在各个施工阶段和各种环境条件下的变形规律，根据施工过程中的现场实测数据，对理论模拟计算结果进行修正，确定最终施工控制措施，并指导整个施工过程。

对施工过程中结构在恒载作用下的变形，工程中常采用预变形措施进行控制。预变形的方式，根据不同的分类原则，可分为不同的类别。

（1）根据预变形维数划分

根据钢结构预变形维数的不同可分为：一维预变形、二维预变形和三维预变形。一般的高层钢结构或者以单向变形为主的结构可采用一维预变形；以平面转动变形为主的结构可采取二维预变形；如果在三个方向上都有显著的变形，结构往往需要采用三维预变形，要保证平面上各控制点的变形在合理的范围内，以便保证最终结构的平面度。

（2）根据预变形阶段划分

根据预变形阶段不同可分为：制作预变形和安装预变形，前者是在工厂加工制作构件时进行构件预变形，而后者在现场安装时进行结构预变形。

（3）根据预期目标划分

根据预变形预期目标的不同可分为：部分预变形和完全预变形。前者根据结构理论分析的变形结果仅作部分预变形，后者则作 100% 的预变形。

法门寺合十舍利塔主塔属于结构体型严重不规则的空间折线形复杂结构，在施工过程中几何非线性因素可能对其造成较大影响；施工过程中结构形式的变化会产生和设计状态截然不同的受力和变形特性，并将影响结构成形后使用阶段的力学状态，因此对其进行了施工过程的力学模拟，对整个施工过程中的力学和几何状态进行分析，以保证施工阶段以及结构成形后使用阶段的结构安全。法门寺合十舍利塔主塔为佛教建筑，具有重要的宗教意义，在进行建筑设计时许多的建筑尺寸具有严谨的宗教含义，对建筑物的最终外形控制相当严格。同时控制施工过程中结构的变形，也是为了保证钢骨构件顺利安装，减少施工过程中的累积误差，使结构"手掌"在顶部合龙后整体结构的竣工外形满足建筑的要求。因此也对结构主体进行了预变形分析，得出施工阶段结构的预调变形，使结构主体在完工时满足建筑设计位形的要求。其中部分施工阶段如图 5-3 所示。

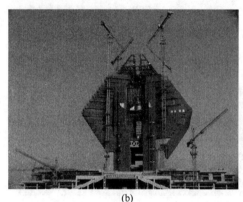

(a)　　　　　　　　　　　　　　(b)

图 5-3　现场施工阶段

（a）实际施工阶段 6；（b）实际施工阶段 9

5.4　刚性大跨度空间钢结构施工技术

刚性大跨度空间钢结构的施工方法通常有：高空散装法、分条或分块吊装法、整体吊装法、整体提（顶）升法、分条或分块滑移法、整体滑移法、攀达穿顶法以及折叠展开法等。

5.4.1　高空散装法

高空散装法是指将小拼单元或散件直接在结构的设计位置进行拼装的方法，有全支架法（即满堂脚手架）和悬挑法两种；悬挑法又分为向内悬挑法和向外悬挑法。全支架法多用于散件拼装，而悬挑法则多用于小拼单元在高空总拼。由于小拼单元或散件在高空拼装，因此施工中无需大型起重设备，但需要搭设大规模的拼装支架——脚手架。我国2011 深圳大运会主体育场结构安装采用了小拼单元散装法，如图 5-4 所示。

美国新奥尔良体育馆屋盖结构球面为网壳，直径 207m，厚度 2.24m，网架拼装时采用向外悬挑拼装法。我国漳州电厂干煤棚球形网架施工时采用内悬挑法施工。

在高空散装施工过程中，影响结构体系及施工系统受力性能的关键环节包括：

（1）临时支撑结构的设置与设计；

图 5-4 深圳大运会主体育场钢结构施工

（2）结构安装方案的确定，包括安装方式与顺序、施工控制方法；

（3）临时支撑结构的拆除（或结构体系转换）方法。

因此，在施工安装之前需要对临时支承结构进行设计计算，使其满足强度、稳定及变形要求；需要根据施工现场条件制定多种施工安装方案，对各种施工方案进行数值模拟分析，以确定安全、快速、经济且使结构终态内力与变形最为合理的方案。

5.4.2 分条或分块吊装法

分条或分块吊装法是指将结构按其组成特点及起重设备的能力在地面拼装成条状或块状单元，分别由起重设备吊至设计位置就位，然后拼接成整体的安装方法。

北京西郊机场机库，主体结构为 72m 跨门式刚架，采用分块吊装安装；施工中，将两榀梁在地面拼成 36m 长半跨刚性单元，先由两台吊机（1 号和 2 号）吊起左半榀梁并与各自轴线处的柱连接，并由吊机 2 吊住梁的跨中端，再移动吊机 1 与吊机 3 吊起右半榀梁并与各自轴线柱对接，最后在中间节点进行对接，从而形成整体刚架。

在分条或分块吊装法施工过程中，影响结构体系及施工系统受力性能的关键环节包括：

（1）条块单元的划分方式及单元刚度；

（2）结构的拼装顺序与控制方法；

（3）起重设备的吊装能力；

（4）可能的结构体系转换方法。

在施工安装之前同样需要对吊装单元及起重设备进行验算；需要根据施工现场条件对施工方案进行数值模拟分析，确定安全、快速、经济且使结构终态内力与变形最为合理的拼装顺序。

5.4.3 整体安装施工法

整体安装施工法是将结构在地面或胎架上拼装完成后，再运送并安装到设计位置的施工方法。整体安装施工方法可分为：整体吊装法、整体提升法、整体顶升法。与传统的散装法相比整体安装法具有以下优点：

（1）结构在地面整体拼装，高空作业少；

（2）可与下部工程同时进行，工期短；

（3）临时支撑少。

5.4.3.1 整体吊装法

整体吊装法是指结构在地面总拼成形后，再利用起重设备将其吊装到设计位置就位的施工方法。由于整体就位依靠起重设备实现，所以起重设备的能力和起重移动控制尤为重要。

5.4.3.2 整体提升法

整体提升法是指在已建好的结构柱上安装提升设备，将在地面拼装好的结构整体提升就位的方法。广州新白云机场10号飞机维修库屋盖钢结构采用液压同步整体提升技术，进行整体提升的屋面钢结构为 I、II 区，整体提升结构的平面尺寸为（150m＋100m）×76.5m，提升结构的总重量约4000t（包括其上的附属构件）；提升点的位置选在钢屋盖系统的支座处，即混凝土柱上的钢柱顶，总共布置12个提升吊点，每个提升吊点根据其提升力的不同采用不同数量的集群千斤顶；提升高度为26.5m（即此区域的混凝土柱顶标高），提升过程如图5-5所示。

(a)

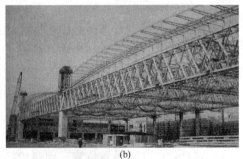
(b)

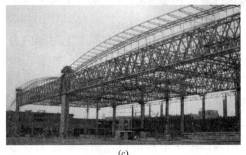
(c)

图 5-5　广州新白云机场机库整体提升过程

（a）整体提升初始状态；（b）整体提升中间状态；（c）整体提升就位状态

5.4.3.3　整体顶升法

整体顶升法是指在设计位置的地面将结构拼装成整体，然后在结构的底部设置顶升设备，将结构顶升到设计高度的施工方法。顶升法与提升法施工的力学原理基本相同。

在整体安装法施工过程中，影响结构体系及施工系统受力性能的关键环节包括：

（1）顶升点的确定，包括数量和布置；

（2）顶升过程的同步性，顶升过程中可能存在的突然动力作用；

（3）结构体系边界条件的变化。

5.4.4　高空滑移法

滑移法是指将分条的结构单元（或整体结构）在事先设置的滑轨上单条（或逐条）滑移到设计位置并拼接成整体的安装方法。滑移法的种类较多，通常有如下几种：

（1）按滑移方式分为单条滑移和逐条累积滑移；

（2）按滑移过程中摩擦方式可分为滚动式及滑动式滑移；

（3）按滑移过程中移动对象可分为胎架滑移和结构主体滑移；

（4）按滑移轨道布置方式可分为直线滑移和曲线滑移；

（5）按滑移牵引力作用方式分为牵引法滑移和顶推法滑移。

由于高空滑移法中的结构是架空作业，对建筑物内部施工没有影响，滑移安装与下部其他施工可平行立体作业，施工周期短，无需大型起重和牵引设备。

5.4.5　攀达穹顶施工法

攀达穹顶体系施工法是川口卫教授提出的。施工过程中首先在地面组装结构时暂不安装某些部位杆件，从而使结构处于一种可以折叠的机构状态，然后用液压顶升法或者向穹顶内吹气施加气压法把未达到设计位置的结构部分提升到设计标高，最后再连上前面未安装的杆件，这样一个几何可变的机构即被"锁住"而变成了一个稳定、几何不变的结构。

5.4.6　折叠展开法

折叠展开法与攀达穹顶体系施工方法相似，在施工初期需要去掉结构中的某些杆件，将结构在地面折叠，然后将结构提升到设计高度，最后补上未安装的构件。但是，与更适合于双曲率结构施工的攀达穹顶体系施工方法相比，折叠展开法更适用于单曲面结构。

攀达穹顶体系施工方法以及折叠展开法的共同点在于，结构在整个施工过程中经历机构→结构的变化过程。采取此类施工方法进行施工安装，影响结构体系及施工系统受力性能的关键环节有：

（1）转动铰的合理设置位置，须避免结构在提升中发生可能的瞬变状态或运动不确定状态；

（2）提升过程的同步性保证，应防止结构内部产生附加内力；

（3）由于结构中部分杆件的移除可能使其发生侧向变形，应在施工过程中采取防止结构产生侧向位移的措施；

（4）后补构件的安装精度。

5.4.7　提升悬挑安装法

提升悬挑安装法是从结构的中央最高部位开始安装施工，当在地面工作平台上安装完某一设计标高范围内的结构部分后，将已安装部分结构提升到一定高度，可满足与其相邻的下一设计标高范围内的结构部分安装，重复提升←→安装的过程，直到完成整体结构安装。该方法为由内到外、从上往下的顺序进行安装，也称为"逆作安装法"或"外扩安装法"。

采取提升悬挑安装施工方法进行施工安装，影响结构体系及施工系统受力性能的关键环节有：

（1）提升点的合理确定，包括数量及布置；

（2）结构在提升过程中的受力状态，该状态与设计状态不同；

（3）提升过程的同步性，应防止结构内部产生附加内力；

（4）提升塔架的稳定性。

5.5 高耸钢结构施工技术

随着空间结构分析技术、新材料技术、新工艺技术的不断发展和完善，高耸结构的建筑造型越来越新颖多样，与之相适应的结构体系形式也越来越新奇复杂，由此而来对高耸结构的施工安装技术的要求也越来越高。近年来，高耸结构的施工安装技术在不断发展的结构理论与施工技术推动下，随着计算机模拟技术、空间三维分析技术、伺服控制技术以及其他相关技术的发展，传统的安装技术不断得到改进，新型的安装技术不断诞生并逐渐完善。目前，高耸钢结构常用的施工安装方法主要有高空散件流水安装法、高空分块流水安装法、整体起扳法及整体提升（顶升）法等。

5.5.1 高空散件流水安装法

高空散件流水安装法是目前高耸结构最为常用的施工安装方法。该方法主要利用起重机械将每个安装单元或构件进行逐件吊运并安装，整个结构的安装过程为：从下至上流水作业。任一上部构件或安装单元在安装前，其下部所有构件均应根据设计布置和要求安装到位，即已安装的下部非完整结构是稳定的、安全的。

高空流水安装法的主要优点为：

（1）安装适用范围广；

（2）安装所用的起重设备小，可供选择的起重设备类型多；

（3）安装成本低。

该方法的主要缺点为：

（1）高空作业量大；

（2）安装工期较长。

5.5.2 高空分块流水安装法

高空分块流水安装法也是目前高耸钢结构最为常用的施工安装方法。该方法主要利用起重机械对每个安装块（或段或节）逐块进行吊运并安装。整个结构的安装过程为：从下至上流水作业。和高空散件流水安装法一样，任一上部构件或安装单元在安装前，其下部所有构件均应根据设计布置和要求安装到位，即已安装的下部非完整结构是稳定的、安全的。

高空分块流水安装法的主要优点为：

（1）施工过程中高空作业量相对高空流水安装法小；

（2）施工安装质量容易控制；

该方法的主要缺点为：

(1) 安装中要求起重设备的起重能力较大，设备成本相对较高；

(2) 安装块（部件）运输成本高；

(3) 对安装块（部件）地面拼装的质量要求高。

5.5.3 整体起扳法

整体起扳法是先将整个结构在地面上进行平面拼装（工程上称为"卧拼"），待地面上拼装完成后，再利用整体起扳系统（即将结构整体拉起到设计的竖直位置的起重系统），将结构整体起扳（或拉起）就位并进行固定安装。

整体起扳法的主要优点为：

(1) 地面整体拼装时所用的起重设备小；

(2) 安装施工作业高度低，安装方便且有利于控制安装质量；

(3) 安装施工工期短。

该方法的主要缺点为：

(1) 由于结构的施工状态与设计使用状态不尽相同，因此需对整体起扳过程中结构的不同施工倾斜角度或结构倾斜状态进行结构分析验算，结构分析的工作量大；

(2) 结构在起扳过程中，各起扳作用点的集中力较大，一般均需预先加固；

(3) 起扳系统需进行专门设计；

(4) 对起扳系统的起重能力要求高。

5.5.4 整体提升（顶升）法

整体提升（顶升）法是先将结构在较低位置进行拼装，然后利用整体提升（顶升）系统将结构整体提升（顶升）到设计位置就位且固定安装。

整体提升（顶升）法的主要优点为：

(1) 结构安装高度低，有利于控制安装质量；

(2) 减少了安装用起重设备的起升高度，对起重设备的要求相对较低；

(3) 安装施工工期短。

该方法的主要缺点为：

(1) 对提升（顶升）过程中结构形态的控制要求高；

(2) 安装过程中需设置专门的抗倾覆结构；

(3) 提升（顶升）系统需专门设计。

5.6 钢结构施工过程力学模拟方法

5.6.1 算法概述

施工过程的力学模拟是力学学科和土木工程学科相结合的产物，主要研究结构在施工过程中的力学表现，以对施工过程正确地进行结构分析。施工力学较早的应用是在大跨度桥梁和张拉结构的施工过程中，取得了一些成果；由于大跨桥梁多采用分节段悬臂浇筑的建造方法，从开工到成桥荷载工况不断变化，结构要经过多次体系转换，内力和变形随之变化，因此必须对施工过程进行施工阶段力学模拟，找出施工各阶段结构的预变形和内力状态来指导施工和保证此阶段的安全。

在建筑工程中，如何考虑施工阶段对结构的影响，从规范上看仅限于两点：一是考虑施工阶段的荷载布置，将施工荷载作为一种活荷载施加于主结构并进行相应的荷载组合，结构主体是一次成型的；二是考虑施工过程的影响，按施工过程划分主要施工阶段，分别对构件采用不同的受力方式进行计算，但计算对象相当有限，仅针对叠合梁这一种构件按施工过程分两阶段进行计算。在早期普通规则结构中，这样考虑施工过程对结构的影响是没有问题的，但随着钢结构体系越来越复杂化，施工过程对结构的影响也越来越大，而且影响也越来越复杂，因此必须对施工过程进行较为精确的计算和分析。

目前，对施工过程的分析采用的较为有效的方法是施工全过程跟踪分析法。其基本的力学模拟方法有时变单元法、拓扑变化法和有限单元法。时变单元法特点在于解域时变时，其离散网格格式不变，而是通过单元大小随时间变异来实现解域时变，因此可克服方程奇异问题，但也存在数值积分的稳定性问题，这可通过采用新的算法等加以解决。拓扑变化法则应用拓扑学原理，用数值手段实现解域随时间变化，可以不重复求解数值方程得到解域变化的结果。有限单元法具有域内全离散特点，便于单元集合时采取增减单元办法来实现解域的时变，但这类方法可能存在运算矩阵奇异问题。在施工过程力学模拟中以有限单元法应用较为广泛，这与目前工程分析中有限单元法广泛运用的大环境有关。大型结构分析软件，不管是 ANSYS 还是 MIDAS、SAP2000 等，均是采用有限元的计算方法。

用有限单元法进行施工全过程力学模拟的基本方法是将结构按实际施工过程划分为若干施工步，按照施工的时间顺序分别激活各施工步（按时间顺序分别激活各阶段的结构主体以及荷载、边界条件等），考虑各施工步之间的相互关系以及累积效应等，真实模拟施工全过程的受力及变形情况。下面主要介绍以有限单元法为计算手段的施工过程力学模拟方法。

5.6.2　分步建模多阶段线性迭加法

对于简单的、体型规则的建筑结构，其材料非线性和几何非线性因素的影响可以忽略不计时，可采用线弹性的施工力学分析方法，这种方法具有计算简单、快速，易于实现的特点。其中常用的分析方法为分步建模多阶段线性迭加法，其具体分析方法和过程如下所示：

（1）首先按照制定好的施工方案划分施工阶段，并对结构模型进行单元分块；假设整个施工过程划分为 n 个施工阶段，那么对应各个施工阶段，结构力学模型也划分为 n 个安装单元块。

（2）进行第一阶段分析，按照第一阶段的安装单元块建立安装模型，形成施工阶段 1 的结构整体刚度矩阵；施加在施工阶段 1 发生的施工荷载；引入本施工阶段的边界条件，有限元基本方程为：

$$K_1 \delta_1 = R_1 \tag{5-1}$$

对于杆系结构，内力计算方程为：

$$F_1 = k_1 A_1 \delta_1 \tag{5-2}$$

式中，K_1 为第一施工阶段所有已安装单元的整体刚度矩阵；R_1 为第一施工阶段发生的施工荷载所转化的节点力向量矩阵；δ_1 为第一施工阶段在节点力向量 R_1 作用下产生的节点位移矩阵；F_1 为第一施工阶段在节点力向量 R_1 作用下产生的已安装结构的杆件单元内力矩阵；k_1 为第一施工阶段所有已安装单元的单元刚度矩阵；A_1 为第一施工阶段已安装单元的几何矩阵。

施工阶段 1 完成时，已安装单元的内力和节点位移为：

$$N_1 = F_1 \tag{5-3}$$

$$\Delta U_1 = \delta_1 \tag{5-4}$$

（3）进行第二阶段分析，在施工第一阶段完成的结构模型上增加第二阶段的安装单元块，重组模型形成施工阶段 2 的结构整体刚度矩阵；施加施工阶段 2 发生的施工荷载（注意在这里仅施加施工阶段 2 发生的施工荷载，施工阶段 1 的施工荷载不要施加在此阶段模型上），引入本施工阶段的边界条件，有限元基本方程为：

$$K_2 \delta_2 = R_2 \tag{5-5}$$

对于杆系结构，内力计算方程为：

$$F_2 = k_2 A_2 \delta_2 \tag{5-6}$$

式中，K_2 为第二施工阶段所有已安装单元的整体刚度矩阵；R_2 为第二施工阶段发生的施工荷载所转化的节点力向量矩阵；δ_2 为第二施工阶段在节点力向量 R_2 作用下产生的节点位移矩阵；F_2 为第二施工阶段在节点力向量 R_2 作用下产生的已安装结构的杆件单元内力矩阵；k_2 为第二施工阶段所有已安装单元的单元刚度矩阵；A_2 为第二施工阶段已安装单元的几何矩阵。

施工阶段 2 完成时，已安装单元的内力和节点位移为式（2-5）、式（2-6）的结果和施工阶段 1 结果的线性迭加：

$$N_2 = N_1 + F_2 = F_1 + F_2 \tag{5-7}$$

$$\Delta U_2 = \Delta U_1 + \delta_2 = \delta_1 + \delta_2 \tag{5-8}$$

式中，N_2 为施工阶段 2 完成时已安装单元的内力；ΔU_2 为施工阶段 2 完成时已安装单元的节点位移。

（4）进行施工完成时即第 n 阶段分析，在施工第 $n-1$ 阶段完成的结构模型上增加第 n 阶段的安装单元块，此时形成完整结构的模型，重组模型形成施工最终阶段（主体结构竣工阶段）的结构整体刚度矩阵；施加施工最终阶段发生的施工荷载（注意在这里仅施加施工最终阶段发生的施工荷载，施工阶段 $1 \sim n-1$ 的施工荷载不要施加在此阶段模型上），引入本施工阶段的边界条件，有限元基本方程为：

$$K_n \delta_n = R_n \tag{5-9}$$

对于杆系结构，内力计算方程为：

$$F_n = k_n A_n \delta_n \tag{5-10}$$

施工最终阶段完成时即结构整体成形时，结构单元的最终内力和节点位移为：

$$N_n = N_{n-1} + F_n = F_1 + F_2 + \cdots + F_{n-1} + F_n = \sum_{i=1}^{n} F_i \tag{5-11}$$

$$\Delta U_n = \Delta U_{n-1} + \delta_n = \delta_1 + \delta_2 + \cdots + \delta_{n-1} + \delta_n = \sum_{i=1}^{n} \delta_i \tag{5-12}$$

式中，N_n 为施工最终阶段完成时已安装单元的内力；ΔU_n 为施工最终阶段完成时已安装单元的节点位移。

由以上分析步骤可以看出，分步建模多阶段线性迭加法采用的是每个施工阶段分步建模的方法；每一施工阶段的内力和位移为上一阶段完成时的内力和位移与本阶段模型在本阶段发生的施工荷载作用下的分析结果的线性迭加。因此这种施工力学分析方法仅适用于材料非线性和几何非线性因素的影响可以忽略不计的简单结构。分步建模多阶段线性迭加法的基本分析流程如图5-6所示。

5.6.3 直接生死单元法

对于复杂的、体型不规则的建筑结构，其材料非线性和几何非线性对施工过程的影响不可忽略，如果仍采用前述的线性迭加法会产生较大的误差。在结构的力学分析中，根据形成原因的不同非线性可分为三大类：材料非线性、几何非线性和状态非线性。其中状态非线性是指由于结构所处状态的不同所引起的响应非线性，状态非线性的刚度随状态的变化而变化。对于施工过程的力学分析就是一个状态非线性的分析过程；在施工过程中结构的刚度、荷载、几何形态、边界条件等是随时间变化的，使结构在这个过程中的受力状态和时间之间呈现一定程度上的非线性关系。前面提到的分步建模多阶段线性迭加法其实就是一种解决施工过程状态非线性的分析方法，只不过在分析过程中对结构的材料和几何非线性不进行耦合分析。因

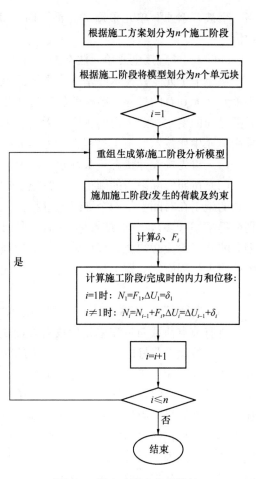

图 5-6　分步建模多阶段线性
迭加法的基本分析流程

此非线性的施工力学分析方法主要是指耦合材料和几何非线性后结构施工过程状态非线性的分析方法。直接生死单元法就是一种非线性的施工过程力学模拟方法。

5.6.3.1　单元生死技术的基本原理

在有限元分析中可以通过"杀死"或"激活"选择的单元来模拟有限元模型中材料的删除或加入，这就叫做单元生死技术。单元生死技术目前主要用于建筑物施工过程、矿山开挖和钻孔、钢材的焊接等分析中，它们都有一个共同的特点：在整个分析过程中都会出现材料的删除或者增加。单元的"生"或"死"并不是直接在有限元模型中增加或者删除单元。当在有限元分析中应用单元"死"的分析时，并不是将要"杀死"的单元直接从有限元模型中删除，而是将这个要"杀死"单元的刚度矩阵乘以一个极小因子 η，如在ANSYS程序中这个值默认为 $\eta=1.0\times10^{-6}$；同时被"杀死"的单元其单元荷载、质量、阻尼、比热以及其他类似效果均将置0，单元的应变在其被"杀死"的同时也将置0。应用单元"生"的分析是上面"死"的分析的逆过程，并不是在有限元模型中增加新的单元，而是将前面"杀死"的单元重新激活，因此"生"一个单元其实是先"杀死"它后再在合适的荷载步中重新激活它，即将先前"杀死"单元的刚度矩阵所乘的极小因子 η 去除掉；

当一个被"杀死"单元重新"激活"时，其单元荷载、质量、阻尼、比热等将恢复原始数值。

5.6.3.2　直接生死单元法在施工过程力学模拟中的实现

从上节单元生死技术的基本原理我们可以看到，直接采用单元生死技术可以模拟结构中单元从无到有的过程。结构的施工过程是结构构件逐渐安装成形的过程，也就是结构单元随时间的变化按照一定的顺序从无到有形成完整结构的过程。直接生死单元法就是直接采用单元生死技术对施工过程进行力学分析，其一般步骤如下：

（1）首先按设计状态一次性建立需要分析的结构的整体有限元模型。

（2）按照实际采用的施工方法将施工过程划分为 n 个施工阶段（或施工步）；由于建筑物的施工在时间上是一个连续的过程，分析时必须将这个连续的过程离散化；施工阶段划分得越细（多），分析结果越精确，同样计算量也越大，因此必须合理地划分施工阶段；划分的施工阶段必须能足够反映出施工过程中结构的主要变化，在安装过程中结构变化较大的施工过程应细分施工步，以使这种对施工过程的离散化在宏观上并不丧失整个过程的连续性。

（3）"杀死"所有单元，即在整体刚度矩阵中对所有单元刚度矩阵乘以极小因子 η，并将所有节点荷载向量和单元荷载向量置0。

（4）按照划分好的施工步，以一定的时间顺序逐步"激活"先前被"杀死"的结构单元，并施加相应施工步内发生的施工荷载，在计算过程中耦合几何非线性的影响。"激活"单元的过程就是将在本施工步需安装的单元前的极小因子 η 去除掉，并恢复单元荷载向量和节点荷载向量；由于"死"单元的刚度矩阵乘以了极小因子 η，导致整体刚度矩阵在引入边界条件后仍然呈现奇异性，因此将整体刚度矩阵分为"激活"部分和"杀死"部分分别求解。每一施工步求解均会得到该施工步所有"激活"单元的位移以及应力应变结果，处于"杀死"状态的单元也会产生位移，即产生"漂移"现象，在耦合几何非线性的分析中，下一施工步"激活"的单元会在"漂移"的位形上进行安装。

（5）按施工步骤最终"激活"所有单元，整个施工过程的力学模拟结束，可以得到各个施工步以及结构最终成形时的各种力学和几何状态量（位移、应变、应力等）。

5.6.3.3　直接生死单元法的特点和局限性

由单元生死技术的基本原理我们可以得到直接生死单元法在施工过程力学模拟中的应用具有如下的一些特点和局限性：

（1）直接生死单元法是一次性建立结构的整体有限元模型，整个施工过程不用另外分别建立各个施工步的有限元模型，只用采取"杀死"所有单元后按施工步分步"激活"单元来模拟施工过程中结构构件的增加，相对分步建模法其建模过程较简单。

（2）直接生死单元法在分析过程中可以耦合几何（或材料）非线性的影响，进行施工过程非线性分析；而分步建模多阶段线性迭加法因为采用的是线性迭加原理，对于具有几何非线性或材料非线性影响的施工过程不能进行分析。

（3）直接生死单元法是采用"杀死"全部单元后按施工步逐步"激活"单元的方法来模拟整个施工过程中结构力学和几何状态的变化。由单元生死技术的基本原理可以知道这种方法有一个问题，就是"死"单元会随着"活"单元的位移发生相应的"漂移"现象。虽然"死"单元是由于其单元刚度矩阵乘以了一个极小因子，使得"死"单元在结构的整体分析中其刚度贡献可以忽略不计,即对于"活"单元的分析不会造成影响,以此来模拟施工过程中尚未出现的结构构件;但是"死"单元在结构的分析过程中却是一直存在的,它会受到"活"单元的影响,即随着"活"单元的位移也会发生相应的位移,并和"活"单元的变形在公共边界处满足变形协调条件;"死"单元是以和"活"单元公共节点的位移为其边界条件而发生"漂移"变形的;"活"单元仅仅影响"死"单元的位移,使"死"单元发生"漂移"现象,但却不会在"死"单元中产生应力或应变。

(4)直接生死单元法所带来的"死"单元的"漂移"使得这种方法在施工过程力学模拟的应用上具有一定的局限性。在施工过程力学模拟的任一施工步中,该施工步的安装单元——"死"单元被"激活";在耦合几何非线性的分析中,采用了 U.L. 列式,使得安装单元是在结构已安装单元的当前位形上被"激活",这本来也是符合实际施工情况的,但是由于"死"单元"漂移"的影响,使得本施工步的安装单元也是在"漂移"后的位形上被"激活"。这样,生死单元法实际上模拟的是每一施工步中安装单元在"死"单元漂移后的位形上进行安装的施工过程。换句话说就是除非每一施工步中安装单元按漂移后的位形进行安装,否则就不能真实地模拟实际的施工过程,会产生一定误差。

因此直接生死单元法在施工过程力学模拟的应用中是有一定的局限性的,即安装单元必须按"漂移"后的安装位形进行安装,否则不能正确模拟施工过程力学和几何形态的变化。

5.6.4 一种改进方法——局部位形约束生死单元法

5.6.4.1 安装构件的定位原则

在钢结构的施工安装过程中,已安装结构在新增安装结构的施工荷载作用下其位形总在不断地变化中,即新安装的结构构件是在已安装的结构的当前位形上进行安装的。在施工过程力学模拟分析中新安装构件的节点起始坐标必须以已安装结构的当前位形为依据进行构筑,不能直接采用设计状态下结构构件和节点的坐标值,否则会对后续的结构施工状态的分析产生很大的影响。因此在每个施工步中,新增的结构安装构件需在两个基准点上进行安装:一是以已安装结构的当前位形为安装基准点,也就是以新增的结构安装构件和已安装结构的公共节点为基准点;另一个是新增安装构件的新增节点的坐标定位准则,也就是除开和已安装结构的公共节点外的新增节点的安装基准点。这样在构件安装前必须构建新增安装构件的节点几何位置的定位原则,在桥梁施工中通常常有 3 种定位原则,这里还提出一种适用于建筑工程安装过程的第 4 定位原则,如图 5-7 所示。

(1)第一种定位原则是在已安装构件的一端安装新的构件。如图 5-7(a)所示,在已装杆件①的端部安装杆件②;杆件①已按设计位形进行安装,并在施工荷载作用下发生变位;杆件②在杆件①的变位位形上安装,其另一端节点 3 按照杆件①的当前位形下节点 2 处切线方向的延长线和杆件 2 的设计长度进行定位。杆件③的定位方法和杆件②相同,也是在杆件②安装完成并在施工荷载作用下发生变位的位形上进行安装,其端点 4 也是在杆件②的当前位形下按节点 3 处切线方向的延长线和杆件③的设计长度进行定位。

(2)第二种定位原则是在已安装构件之间安装一根构件。如图 5-7(b)所示,杆件①、③均已按设计位形安装,并在施工荷载作用下发生变位;杆件②在杆件①、③已变位的位形上进行安装,即连接节点 2、3。

(3)第三种定位原则是在已安装构件之间安装两根构件。如图 5-7(c)所示,杆件

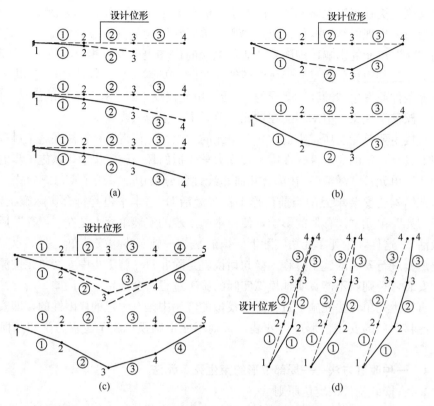

图 5-7　安装构件的定位原则

(a) 沿已安装构件的一端安装新构件；(b) 在已安装构件之间安装一根构件；

(c) 在已安装构件之间安装两根构件；(d) 按设计位形确定安装构件节点坐标

①、④均已按设计位形安装，并在施工荷载作用下发生变位；杆件②、③在杆件①、④已变位的位形上进行安装，新增加的节点 3 按当前位形的杆件①、④的端点 2、4 处切线的延长线和杆件②、③的设计长度确定的节点的平均坐标值定位；杆件②、③的安装位形就是节点 2、3 连线和节点 4、3 连线。

（4）第四种定位原则是按设计位形（或给定的位形）确定安装构件节点坐标。如图 5-7（d）所示，杆件①已按设计位形安装，并在施工荷载作用下发生变位；杆件②在杆件①的变位位形上安装，其另一端节点 3 按照设计位形（或给定的位形）下的坐标进行定位。杆件②安装就位后在施工荷载作用下将和杆件①一起发生新的变位；在当前位形上安装杆件③，杆件③的一端和节点 3 相连，另一端节点 4 按设计位形下的坐标定位；杆件③按此定位原则安装就位并在施工荷载作用下同其他已安装单元发生新的变形。

上面总结了结构施工中构件安装的 4 种定位原则，其中第 1～3 种定位原则在桥梁工程中应用比较普遍；并且由于这三种定位原则符合生死单元法中安装构件在"漂移"位形上被激活的条件，因此可以采用直接生死单元法进行施工过程的力学模拟。第 4 种定位原则在工业和民用建筑的施工过程中应用较多，因为大多数时候按已安装构件切线方向延长线和构件设计长度来确定安装位形是比较麻烦的，特别是在一些复杂的钢结构工程的施工过程中前三种定位原则不易实现，并且也不好统一施工控制和验收标准；采用设计位形作为安装构件新增节点的定位原则比较容易实现，并且能够形成统一的控制和验收标准；但是采用第四种定位原则使得直接生死单元法不能直接用于施工过程的力学模拟中,因为按设计位形确定安装构件的新增节点的位置使得安装构件将不会在"漂移"位形上被激活,直接生死单元法会由于"漂移"的影响产生误差,不能正确模拟施工过程中结构构件的力学和几何状态量的变化。

5.6.4.2　局部位形约束生死单元法的基本原理

直接生死单元法正确模拟施工过程的前提条件是实际安装构件必须在"死"单元"漂移"的位形上安装。然而实际施工过程中并不一定都按照这种定位原则进行安装,比如上节提到的第4种定位原则,要求安装构件的新增节点按设计位形坐标定位。因此这里提出一种局部位形约束的生死单元法,主要思路就是对尚未安装的"死"单元的一部分节点进行位形约束,以此来控制"死"单元的"漂移",使"死"单元在对应施工步"激活"时能按要求的定位原则正确地出现在指定的安装位形上。

5.6.4.3　局部位形约束生死单元法在施工过程力学模拟中的实现

局部位形约束的生死单元法是对直接生死单元法的一种修正和改进,即对于直接生死单元法中"死"单元的"漂移"位形通过局部关键节点的位形约束来进行控制和修正,使得"死"单元在"激活"时处于正确的安装位形上。用局部位形约束生死单元法对施工过程进行力学分析的一般步骤如下:

(1)首先按设计状态一次性建立需要分析的结构整体有限元模型。

(2)按照实际采用的施工方法将施工过程划分为 n 个施工阶段(或施工步);由于建筑物的施工在时间上是一个连续过程,分析时必须将这个连续的过程离散化;施工阶段划分得越细(多),分析结果越精确,同样计算量也越大,因此必须合理地划分施工阶段;划分的施工阶段必须能足够反映出施工过程中结构的主要变化,在安装过程中结构变化较大的施工过程应细分施工步,以使这种对施工过程的离散化在宏观上并不丧失整个过程的连续性。

(3)"杀死"所有单元,即在整体刚度矩阵中对所有单元刚度矩阵乘以极小因子 η,并将所有节点荷载向量和单元荷载向量置0。

(4)将每个施工阶段(步)实际的安装构件作为一个安装体,以各个施工阶段安装体之间的公共节点或末端节点为关键点;对这些关键点按照定位原则进行局部位形约束。

(5)按照划分好的施工步,以一定的时间顺序逐步"激活"先前被"杀死"的结构单元,在计算过程中耦合几何非线性的影响。在每个施工步"激活"该阶段的"死"单元后,删除"激活"单元上原先设置的关键点的约束,使得该施工步的安装单元在"激活"后处于正确的安装位形上,同时施加本施工步内产生的施工荷载。

(6)按上述方法不断"激活"各个施工步的结构构件,最终"激活"所有单元,整个施工过程的力学模拟结束,可以得到各个施工步以及结构最终成形时的各种力学和几何状态量(位移、应变、应力等)。

采用局部位形约束生死单元法对施工过程进行力学模拟的分析流程如图5-8所示。

5.6.5　分步建模法

5.6.5.1　分步建模法的特点

直接生死单元法在复杂刚性钢结构施工过程的非线性力学模拟中虽然有建模方便、可以耦合几何或材料非线性影响的优点,但由于"死"单元在"活"单元的位移影响下会发

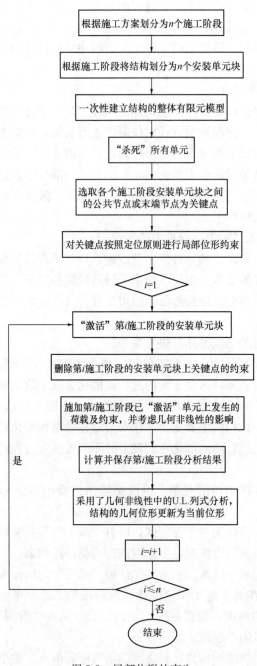

图 5-8 局部位形约束生
死单元法的基本分析流程

生"漂移"，往往不能按照实际的安装位形"激活"构件，可控性较差。局部位形约束生死单元法不仅具有直接生死单元法优点，而且由于引入了关键点局部位形约束，使得"死"单元关键节点能在要求的安装位形上"激活"，构件的安装位形能得到很好的控制；但是由于中间单元节点仍会产生一定程度的"漂移"，和实际安装位形也存在一定的误差。

分步建模法则是一种按照实际施工过程分步建立各个施工阶段的有限元模型进行施工过程力学分析的方法，能较为真实地模拟施工过程中各个安装阶段的力学和几何状态的变化。由于采用分步建模技术，即各个施工阶段均独立地建立有限元模型，未安装构件的刚度矩阵不出现在整体刚度矩阵中；那么每个施工阶段新增安装构件可以按照实际的安装位形建立有限元模型，从而解决生死单元法中"漂移"引起的安装位形可控性差的缺点，并完全消除了已安装单元和未安装单元之间的相互影响。前面提到的分步建模多阶段线性迭加法其实就是分步建模法中的一种特殊形式，即不考虑非线性因素的影响，分别建立各个施工阶段的分析模型，再采用线性迭加的方式来考虑施工过程中内力和变形的积累和传递。当复杂刚性钢结构的施工过程中需要考虑非线性因素（主要是几何非线性）的影响时，就不能采用这种直接线性迭加的方法了。分步建模法在非线性施工力学中的应用还不成熟，主要存在以下两个方面的困难：

（1）每一个施工步的初始位形的确定比较麻烦。在几何非线性的施工过程分析中，每一个施工步均是在上一个施工步完成后的结构的当前位形上按照一定的定位原则进行安装。在生死单元法中由于是一次性建立结构的有限元模型，采用单元生死技术模拟施工过程中构件的增减，整个求解过程解域并没有发生变化，因此整个分析过程均是在求解器中采用 U. L. 列式连续求解，每一施工步的初始位形直接由 U. L. 列式的分析确定。而在分步建模法中，由于每一个施工步均需单独建立有限元模型，每个施工步的分析都是一个独立的分析过程，具有自己独立的解域，不同施工步之间由于构件的增减其解域是发生变化的，并且上一施工步的位形是不会自动导入下一施工步的分析中的；因此每一个施工步的有限元模型并不能直接按照设计状态的位形条件定位，必须以上一施工步完成后的结构几何位形建立本施工步已有构件的有限元模型，并按定位原则建立此阶段新增构件的有限模型，这一过程通常需人工干预形成，相对生死单元法来说较为麻烦。

(2) 每一个施工步的初始应力的导入比较困难。在生死单元法中由于对施工过程的分析是一个连续的过程并且解域不变，采用 U.L. 列式求解时每个施工步都是以上一施工步完成时的应力状态为初始应力进行求解，这一步骤在求解过程中自动完成。在分步建模法中耦合几何非线性时，每一施工步完成时的应力状态对后续施工步的分析会产生较大的影响；在每一施工步的独立建模过程中，除了必须引入上一施工步完成时的位形作为已安装构件在本施工步分析中的初始位形外，还必须引入上一施工步完成时构件的应力状态作为本施工步已安装构件的初始应力并施加上一施工步完成时的施工荷载，在此基础上建立本施工步新增构件的有限元模型并施加本施工步发生的施工荷载；这一过程也需人工干预形成，相对生死单元法来说实现起来比较困难。

5.6.5.2　分步建模法在施工过程力学模拟中的实现

关于分步建模法的基本原理在许多文献中均有阐述，其理论体系也逐渐形成。但是其在实际工程中的应用还不成熟，主要是其实现的技术手段还不完善。目前对于分步建模法已经形成了一个总的分析模式，但多数仅存在于理论探讨上，对于更具体的实现方法和步骤的技术研究还不成熟。本节对于分步建模法在施工过程力学模拟中的具体实现技术，结合有限元程序 ANSYS 作了初步的探讨和研究，其通常的实用分析步骤如下：

(1) 按照实际采用的施工方法将施工过程划分为 n 个施工阶段（步）；根据划分的施工阶段（步）将整体结构划分为 n 个安装单元块。

(2) 进行第一施工阶段分析。建立第一施工阶段安装的结构构件的有限元模型，形成本施工阶段的整体刚度矩阵。第一施工阶段安装构件的有限元模型可直接按设计位形建立，并施加相应的约束和施工荷载。

(3) 第一施工阶段有限元模型建立完毕后，开启大变形分析选项，执行 ISWRITE 命令（生成初应力文件）并求解；求解完毕后导出第一施工阶段完成时已安装构件的初应力文件（后缀为 .ist 的文件）和变形文件（后缀为 .rst 的文件），第一施工阶段分析完毕。

(4) 进行第二施工阶段分析。首先重新按设计位形建立第一施工阶段有限元模型；然后通过命令 UPGEOM（更新有限元模型的几何形状）导入第一施工阶段完成时已安装构件的变形文件（.rst 文件），更新有限元模型；在这个模型的基础上按照安装构件的定位原则建立第二施工阶段新增安装单元，形成本阶段完整的有限元模型。这里要注意的是已有安装单元的拼接位置的位形已经更新，需在更新位形的单元上重新生成一个关键点，再按照定位原则确定新增安装单元另一端的关键点，通过这两个关键点建立新增构件的几何位形并划分网格生成单元；在安装单元的拼接处会产生两个节点，必须合并节点否则有限元模型在此处会产生游离自由度导致后面的求解失败。

(5) 第二施工阶段有限元模型建立完毕后，进入求解器。开启大变形分析选项，选择牛顿—拉夫逊法，并打开应力刚化选项；选择第一施工阶段安装的单元，执行 ISFILE 命令（从文件施加初应力荷载），从前面已经导出的第一施工阶段已安装构件的初应力文件

（.ist 文件）施加初应力荷载；施加本阶段的边界条件及存在的所有施工荷载，包括新发生的施工荷载以及前面施工阶段发生的到现在还存在的荷载。执行 ISWRITE 命令（生成初应力文件）并求解，求解结束后导出第二施工阶段完成时已安装构件的初应力文件（.ist 的文件）和变形文件（.rst 的文件），第二施工阶段分析完毕。

（6）进行第三施工阶段分析。首先重新按设计位形建立第二施工阶段结构的有限元模型；然后导入第二施工阶段完成时已安装构件的变形文件，更新有限元模型。在这个模型的基础上按照安装构件的定位原则建立第三施工阶段新增安装单元，形成第三施工阶段完整的有限元模型。

（7）第三施工阶段有限元模型建立完毕后进入求解器，和第二施工阶段的分析相同，从第二施工阶段生成的初应力文件施加初应力荷载；施加本阶段的边界条件及存在的所有施工荷载；执行 ISWRITE 命令并求解；求解结束后导出第三施工阶段完成时已安装构件的初应力文件和变形文件。第三施工阶段分析完毕。

（8）重复上述步骤，直至第 n 施工阶段分析结束。

由于分步建模法是在前一施工步完成后的位形上重新建立当前施工步的有限元模型的，进行有限元求解后所得到的位移变形图是相对于本施工步计算模型的位形而言的，并不是相对于设计位形所产生的位移；因此要计算和设计位形之间发生的位移必须迭加前一施工步结束后已安装构件相对于设计位形的位移值。

分步建模法是在上一施工步的分析结果上按新增构件的定位原则建立当前施工步的有限元模型；未安装构件不出现在结构分析模型中，已安装构件完全按照实际施工状态进行定位和建模，比较真实地模拟了施工各个阶段的力学和几何状态；有效地避免了生死单元法中由于"漂移"带来的安装单元定位不准确和安装位形控制困难的缺点。

然而分步建模法的整个分析过程需要进行人工控制，每个施工阶段均需重新建立有限元模型，分析过程烦琐复杂；对于一些复杂钢结构施工过程的分析来说，建模效率较低，分析过程计算量较大，实现起来比较困难。目前在实际工程中采用耦合非线性的分步建模法进行施工过程分析的应用很少，其主要困难是建模效率较低。分步建模法要在实际工程中得到广泛应用，其发展和研究方向必须是将现有的有限元程序的建模、求解、后处理三大模块进行有机的整合，提高分步建模过程的自动化水平，在此基础上编制新的有限元程序。

5.7 复杂刚性钢结构施工预变形的计算方法

5.7.1 算法概述

任何建筑结构，在设计图纸上所表达的均是设计位形，或者说是建筑物建成后希望达到的形状。但是实际施工过程中通常会按照设计图纸上的位形进行构件的加工和安装，在安装过程中受安装方式及施工荷载的影响，实际成形后的结构均会和设计位形产生一定的差别。当这种差别较小时，对建筑物的使用功能和外在形状影响可以忽略不计。但在实际工程中有一些结构在成形后变形较大，会影响建筑功能的使用，或者在建筑造型上对成形后的位形要求非常严格，这就需通过施工过程的力学模拟计算结构的预变形值来消除这种变形所带来的不利影响，使结构在安装成形后满足建筑设计对于位形的要求。众所周知，在结构的设计中，如果梁的挠度过大，就需要对梁进行预拱来消除这部分变形，一般来说预拱值为结构在一定的荷载组合下的挠度值。但是对于一些复杂钢结构，特别是一些非线性影响比较大的复杂钢结构，直接采取这种反向变形预调的方法往往不能得到精确的结果，也就是说预变形后的结构在最终成形后可能并不能回到预定的设计位形上。因此对于这类非线性影响特别是几何非线性影响较大的钢结构，必须采用有别于传统简单预变形的计算方法；这种结构的预变形计算就比较复杂了，必须考虑施工过程的影响。现阶段复杂刚性钢结构预调值的计算方法基本上采用这么四种方方法：一般迭代法、正装迭代法、逆序迭代法以及分阶段综合迭代法。

对于这四种计算钢结构预变形的方法，在一些相关的文献中均有提及，对它们的计算原理也进行了比较详细地研究和描述。除了一般迭代法外，其余三种方法在计算手段上均采用了直接生死单元法。由于直接生死单元法会产生"漂移"现象，对安装位形的可控性较差，本节在基于这几种预变形分析方法的基础上，提出了一种改进的正装迭代法，即局部位形约束正装迭代法来计算施工预变形。

5.7.2 一般迭代法

一般迭代法通常是用于结构采用一次成形施工方法时的结构预变形值计算。所谓的一次成形就是结构按照设计状态形成完整结构体系后再承担结构的荷载并发生相应的变形；在施工阶段结构不承担荷载且不发生变形。这种一次成形的方式和传统结构设计理论是相符的；传统结构设计理论中是按照结构的设计位形一次性建立结构计算模型，然后一次性施加使用阶段各种结构荷载，得到结构在各种荷载工况下的内力和变形。然而能够在施工阶段采用一次成形或效果上近似一次成形的施工方法进行安装的结构比较有限，常见的这种结构通常有悬臂结构和大跨结构。悬臂结构和大跨结构在施工时可以采用满堂脚手架的施工方式进行施工，这种施工方式可以保证在施工过程中结构构件按设计位形安装；并且在整个施工过程中结构自重等施工荷载均由脚手架承担，结构不承担荷载也不发生相应的变形；在整个结构安装完成后对脚手架进行卸载，结构主体开始承担设计荷载。这种满堂脚手架的施工方法就是一种使结构一次成形的施工方法，结构的预变形可以采用一般迭代法进行计算。下面通过一个悬臂钢梁采用满堂脚手架进行施工的例子说明一般迭代法的基本计算过程，如图 5-9 所示。

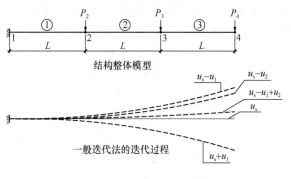

图 5-9　一般迭代法的基本计算过程

（1）假设结构的初始设计位形为 u_s，在结构成形后承担的恒载为自重和 P_1、P_2、P_3；在这些荷载的作用下结构达到新的位形 $u_s + u_1$（考虑大变形影响），其中 u_1 为第一次计算时结构相对设计位形发生的位移。

（2）对结构进行第一次预变形，将第一次计算所得的结构位形进行反向变形，即得到第一次结构预变形值为 $-u_1$，第一次预变形后结构的位形为 $u_s - u_1$。

（3）以第一次预变形后的结构位形 $u_s - u_1$ 为安装位形施加结构成形后承担的恒载，

进行第二次计算，得到相对于第一次预变形后的结构的位移 u_2，结构新的位形为 $u_s - u_1 + u_2$。

（4）第二次计算后结构的新位形和设计位形之间的差值的绝对值为 $|(u_s - u_1 + u_2) - u_s| = |u_2 - u_1|$。这里需设置一个预变形结构在承担荷载发生变形后的位形和设计位形之间差值的一个容差 δ，也就是收敛准则。当差值的绝对值小于这个容差 δ，则预变形迭代结束；差值的绝对值大于这个容差，则需进行下一步迭代。当结构的几何非线性不强时，第一次预变形后施加承担的恒载所发生的位形就非常接近设计位形了，即 $|u_2 - u_1|$ 非常小（趋近于 0），满足容差 δ 的要求。

（5）当结构具有较强的几何非线性时，预变形结构在承担荷载发生变形后的位形和设计位形之间差值会较大，不满足容差 δ 的要求（即大于 δ），则需进行第二次结构预变形。第二次预变形值取为 $-u_2$，第二次预变形后的位形为 $u_s - u_2$，并施加结构成形后承担的恒载，进行第三次计算，得到相对于第二次预变形后的结构的位移 u_3，结构新的位形为 $u_s - u_2 + u_3$。

（6）第三次计算后结构的位形和设计位形之间的差值为 $|u_3 - u_2|$，判断其是否小于 δ，"否"则进行下一次迭代。

（7）不断循环上述步骤，进行第 n 次计算，所得位形差为 $|u_n - u_{n-1}| < \delta$，收敛结束，结构进行预变形后的位形为 $u_s - u_n$。

一般迭代法只能针对一次成形的结构，不能考虑施工过程对结构的影响，也就是施工过程中结构构件不产生或产生很小的内力和变形。通常采用满堂脚手架或大量布置胎架的施工方法可以达到这种效果，这种施工方法一般只适用于悬臂和大跨度结构，施工过程的措施费用比较高。

5.7.3 一种改进方法——局部位形约束正装迭代法

前述的一般迭代法只适用于采用满堂脚手架或大量布置胎架的施工方法进行安装的结构的预变形值的确定。而对于其他的施工方法必须在结构预变形值的确定过程中考虑施工过程的影响。正装迭代法就是这样一种考虑施工过程影响的预变形的确定方法。这个方法最早起源于大跨度桥梁的悬臂施工法，它是按照实际结构的施工过程进行正序分析，按照施工阶段的顺序依次"激活"相应的安装构件并施加相应的施工荷载（通常是结构自重）来模拟跟踪施工过程中结构的一系列受力和变形状态。这种方法可以考虑结构的几何、材料等的非线性影响，适用于计算任意刚性钢结构和施工方案下的预变形值。

正装迭代法计算预变形的思路和一般迭代法相似，只是增加了施工过程的分析；也就是说正装迭代法在每次结构预变形后进行结构变形的计算时，是按照划分的施工阶段进行施工过程力学分析后得到位移结果的，而不是像一般迭代法那样直接求解。普通正装迭代法每个迭代过程中对结构变形的计算是按照实际结构的施工过程进行正序分析的，目前采用的施工力学分析方法大多数是采用直接生死单元法。由于直接生死单元法会产生"漂移"现象，构件是在"漂移"位形上被激活的，如果构件的安装定位原则不是按照"漂移"后位形进行安装，就会产生误差。在普通正装迭代法中采用直接生死单元法计算结构变形并进行预变形迭代求得最终预变形值；按照这个预变形值进行结构安装，安装构件必须是在预变形结构"漂移"后的位形上进行安装，否则不会得到预期的变形结果。而这种能以"漂移"后位形为定位准则进行安装的结构种类不多，一般是悬臂结构或桥梁结构；

因为体型相对比较简单，因此悬臂结构或桥梁结构通常以已装构件的切线方向为下一构件的安装位形，这恰好就是这种结构采用生死单元法时"死"单元的"漂移"位形。所以在悬臂和桥梁结构中采用直接生死单元法可以得到较为准确的预变形结果。

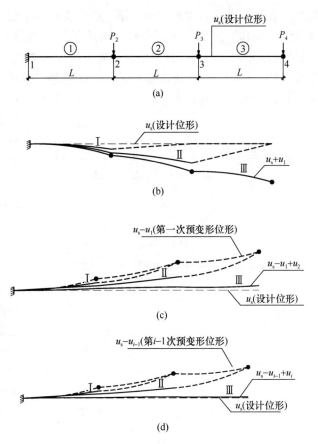

图 5-10　局部位形约束正装迭代法的基本计算过程

（a）结构整体模型；（b）按设计位形采用局部约束生死单元法正装成形；（c）按第一次预变形位形采用局部约束生死单元法正装成形；（d）按第 $i-1$ 次预变形位形采用局部约束生死单元法正装成形

　　然而在工业和民用建筑中，大多数的复杂刚性钢结构具有比较复杂和多变的结构体型。在正装迭代法中采用直接生死单元法计算结构在施工过程影响下的最终位移时，安装构件要在"漂移"位形上进行安装，而这个"漂移"位形就很难用一个简单的定位原则给出了。一般在这种复杂结构的施工过程中希望能直接给出安装构件的定位坐标，然后按照这个定位坐标进行安装，这就是前面提出的第四定位原则；在不进行预变形的结构中，第四定位原则是按照设计位形进行安装构件端点定位的；在进行预变形的结构中，第四定位原则是按照预变形后的结构位形进行安装构件端点定位的。因此对于复杂刚性钢结构在采用正装迭代法进行施工预变形的求解时，每个迭代过程中考虑施工过程影响的结构变形计算应采用局部位形约束生死单元法，控制构件在指定位形上进行安装，以得到准确的预变形值。这种采用局部位形约束生死单元法进行正装迭代计算来求施工预变形的方法就是局部位形约束正装迭代法。

　　下面还是以一个采用悬臂施工法进行安装的悬臂钢梁来说明采用局部位形约束正装迭代法进行预变形值计算的基本过程，安装原则为第四定位原则，迭代过程如图 5-10 所示。

5.7.4　逆序迭代法

　　逆序迭代法又叫倒拆迭代法，相对正装迭代法而言这种方法是对施工过程采取逆序的分析方式，即从最后一个施工步开始对施工过程进行反向分析，主要是分析所拆除的构件对剩余结构变形和内力的影响。

　　前面已经说过正装迭代法在采用直接生死单元法进行施工过程分析时，是先"杀死"所有单元，然后按照施工顺序逐步正序"激活"单元，"活"单元的变形会导致"死"单元发生"漂移"，其后续施工步的构件会在"死"单元的"漂移"位形上激活；这可能会发生"激活"漂移过大的"死"单元而发生计算不收敛的情况，以及安装单元可能会在不正确的"漂移"位形上进行安装。而逆序迭代法为了避免在"死"单元"漂移"位形上"激活"单元，采取了一种逆序分析施工过程的方法，也就是先按照设计位形建立结构的整体模型，从最后一个施工步开始，依次逆序"杀死""活"单元的方法来对结构施工过程进行反向分析。在这种逆序分析中，单元是由"活"到"死"的一个过程，"死"单元被杀死后不再被"激活"，其由"活"单元位移所产生的"漂移"对结构分析不会产生影响，不存在"激活"漂移过大的"死"单元而发生计算不收敛的情况。

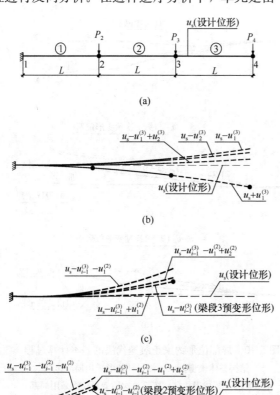

图 5-11　逆序迭代法的基本计算过程

(a) 结构整体模型；(b) 梁段 3 预变形位形的确定；

(c) 梁段 2 预变形位形的确定；(d) 梁段 1 预变形位形的确定

逆序迭代法用于施工过程分析是有一个前提假设的，也就是认为施工过程中先安装的结构构件上所施加的施工荷载效应是不会被传递到后续施工步的结构构件上的，仅其结构刚度影响后续施工步的结构受力和变形，因此可以采用这种从最后一个施工步开始，依次逆序"杀死"单元的方法来对结构施工过程进行反向分析。下面仍然采用悬臂施工法进行安装的悬臂钢梁来说明采用逆序迭代计算预变形值的基本计算过程，如图 5-11 所示。

从上面的分析来看，逆序迭代法其实是一种不完全的非线性分析方法，或者称它为半非线性的分析方法。逆序迭代法在每一施工阶段构件的预变形求解中均进行了几何非线性分析；然而由于逆序施工法本身的特点及其假设前提，只有当前施工阶段安装构件的施工荷载参与非线性分析，而先前施工阶段的荷载不参与分析。我们知道几何非线性问题的增量解法中的切线刚度矩阵 $[K_T]$ 由三个刚度矩阵组成：$[K_0]$ 小位移的线性刚度矩阵；$[K_\sigma]$ 关于应力 $\{\sigma\}$ 的初应力矩阵，也叫几何刚度矩阵；$[K_L]$ 大位移矩阵，也叫初始位移矩阵。在逆序迭代法中，当前施工阶段安装构件的初应力刚度矩阵 $[K_\sigma]$ 是从 0 开始的，因此本施工阶段安装结构的切线刚度矩阵是完整的；而先前施工阶段结构的初应力刚度矩阵 $[K_\sigma]$ 在按正序施工分析时是存在初始值的，在逆序迭代法中均是从 0 开始的，因此形成的切线刚度矩阵不完整，只有 $[K_L]$ 大位移矩阵和 $[K_0]$ 小位移的线性刚度矩阵，没有 $[K_\sigma]$ 初应力矩阵的初始值，无法考虑先前施工步内形成的初始应力对结构刚度的影响（这种初始应力会对结构刚度产生退化或刚化影响）；对于非线性较强的结构会产生较大的误差。因此逆序迭代法的几何非线性分析是不完全的，只是一种半非线性的分析方法。对于几何非线性较强的结构采用逆序迭代法其精度在完全非线性分析方法和线性分析方法之间。

5.7.5 分阶段综合迭代法

采用直接生死单元法进行正装迭代计算预变形值具有"死"单元"漂移"过大而导致的算法不收敛的问题，但算法构造简单，计算量较小；而逆序迭代法可以避免"死"单元"漂移"这种现象，但计算较复杂。因此采用分阶段综合迭代法，在结构的一些施工阶段采用正装迭代法而另一些施工阶段采用逆序迭代法进行施工预变形的求解。这种方法可以充分发挥正装迭代法和逆序迭代法的优点，可以考虑非线性的影响，计算精度较高。

分阶段综合迭代法已在一些大型复杂钢结构的施工中有所应用，取得了良好的效果。这种方法的难点在于对正装和逆序迭代法的扬长避短，这通常建立在对所分析对象的结构特点非常了解的基础上；在"漂移"位形对结构安装影响不大但几何非线性较强的结构部位采用正装迭代法，比如倾斜结构部位；对几何非线性不强的但"漂移"位形对结构安装影响较大的结构部位可以采用逆序迭代法，以避免逆序迭代法的半非线性的缺点，发挥其不受"漂移"影响的优点，如悬臂结构部位。

由此可见分阶段综合迭代法要求使用者具有较强的结构分析功底，对采用相应迭代法的分析阶段的划分要准确，不然可能会产生较大的偏差。

思 考 题

1. 复杂钢结构为什么要进行施工力学模拟分析？
2. 现代钢结构的体系和规模向着什么方向发展？
3. 常用的施工过程力学模拟方法有哪些？它们之间又有什么区别？
4. 什么是钢结构施工预变形？预变形的计算方法有哪些？

第6章 钢结构的检测与鉴定

从 21 世纪初开始，随着新材料、新工艺、新设备和现代结构设计理论的发展，大量新型建筑开始涌现，使建筑结构产生了前所未有的大发展。钢结构这一新兴结构体系的出现和发展无疑给结构工程带来了深刻的影响，并逐渐成了与混凝土结构并驱的一大结构体系。中国建筑钢结构产业《"十五"计划和 2015 年发展规划纲要（草案）》中提出，"十五"期间建筑钢结构的发展目标是争取达到每年建筑钢结构的用钢量占全国钢材总产量的 3%，而 2015 年建筑钢结构的发展目标是争取每年建筑钢结构的用钢量达到钢材总产量的 6%，钢结构已广泛应用于多高层结构、高耸结构、大跨度结构、单（多）层轻型结构、仓储结构及海上平台结构等。

与钢结构迅猛发展的同时，在建筑领域也发生过一些不同类型、原因、程度的钢结构工程事故，包括建筑钢结构工程的倒塌、桥梁钢结构的坍塌、大型设备钢结构支撑或围护体系的破坏等，造成了大量人员伤亡和经济损失，严重影响了国家建设发展、经济正常运转、行业发展效率、公共安全保障。事故的原因或由于地震、火灾、大风、撞击、爆炸等难以预防而造成的意外损害，又或是由于制作施工质量不合格、结构设计考虑不周、结构用途随意改变、后期使用缺乏维护等主观人为因素的影响，为此有必要对既有钢结构进行准确检测与可靠性鉴定。

由于既有钢结构使用条件及结构体系的复杂性和多样性，使得通过抽样检测获取结构的信息必然具有局部性和小样本性，存在概率风险，不科学的检测方案及鉴定方法必将导致不可信或误导性结论。因此，针对钢结构的特点及使用特性，有必要对钢结构的可靠性（包括安全性、适用性、耐久性）提出可行且可靠的实用检测与鉴定技术，保证既有钢结构的正常使用和合理维护。

本章从实用角度出发，主旨在于系统阐述钢结构的检测方法与可靠性鉴定评估体系，使读者对钢结构的检测与鉴定技术有较深入的了解，方便在实际工程中应用。而对钢结构可靠性评估理论本章并未作深入分析，有兴趣的读者可查阅和参考相关文献。

6.1 钢结构检测与鉴定的基本要求

6.1.1 钢结构检测与鉴定对象及资料收集

钢结构出现以下情况时就应进行检测与可靠性鉴定：

（1）拟改变建（构）筑物用途、使用条件和使用要求；

（2）拟对建（构）筑物进行较大规模维修或结构改造；

（3）钢结构本身出现明显的结构功能退化现象或有明显的变形；

（4）钢结构受到灾害、事故等作用影响，并产生明显损伤；

（5）出于保护要求，需要了解优秀历史建筑的工作现状以及在目标使用期内的可靠性；

（6）建（构）筑物超过设计使用年限，拟延长建（构）筑物使用年限；

（7）在既有钢结构附近进行可能对结构产生的损伤；

（8）重要及大型公共建筑钢结构可靠性的定期评定；

（9）建设过程中停工后恢复建设的钢结构；

（10）其他需要了解钢结构可靠性的情形。

实际上，需要进行检测与可靠性鉴定的钢结构，还应根据结构体系确定评定范围，既可以是整个建筑物的钢结构，也可以是结构功能相对独立的部分钢结构。

在进行钢结构检测与鉴定时，应调查、收集结构建造及加固改造的信息资料并进行取证，对结构的使用条件进行调查、检测与核定，勘察、检测与评估结构有关的缺陷、损伤状况，必要时还应进行结构分析与校核。

钢结构建造及加固改造的信息资料包括：勘察、设计、施工、加固改造及历次检测与鉴定的相关资料，当资料不全时，应根据鉴定的需要进行补充调查、勘查及测绘。在信息资料调查和收集上，应注意调查建筑现状与搜集资料相符合程度，确认信息资料的准确性：对于结构选型、布置等应进行逐一比对确认；对于构件轮廓尺寸、零部件规格尺寸等应抽查验证；对于结构材料性能指标，应根据鉴定分析要求，结合结构劣化损坏状况勘查检测，有必要时应进行试验检验。

钢结构使用条件包括结构上的荷载或作用、使用环境和使用历史三部分内容，并应充分考虑在目标使用期限内可能发生的变化。钢结构上荷载或作用主要包括荷载或作用的类别、大小、位置、组合特征系数等；钢结构使用环境主要包括结构工作环境、气象条件和地理环境等；钢结构使用历史主要包括结构的设计与施工、用途与使用时间、维修与加固、用途变更与改扩建、超载历史、动荷载作用历史以及受灾害与事故等情况，并确定结构上荷载或作用变化的时间历程。

钢结构缺陷、损伤状况包括：结构支座（或基础）的沉降、滑移和变形；结构或构件的整体倾斜、扭曲变形、挠曲变形等；生产设备运行时，结构的振（晃）动；关键节点及构件的构造偏差、变形、锈蚀、损伤等；结构材料的性能状态。

6.1.2　钢结构检测与鉴定的工作程序

钢结构的检测与可靠性鉴定可分为检查评估和检测鉴定两个阶段。检查评估的基本内容包括：查阅建筑结构档案资料；调查建筑结构历史情况；查勘现场，调查建筑结构实际状况、使用条件和环境；对结构存在的问题进行初步分析判断，对性质明确者，提出鉴定结论，对需要进一步检测的结构，确定详细检测鉴定方案。检测鉴定的基本内容包括：明确检测鉴定的依据；确定详细调查与检测的工作内容；拟采用检测方案和主要检测方法；细化检测安全与工作进步计划；落实业主（委托方）需要配合的条件。

图 6-1 列出了钢结构检测与鉴定的一般工作程序，而具体检测与鉴定的目的、范围和内容，还应根据业主提出的鉴定原因和要求按实际情况确定。

应当注意的是，钢结构的检测与鉴定工作通常是在既有结构中进行的，因此可能需要在结构受荷状态下进行构件取样，此时应注意不能影响结构的安全与使用，若可能产生影响，则应采取卸荷或加固等临时安全措施。另外，当钢结构现场检测结束后，还应注意修补检测所造成的结构或构件的局部损伤，并应保证修补后结构或构件的承载能力不会降低。

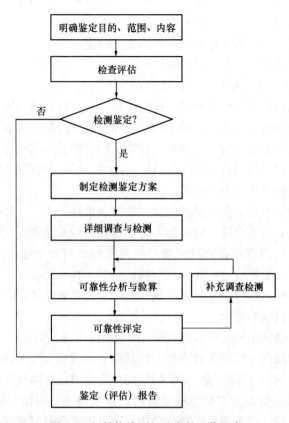

图 6-1　钢结构检测与鉴定的工作程序

6.1.3　钢结构可靠性评定标准

在进行钢结构可靠性评定时，首先必须明确评定对象的后续目标使用期限，对同一建筑物的不同结构单元、同一结构单元的不同作用类别，可采用不同的后续目标使用期限。一个常用的区分不同后续目标使用期限建筑物可靠性的评定标准是根据后续目标使用期限的不同，取用不同的结构重要性系数 γ_0（但荷载和作用不予折减），可参见表 6-1。

不同后续目标使用期限的结构重要性系数 γ_0 　　　　　　表 6-1

后续目标使用期 a（年）	$a \geqslant 25$	$25 > a \geqslant 5$	$a < 5$
重要性系数 γ_0	1.00	0.95	0.90

钢结构系统通常由多个子结构组成，其可靠性鉴定应逐层、逐项评定等级，并按鉴定目的要求，对安全性、适用性、耐久性分别进行评定，最终给出鉴定结论并提出相应的处理意见及建议。钢结构可靠性鉴定应划分为结构构件（包括节点）和结构系统两个层次，并按安全性、适用性、耐久性分别进行鉴定。关于钢结构可靠性鉴定的层次、评定项目、等级划分及内容可参见表 6-2，而各评定等级要求参见表 6-3。

可靠性鉴定的层次、评定项目、等级划分及内容　　　表 6-2

层次	一		二			
层名	结构系统		构件		节点	
评定项目	安全性	适用性耐久性	安全性	适用性耐久性	安全性	适用性耐久性
评定等级	A、B、C、D	A、B、C	a、b、c、d	a、b、c	a、b、c、d	a、b、c
评定内容	系统整体性、承载功能、整体变形、防护		承载能力、构造、整体变形、偏差缺陷、断裂损伤、腐蚀、防护		承载能力、构造、整体变形、偏差缺陷、断裂损伤、腐蚀、防护	

可靠性鉴定的评定等级要求　　　表 6-3

层次	评定项目	评定等级	评定等级要求
一	安全性	A	在目标使用期限内安全，不必采取措施
		B	在目标使用期限内无显著影响安全的因素，可能有少数构件或节点应采取适当措施
		C	在目标使用期限内有显著影响安全的因素，应采取措施
		D	有严重影响安全的因素，必须及时采取措施
	适用性	A	在目标使用期限内能正常使用，不必采取措施
		B	在目标使用期限内尚能正常使用，可能有少数构件或节点应采取适当措施
		C	在目标使用期限内有影响正常使用的因素，应采取措施
	耐久性	A	在正常维护条件下，能满足耐久性要求，不必采取措施
		B	在正常维护条件下，能满足耐久性要求，可能有少数构件或节点应采取适当措施
		C	在正常维护条件下，不能满足耐久性要求，应采取措施
二	安全性	a	在目标使用期限内安全，不必采取措施
		b	在目标使用期限内不显著影响安全，可不采取措施
		c	在目标使用期限内显著影响安全，应采取措施
		d	危及安全，必须及时采取措施
	适用性	a	在目标使用期限内能正常使用，不必采取措施
		b	在目标使用期限内尚可正常使用，可不采取措施
		c	在目标使用期限内影响正常使用，应采取措施
	耐久性	a	在正常维护条件下，能满足耐久性要求，不必采取措施
		b	在正常维护条件下，尚能满足耐久性要求，可不采取措施
		c	在正常围护条件下，不能满足耐久性要求，应采取措施

　　需要注意的是，当考虑地震作用时，对于原设计未进行抗震设防或抗震设防标准低于现行规范规定的既有钢结构，其构件及节点应满足抗震设计的有关规定，而结构系统应满

足抗震设防标准的有关规定，否则评定其抗震性能（安全性）不满足要求。

6.2 钢结构材料的检测与鉴定

钢结构材料的检测与鉴定首先应明确材料现场取样的基本原则及方法。钢结构现场取样，应根据结构实际情况确定取样部位、取样数量和样品尺寸，样品应分别满足进行材料力学性能检测、化学成分分析和金相检测的要求。在结构上进行材料取样之前，还应记录取样的具体位置、样品尺寸和形状、构件表面原始状态等信息。而所采用的现场取样方法或措施，应能保证所取的试样材料原有性能不受影响。

钢材力学性能的检测项目包括屈服强度、抗拉强度、伸长率或断面收缩率、冷弯性能、冲击韧性及抗层状撕裂等；焊接材料力学性能的检测项目包括规定非比例延伸强度、抗拉强度、伸长率、冲击韧性等；高强度大六角头螺栓连接副力学性能的检测项目包括扭矩系数、螺栓楔负载强度、螺母保证载荷、螺母和垫圈硬度等；扭剪型高强度螺栓连接副力学性能的检测项目包括紧固轴力、螺栓楔负载强度、螺母保证载荷、螺母和垫圈硬度等；钢网架螺栓球节点用高强度螺栓力学性能的检测项目包括拉力荷载、硬度等；普通螺栓力学性能的检测项目应为螺栓实物最小拉力载荷。实际操作中，检测鉴定所选项目应根据结构和材料的实际情况确定，且试样应优先在结构构件中切取。钢结构材料力学性能检验试件的取样数量、取样方法、试验方法和评定标准可参见表6-4，当检验结果与调查获得的钢材力学性能基本参数信息不相符时，还应扩大取样，加倍抽样检验。

钢结构材料力学能检验项目、取样与试验方法和评定标准　　　　　　表 6-4

检验项目	最小取样数量 （个/批）	取样方法	试验方法	评定标准
屈服强度 规定非比例延伸强度 抗拉强度 断后伸长率 断面收缩率	2	《钢及钢产品力学性能试验取样位置及试样制备》GB/T 2975，《焊接接头机械性能试验取样方法》GB/T 2649	《金属拉伸试验方法》GB/T 228，《焊缝及熔敷金属拉伸试验方法》GB/T 2652	《低合金高强度结构钢》GB/T 1591，《碳素结构钢》GB/T 700；其他钢材产品标准
冷弯性能			《金属弯曲试验方法》GB/T 232，《焊接接头弯曲和压扁试验方法》GB/T 2563	
冲击韧性	3		《金属夏比缺口冲击试验方法》GB/T 229，《焊接接头冲击试验方法》GB/T 2650	
抗层状撕裂性能			《金属拉伸试验方法》GB/T 228	《厚度方向性能钢板》GB/T 5313

检验项目	最小取样数量（个/批）	取样方法	试验方法	评定标准
扭矩系数 紧固轴力 螺栓楔负载强度 螺母保证载荷 螺母和垫圈硬度	3	《钢结构用大六角头高强度螺栓、大六角螺母、垫圈技术条件》GB/T 1231，《钢结构用扭剪型高强度螺栓连接副技术条件》GB/T 3633，《钢网架螺栓球节点用高强度螺栓》GB/T 16939	《钢结构用大六角头高强度螺栓、大六角螺母、垫圈技术条件》GB/T 1231，《钢结构用扭剪型高强度螺栓连接副技术条件》GB/T 3633，《钢网架螺栓球节点用高强度螺栓》GB/T 16939	《钢结构用大六角头高强度螺栓、大六角螺母、垫圈技术条件》GB/T 1231，《钢结构用扭剪型高强度螺栓连接副技术条件》GB/T 3633，《钢网架螺栓球节点用高强度螺栓》GB/T 16939，《钢结构工程施工质量验收规范》GB 50205
螺栓实物最小载荷 硬度		《紧固件机械性能螺栓、螺钉和螺柱》GB/T 3098.1，《紧固件机械性能螺母粗牙螺纹》GB/T 3098.2	《紧固件机械性能螺栓、螺钉和螺柱》GB/T 3098.1，《紧固件机械性能螺母粗牙螺纹》GB/T 3098.2	《紧固件机械性能螺栓、螺钉和螺柱》GB/T 3098.1，《紧固件机械性能螺母粗牙螺纹》GB/T 3098.2，《钢结构工程施工质量验收规范》GB/T 50205

值得一提的是，许多情况下某既有钢结构的钢材牌号是未知的，此时其牌号和力学性能应通过在每个检验批抽取 3 个试样进行拉伸试验来确定。若根据试验结果无法确定钢材牌号时，该检验批钢材的强度设计值，可按屈服强度试验结果最低值的 0.85 倍来确定，并在检测结果中补充提供拉伸曲线和化学成分。

钢结构原材料化学成分分析的取样数量、取样方法、评定标准及允许偏差可参见表 6-5。若对局部受损构件和连接件有材质或某元素含量可能发生变化等疑问时，也应分别取样进行化学成分分析。

钢结构材料化学成分分析取样数量及方法 表 6-5

材料种类	取样数量（个/批）	取样方法及成品化学成分允许偏差	评定标准
钢板钢带型钢	1	《钢和铁化学成分测定用试样的取样和制样方法》GB/T 20066，《钢的成品化学成分允许偏差》GB/T 222，《钢丝验收、包装、标志及质量证明书的一般规定》GB/T 2103	《碳素结构钢》GB/T 700，《低合金高强度结构钢》GB/T 1591，《合金结构钢》GB/T 3077，《桥梁用结构钢》GB/T 714，《建筑结构用钢板》GB/T 19879，《高耐候结构钢》GB/T 4171，《焊接结构用耐候钢》GB/T 4172，《厚度方向性能钢板》GB/T 5313

材料种类	取样数量（个/批）	取样方法及成品化学成分允许偏差	评定标准
钢丝钢丝绳	1	《钢和铁化学成分测定用试样的取样和制样方法》GB/T 20066，《钢的成品化学成分允许偏差》GB/T 222，《钢丝验收、包装、标志及质量证明书的一般规定》GB/T 2103	《低碳钢热轧圆盘条》GB/T 701，《焊接用钢盘条》GB/T 3429，《焊接用不锈钢盘条》GB/T 4241，《熔化焊用钢丝》GB/T 14957
钢管铸钢	1	《钢的成品化学成分允许偏差》GB/T 222，《钢和铁化学成分测定用试样的取样和制样方法》GB/T 20066	《结构用不锈钢无缝钢管》GB/T 14975，《结构用无缝钢管》GB/T 8162，《焊接结构用碳素钢铸件》GB/T 7659

钢结构材料的金相检测大多采用现场覆膜金相检测法或使用便携式显微镜现场检测法进行，取样部分主要在开裂、应力集中、过热、变形或其他怀疑有材料组织变化的部位。有条件者（易于现场取样且确保安全）还应对有代表性的部位采用现场破损切割的方法取样，进行实验室宏观、微观、断口等金相检验。

对既有钢结构材料性能的检测与鉴定，应以结构有损伤或破坏部位的材料为主，特别是对于发生工程事故或灾害后的钢结构，其主要承重构件及节点受损部位的钢材、紧固件和其他节点零件，应进行100%检测。在进行检验组批时，还应考虑致损条件、损伤程度的同一性，从而保证检测结果的可靠性。当被检验材料的性能指标随时间变化的影响可以忽略不计时，若经调查有可靠的材料质量记录资料，则可按原纪录资料确定材料的性能指标；若工程尚有拟鉴定结构构件的余料，则也可对其余料进行检验来确定材料的性能指标。

当所检测钢结构材料的品种、规格、力学性能、化学成分等符合现行国家产品标准和设计要求（进口钢材应符合设计和合同规定标准的要求）时，可评定为及格，否则评定为不及格，并应提供详细的实际检测结果。

6.3 钢结构构件的检测与鉴定

对钢结构构件（简称"钢构件"）进行检测与鉴定首先应明确钢构件的划分原则，可参见表6-6。钢构件检测与鉴定的内容应包括构件的几何尺寸、偏差与变形、缺陷与损伤、构造与连接、腐蚀和涂装等。

钢构件的划分原则 表6-6

种类	划分原则
柱构件	实腹柱：一层、一根为一构件 格构柱：一层、整根（即含所有柱肢）为一构件
梁构件	一般情况：一跨、一根为一构件 按连续梁鉴定：整根为一构件

种类	划分原则
杆构件	仅承受拉力或压力的一根为一构件
板、壳	一个计算单元为一构件
桁架、拱架	一榀为一构件
柔性构件	仅承受拉力的一根索、杆、棒等为一构件

6.3.1 钢结构构件的一般检测

钢构件检测抽样的数量应根据检测项目的特点综合考虑。通常来说，对于钢构件外部缺陷与腐蚀应全部普查；对于钢构件的几何尺寸、尺寸偏差以及涂装应选用一次或两次计数进行抽样检测；对于钢构件的连接构造应选择对结构安全影响大的部位进行检测。对既有钢构件按检测批检测时，其最小样本容量不应小于表 6-7 的限定值。

钢构件抽样检测的最小样本容量　　　　表 6-7

检测批容量（个）	检测类别			检测批容量（个）	检测类别		
	A	B	C		A	B	C
2～8	2	2	3	501～1200	32	80	125
9～15	2	3	5	1201～3200	50	125	200
16～25	3	5	8	3201～10000	80	200	315
26～50	5	8	13	10001～35000	125	315	500
51～90	5	13	20	35001～150000	200	500	800
91～150	8	20	32	150001～500000	315	800	1250
151～280	13	32	50	＞500000	500	1250	2000
281～500	20	50	80	—	—	—	—

注：类别 A 适用于一般施工质量的检测；类别 B 适用于构件质量或性能的检测；类别 C 适用于构件质量或性能的
　　严格检测或复检。

钢构件几何尺寸的检测内容包括构件轴线（或中心线）尺寸、主要零部件布置定位尺寸以及零部件规格尺寸的检测，其检测范围应包括所抽样构件的全部几何尺寸（每个尺寸在构件的 3 个部位量测，取 3 处测试值的平均值作为该尺寸的代表值），由此以设计图纸规定的尺寸为基准即可获得钢构件的尺寸偏差。

钢构件的变形检测内容包括构件垂直度、弯曲变形、扭曲变形、跨中挠度等。尺寸不大于 6m 的钢构件变形检测一般可通过拉线、吊线锤、经纬仪、全站仪等方法进行；尺寸大于 6m 的钢构件，其垂直度、侧向弯曲矢高、扭曲变形、挠曲变形检测可采用经纬仪或全站仪进行，通过测点间相对位置差来计算变形值。

钢构件的缺陷与损伤检测内容包括裂纹、人为损伤、局部变形等。钢构件表面的裂纹与人为损伤检测可采用观察和渗透的方法进行，而内部裂纹则可采用超声波探伤法或射线法检测。钢结构的局部变形通常采用观察和尺量的方法进行测量。

钢构件的构造检测主要是指构件长细比和板件宽厚比是否能满足现行规范的要求，此时应通过实测的构件几何尺寸进行核算。

6.3.2 钢结构构件的腐蚀检测与鉴定

钢构件的腐蚀检测内容包括四个方面，即使用环境调查、腐蚀现状检测、腐蚀程度等级评定和腐蚀趋势推断。

使用环境包括气态介质环境和固态介质环境，对于钢结构使用环境的腐蚀性，应根据建筑物所处区域的生产或生活环境，基于介质类别以及环境相对湿度，划分为严重腐蚀、一般腐蚀、轻微腐蚀、无腐蚀四个等级。

在对钢构件进行腐蚀损伤程度检测的实际操作中，在检测前应先清除待测构件表面的积灰、油污、锈皮等。对均匀腐蚀情况，应沿腐蚀损伤构件长度方向选取 3 个腐蚀较严重的区段，每个区段选取 8～10 个测点（腐蚀严重时可适当增加）测量构件厚度，取各区段测量厚度的最小算术平均值作为该构件的实际厚度；对局部腐蚀情况，应在其腐蚀最严重的部位选取 1～2 个截面，每个区段选取 8～10 个测点（腐蚀严重时可适当增加）测量构件厚度，取各截面测量厚度的最小算术平均值作为该构件的实际厚度。由此可通过钢构件初始厚度（根据构件未腐蚀部分实测获得）减去实际厚度得到钢构件的腐蚀损伤量。

位于腐蚀环境中的钢构件及其连接节点都应全数普查腐蚀状况，并可按表 6-8 评定腐蚀等级。

钢构件及其连接节点腐蚀等级　　　　　　　　　　　　　表 6-8

等级	a	b	c
说明	防腐涂膜面层及底层均完好，面层尚有光泽，钢材表面无腐蚀	防腐涂层大面积剥落或鼓起（普通钢结构不超过 15%，薄壁钢结构不超过 10%），底层有锈蚀，钢材表面呈麻面状锈蚀，平均锈蚀深度超过 $0.05t$ 但小于 $0.1t$，可不考虑对构件承载能力的影响	防腐涂层完全剥落，钢材严重腐蚀，发生层蚀、坑蚀现象，平均锈蚀深度超过 $0.1t$，对构件承载能力有影响

注：表中 t 为钢构件或板件厚度。

腐蚀损伤通常对钢材性能有一定影响，对于普通钢结构，若腐蚀损伤量不超过初始厚度的 25% 且残余厚度大于 5mm 时，可不考虑腐蚀对钢材性能的影响，否则钢材强度应降低一级；对于薄壁钢结构，若截面腐蚀大于 10% 时，钢材强度应降低一级。当需要对受腐蚀钢构件进行承载能力验算时，若为强度、稳定验算，则构件截面积和抵抗矩的取值应考虑腐蚀损伤对截面的削弱；若为疲劳验算，则要根据腐蚀损伤量的大小区别对待（不超过初始厚度 5%，不考虑腐蚀影响；超过初始厚度 5% 但不超过 25%，构件疲劳计算类别提高一级；超过初始厚度 25%，构件疲劳计算类别提高二级）。

钢构件的后期腐蚀速度应根据构件当前腐蚀程度、受腐蚀的时间以及最近腐蚀环境扰动等因素综合确定，并应结合结构的后续目标使用期限，来判断构件在后续目标使用期限内的腐蚀残余厚度。

6.3.3 钢结构构件的涂装防护检测与鉴定

钢构件的涂装防护检测主要有涂膜检测和拉索外包裹防护层检测，其中涂膜检测包括外观质量（包括裂纹）、涂层附着力、涂膜厚度三个基本项目（参见表 6-9），需抽样检测，通常取其最低等级作为涂膜评定等级。

等级		a	b	c
外观质量	防腐涂膜	涂膜无皱皮、流坠、针眼、漏点、气泡、空鼓、脱层；无变色、粉化、霉变、起泡、开裂、脱落，构件无生锈	涂膜有变色、失光，起微泡面积小于 50%，局部有粉化、开裂和脱落，构件轻微点腐蚀	涂膜严重变色、失光，起微泡面积超过 50%并有大泡，出现大面积粉化、开裂和脱落，涂层大面积失效，构件锈蚀
	防火涂膜	涂膜无空鼓、开裂、脱落、霉变、粉化等现象	涂膜局部开裂（薄型涂料涂层裂纹宽度不大于 0.5mm，厚型涂料涂层裂纹宽度不大于 1.0mm），边缘局部脱落，对防火性能无明显影响	防火涂膜开裂（薄型涂料涂层裂纹宽度大于 0.5mm，厚型涂料涂层裂纹宽度大于 1.0mm），重点防火区域涂层局部脱落，对结构防火性能产生明显影响
涂层附着力		涂层完整	涂层完整程度达到 70%	涂层完整程度低于 70%
涂膜厚度		厚度符合设计或国家现行规范要求	厚度小于设计要求，但小于设计厚度的测点数不大于 10%，且测点处实测厚度不小于设计厚度的 90%；厚涂型防火涂料涂膜，厚度小于设计厚度的面积不大于 20%，且最薄处厚度不小于设计厚度的 85%，厚度不足部位的连续长度不大于 1m，并在 5m 范围内无类似情况	达不到 b 级的要求

　　拉索外包裹防护层检测应包括拉索外包裹防护层外观质量和索夹填缝，可采用观察检查，但应全数普查。拉索外包裹防护层的等级评定可参见表 6-10。

等级	a	b	c
说明	满足设计要求，涂裹防护无损坏，可继续使用	基本满足设计要求，涂裹防护有少许损伤，维修后可继续使用	不满足设计要求，涂裹防护有损坏，须经返修、加固后方可继续使用

6.3.4　钢结构构件的可靠性鉴定

钢构件的可靠性鉴定包括安全性、适用性、耐久性三个方面。

（1）安全性鉴定

钢构件的安全性鉴定，应按承载能力、构造两个基本项目评定。当构件存在严重缺陷、过大变形、显著损伤和严重腐蚀等现实状况时，应按其严重程度评定现状等级，然后取承载能力、构造和现状的最低等级，作为安全性的鉴定等级。

钢构件的承载能力等级可根据构件的抗力设计值 R 和作用效应组合设计值 S 及结构重要性系数 γ_0，按表 6-11 进行评定。

钢构件类别	$R/\gamma_0 S$			
	a	b	c	d
主要构件及其连接节点	≥1.0	<1.0, ≥0.95	<0.95, ≥0.85	<0.85
一般构件及其连接节点	≥1.0	<1.0, ≥0.90	<0.90, ≥0.80	<0.80

注：1. 结构重要性系数 γ_0 按表 6-1 采用；

  2. 钢构件疲劳性能，应根据疲劳强度验算结果、已使用年限和损伤程度进行评级，不受表中数值限制。

钢构件的构造等级可按表 6-12 进行评定。

钢构件构造等级 表 6-12

等级	a 级或 b 级	c 级或 d 级
连接构造	连接方式正确，构件和连接构造符合国家现行规范要求，无缺陷或仅有局部的表面缺陷，工作无异常	连接方式不当，构件和连接构造有严重缺陷（包括施工缺陷）；构造或连接有裂缝或锐角切口；焊缝、铆钉、螺栓有变形、滑移或其他损坏

实际工程中，钢构件缺陷和损伤的主要表现形式为裂纹、变形和腐蚀。大体上说，当钢构件的裂纹、变形和腐蚀超过现行规范规定的限值（可参考相关标准），即当钢构件存在严重缺陷或显著损伤等现实状况时，才需对其现状进行等级评定，从而保证钢构件的安全性。因此，钢构件的现状等级一般较低，大都是 c 级或 d 级。

（2）适用性鉴定

钢构件的适用性鉴定应按变形、制作安装偏差、构造、损伤等项目的评定等级，取其中最低等级作为适用性的鉴定等级。

受弯钢构件进行适用性鉴定时可按表 6-13 所示的变形检测结果进行评定，钢柱进行适用性鉴定时可按表 6-14 所示的变形（柱顶水平位移）检测结果进行评定。

受弯钢构件适用性等级（按变形评定） 表 6-13

构件类别		a	b	c
屋盖檩条	支承无积灰瓦楞铁和石棉瓦屋面檩条	≤l/150	大于 a 级变形，功能无影响	大于 a 级变形，功能有影响
	支承压型金属板、有积灰的瓦楞铁和石棉瓦等屋面檩条	≤l/200		
	支承其他屋面的屋面檩条	≤l/200		
楼（屋）盖梁或桁架、工作平台梁和平台板	主梁或桁架（包括有悬挂起重设备的梁和桁架）	≤l/400 (≤l/500)	大于 a 级变形，功能无影响	大于 a 级变形，功能有影响
	次梁	≤l/250 (≤l/350)		
	其他梁（包括楼梯梁）	≤l/250 (≤l/350)		
	平台板	≤l/150		

构件类别		a	b	c
轨道梁和设有轨道的平台工作梁	手动或电动葫芦的轨道梁	≤l/400	大于 a 级变形，功能无影响	大于 a 级变形，功能有影响
	有重轨轨道的工作平台梁	≤l/600		
	有轻轨轨道的工作平台梁	≤l/400		
吊车梁、吊车桁架	手动吊车和单梁吊车（含悬挂吊车）	≤l/500	大于 a 级变形，吊车运行无影响	大于 a 级变形，吊车运行有影响
	轻级工作制桥式吊车	≤l/800		
	中级工作制桥式吊车	≤l/1000		
	重级工作制桥式吊车	≤l/1200		
支撑	挠曲矢高	≤l/1000 且 ≤10mm	略大于 a 级变形，正常使用无明显影响	大于 a 级变形，正常使用有影响
墙架构件	支柱	≤l/400	大于 a 级变形，功能无影响	大于 a 级变形，功能有影响
	抗风桁架（作为连续支柱的支承时）	≤l/1000		
	支承砌体墙的横梁（水平方向）	≤l/300		
	支承压型金属板、瓦楞铁和石棉瓦墙面的横梁（水平方向）、带有玻璃窗的横梁（竖直和水平方向）	≤l/200		

注：1. l 为受弯构件跨度（悬臂梁和伸臂梁为悬伸长度的 2 倍），吊车梁和吊车桁架挠度为自重和起重量最大的一台吊车作用下的挠度值；

2. 表中 a 级不带括号的数值为永久和可变荷载标准值产生的变形值，若有起拱或下挠时，应减去或加上制作起拱或下挠值；带括号数值为可变荷载标准值产生的变形值；

3. 当构件变形达到 c 级时，应考虑变形引起的附加内力对构件承载能力的影响。

钢柱适用性等级（按柱顶水平位移评定）　　　　　表 6-14

构件类别			a	b	c
一般情况	露天栈桥的横向位移		≤H_T/2500	大于 a 级变形，对吊车运行无影响	大于 a 级变形，影响吊车运行
	厂房和露天栈桥纵向位移		≤H_T/4000		
	厂房柱的横向位移		≤H_T/1250		
风荷载作用下	多、高层框架柱，柱两端相对位移		≤H_i/330	略大于 a 级的允许值，对正常使用无明显影响	大于 a 级的允许值，造成装修裂损，影响正常使用
	单层框架柱顶点位移	有吊车	≤H/400	略大于 a 级的允许值，对吊车运行无影响	大于 a 级的允许值，影响吊车运行
		无吊车	≤H/150	略大于 a 级的允许值，对正常使用无明显影响	大于 a 级的允许值，影响正常使用

注：1. H_T 为柱脚底面至吊车梁或吊车桁架顶面的高度；

2. 表中 a 级标准主要根据现行国家标准《钢结构设计规范》GB 50017 规定的限值；对于冷弯型钢、门式刚架、网架等结构构件，a 级标准可按相应设计规范取值；设计有专门要求时，应以设计要求为准；

3. 当构件变形达到 c 级时，应考虑变形引起的附加内力对构件承载能力的影响。

钢构件按制作安装偏差进行适用性鉴定时可按表 6-15 所示的检测结果进行评定。

钢构件适用性等级（按制作安装偏差评定）　表 6-15

评定项目	a	b	c
天窗架、屋架和托架的不垂直度	不大于高度的 1/250，且不大于 15mm	略大于 a 级的允许值，且不影响使用功能	大于 a 级的允许值，影响使用功能
受压杆件在主受力平面的弯曲矢高	不大于杆件自由长度的 1/1000，且不大于 10mm	不大于杆件自由长度的 1/600	大于杆件自由长度的 1/660
实腹梁的侧弯矢高	不大于构件跨度的 1/660	略大于构件跨度的 1/660，不影响使用功能	大于构件跨度的 1/660
吊车轨道中心与吊车梁轴线偏差	不大于 $t/2$（t 为腹板厚度）	大于 $t/2$ 但不大于 20mm	大于 20mm

关于对钢构件构造的适用性鉴定主要包括受拉钢构件的长细比、板件最小厚度、型钢最小截面等，由此可按表 6-16 所示的检测结果进行评定。

钢构件适用性等级（按构造评定）　表 6-16

构件类型		a	b	c
主要受拉构件长细比	桁架拉杆	≤350	略大于 a 级的允许值，对正常使用无明显影响	大于 a 级的允许值，显著影响正常使用
	网架支座附近拉杆、吊车梁或吊车桁架以下的柱间支撑	≤300		
一般受拉构件长细比		≤400		
板件最小板厚		满足设计规范要求	不满足设计规范要求，但不影响构件正常使用	不满足设计规范要求，对构件正常使用有一定影响
型钢最小截面		满足设计规范要求	不满足设计规范要求，但不影响构件正常使用	不满足设计规范要求，对构件正常使用有一定影响

钢构件按机械物理损伤和高温进行适用性鉴定时可按表 6-17 所示检测结果进行评定。

钢构件适用性等级（按机械物理损伤和高温评定）　表 6-17

评定项目	a	b	c
机械物理损伤和高温	构件表面温度≤100℃，无损伤	构件表面温度≤100℃，构件杆件局部弯曲 δ≤5mm	构件表面温度＞100℃，构件杆件局部弯曲 δ＞5mm

（3）耐久性鉴定

钢构件耐久性鉴定，若使用环境不变，应根据防腐与防火涂装或涂裹防护和锈蚀（腐蚀）的检测结果获得其等级，参见表 6-18，最终以其中的最低等级作为耐久性的鉴定等级。

钢构件耐久性等级（按涂装或涂裹防护和锈蚀评定） 表 6-18

评定项目	a	b	c
腐蚀	a	b	c
防腐涂层（或涂裹）防护	b	c	—
防火涂层	b	c	—

6.4 钢结构连接与节点的检测与鉴定

钢结构连接与节点的检测内容应包括连接与节点的几何特征、缺陷和损伤以及材料性能。在进行检测前，首先应清除检测部位表面的油污、浮锈和其他杂物。检测完成后，当发现现有计算手段不能准确评定连接与节点的可靠性，又或是缺少应有的验算参数时，还应通过实验进行可靠性鉴定。

需要说明的是，对于钢结构连接与节点腐蚀与涂装防护的检测与鉴定内容可参考 6.3 节中钢结构构件的相关内容，其耐久性等级也可按类似钢结构构件的评定原则进行评定，此节不再详述。

6.4.1 焊缝连接的检测与鉴定

焊缝连接检测的内容应包括焊缝尺寸及其细部构造、焊缝质量、焊缝锈蚀状况，必要时还应截取试样进行力学性能检验。焊缝连接检测抽样比例通常应不少于 10%，且不少于 3 处（焊缝长度每 300mm 定义为 1 处，小于等于 300mm 者，每条焊缝为 1 处），抽样位置应覆盖结构的关键部位、大部分区域以及不同焊缝形式的区域。

焊缝尺寸包括焊缝长度、焊缝余高，角焊缝时还应包括焊脚尺寸。焊缝尺寸检测可采用焊缝检验尺和卡规进行测量，测量焊缝余高和焊脚尺寸时，应沿每处焊缝长度方向均匀量测 3 点，取其算术平均值作为实际尺寸。对有严重腐蚀的焊缝，还应注意测量其剩余长度和有效厚度，以便计算焊缝承载能力时，考虑焊缝受力条件改变以及腐蚀损失的不利影响。焊缝的细部构造一般可采用目测检查。

焊缝质量检测包括角焊缝的外观质量、对接焊缝的外观质量和内部缺陷。焊缝外观质量检测可采用辅以 2～7 倍放大镜的目测，必要时采用磁粉探伤或渗透探伤。而对接焊缝内部质量检测，通常采用超声波无损检测法，必要时也可采用射线探伤检测。

焊缝连接的安全性鉴定应按承载能力和构造两个项目评定等级，以其中最低等级作为安全性的鉴定等级。焊缝连接的承载能力等级应根据焊缝为主要焊缝或一般焊缝，参照表 6-11 的规定计算评定，而焊缝连接的尺寸及细部构造等级则可按其是否符合国家现行设计规范的规定进行评定：都符合时评定为 a 级，基本符合时评定为 b 级，不符合时根据其不符合程度评定为 c 级。

焊缝连接的适用性鉴定应根据其变形和损伤状况，参照表 6-19 进行等级评定。

焊缝连接的适用性等级 表 6-19

等级	a	b	c
说明	无变形，无损伤，无裂纹	有不明显变形，有轻微损伤，无裂纹	有变形，有明显损伤，有裂纹

6.4.2 铆钉和普通螺栓连接的检测与鉴定

铆钉和普通螺栓连接检测的内容应包括连接的尺寸及构造、变形及损伤，必要时也应取样进行力学性能检验。铆钉和普通螺栓连接检测的抽样通常抽检比例应不少于同类节点数的 10%，且不少于 3 个，抽查位置应覆盖结构的大部分区域以及不同连接形式的区域（当节点总数不足 10 个时，应全数检查）。每个抽查节点检测的铆钉和普通螺栓数，应不少于 10%，且不少于 3 个。对有损伤的节点或指定检测的节点，都应全数检查。

铆钉和普通螺栓连接的尺寸及构造检测应包括铆钉和螺栓的规格（长度、直径）、孔径、间距、边距，以及铆钉和螺栓的质量等级、数量、排列方式、节点板尺寸和构造等，大多采用尺量和目测观察的方法进行检查。

铆钉和普通螺栓连接的变形及损伤检测应包括铆钉或螺杆断裂、弯曲，以及铆钉和螺栓脱落、松动、滑移、连接板栓孔挤压破坏和锈蚀程度等，一般采用目测观察、锤击的方法进行检查。

铆钉和普通螺栓连接的安全性鉴定，应按承载能力和构造两个项目评定等级，以其中最低等级作为安全性的鉴定等级。铆钉和普通螺栓连接的承载能力等级应根据该连接为主要连接或一般连接，参照表 6-11 的规定计算评定，而其构造等级则可按其是否符合国家现行设计规范的规定进行评定：都符合时评定为 a 级，基本符合时评定为 b 级，不符合时根据其不符合程度评定为 c 级或 d 级。

铆钉和普通螺栓连接的适用性鉴定应根据其变形和损伤状况，参照表 6-20 进行等级评定。

铆钉和普通螺栓连接的适用性等级

表 6-20

等级	a	b	c
说明	无变形，无损伤，无松动或脱落	有不明显变形，有轻微损伤，无松动或脱落	有变形，有明显损伤，有松动或有个别脱落

6.4.3 高强度螺栓连接的检测与鉴定

高强度螺栓连接检测的内容应包括连接的尺寸及构造、变形及损伤，必要时也应取样进行力学性能检验。高强度螺栓连接检测的抽样同铆钉和普通螺栓连接。

高强度螺栓连接的尺寸及构造检测应包括螺栓规格（长度、直径）、孔径、间距、边距以及螺栓的质量等级、数量、排列方式、螺母数量、螺栓头露出螺母的长度、节点板尺寸和构造等，大多采用尺量和目测观察的方法进行检查。

高强度螺栓连接的变形及损伤检测应包括螺杆断裂、弯曲，螺栓脱落、松动，以及连接板滑移、栓孔挤压破坏和锈蚀程度等，一般采用目测观察、锤击的方法进行检查。

高强度螺栓连接的安全性鉴定，应按承载能力和构造两个项目评定等级，以其中最低等级作为安全性的鉴定等级。高强度螺栓连接的承载能力等级应根据该连接为主要连接或一般连接，参照表 6-11 的规定计算评定，而其构造等级则可按其是否符合国家现行设计规范的规定进行评定：都符合时评定为 a 级，基本符合时评定为 b 级，不符合时根据其不符合程度评定为 c 级或 d 级。

高强度螺栓连接的适用性鉴定应根据其变形和损伤状况，参照表 6-21 进行等级评定。

等级	a	b	c
说明	无变形，无损伤， 无滑移或松动	有不明显变形，有轻微损伤， 无滑移或松动	有变形，有明显损伤， 有松动或滑移或个别脱落

6.4.4 钢结构节点的检测与鉴定

钢结构节点检测的内容应包括构造、变形与损伤（包括缺陷）、锈蚀状况以及节点的功能状态，必要时应进行荷载试验检验其性能。钢结构节点检测的抽样通常抽检比例应不少于同类节点数的 5%，且不少于 3 个，抽查位置应覆盖结构的大部分区域以及不同节点形式的区域（节点总数不足 10 个时，应全数检查）。对有损伤的节点或指定检测节点以及支座节点（包括柱脚），都应全数检查。

钢结构节点的构造检测应包括组成节点的零部件尺寸、零部件布置与定位以及节点的细部构造等。钢结构节点的变形与损伤（包括缺陷）检测应包括零部件的变形与损伤、零部件间的相对移位或变形、零部件的缺失等。钢结构节点的功能状态检测应包括节点的变形、滑移或转动、最大移（转）动量或变形量等。钢结构节点的检测大多采用尺量和目测观察的方法进行检查。

钢结构常见节点主要有构件拼接节点、梁柱节点、梁梁节点、支撑节点、吊车梁节点、网架节点、钢管相贯节点、拉索节点、铸钢节点等。针对各种节点的具体形式，其检测内容还应包括：

（1）对于构件拼接节点、梁柱节点、梁梁节点、支撑节点，检测内容还包括：构件定位，连接板和加劲肋的尺寸、定位、制作安装偏差、变形等。

（2）对于吊车梁节点，检测内容还包括：连接板和加劲肋的尺寸、定位、制作安装偏差、变形，梁端节点位置，轨道中心与吊车梁腹板中心偏差，轨道连接状况、支座变形，车挡变形等。

（3）对于网架螺栓球节点和焊接球节点，检测内容还包括：节点零件尺寸、锥头或封板变形与损伤、球壳变形与损伤等。

（4）对于钢管相贯焊接节点，检测内容还包括：主管和支管直径、壁厚、相贯角度，搭接长度和偏心，加劲肋和加强板的尺寸和位置，节点板变形等。

（5）对于拉索节点，检测内容还包括：拉索和锚具的材料特性，锚具形状和尺寸，拉索与锚具间的滑移，拉索和锚具的损伤，拉索断丝状况，锚塞密实程度，节点工作状态等。

（6）对于铸钢节点，检测内容还包括：节点几何形状和尺寸，节点材料特性，节点外观质量，节点内部缺陷等。

钢结构常见支座节点主要有屋架支座、梁端支座、桁（托）架支座、柱脚、网架（壳）支座等。针对支座节点的具体形式，其检测内容还应包括：支座节点的整体与细部构造，支座加劲肋的尺寸、布置、制作安装偏差、变形与损伤，支座销轴的尺寸、制作安装偏差、变形与损伤，支座变形、移位与沉降，支座的工作性能和状态，橡胶支座的变形与老化程度等。

钢结构节点的安全性鉴定应按承载能力和构造两个项目评定等级，以其中最低等级作为安全性的鉴定等级。钢结构节点的承载能力等级应根据该节点为主要节点或一般节点，参照表 6-11 的规定计算评定，而其构造等级则可按其是否符合国家现行设计规范的规定进行评定：都符合时评定为 a 级，基本符合时评定为 b 级，不符合时根据其不符合程度评定为 c 级或 d 级。

钢结构节点的适用性鉴定应根据其变形和损伤状况以及功能状态，参照表 6-22 进行等级评定。

钢结构节点的适用性等级 表 6-22

等级	a	b	c
说明	无变形，无损伤，节点功能状态满足要求，支座节点最大变形量满足要求	有不明显变形或轻微损伤，节点功能状态基本满足要求，支座节点最大变形量满足要求	有明显变形或损伤，节点功能状态不满足要求，支座节点最大变形量不满足要求

6.5 承重钢结构系统的可靠性鉴定

承重钢结构系统主要是指在钢结构系统中起主要承载（包括抗震）作用的结构体系，其可靠性鉴定包括安全性、适用性和耐久性三个方面。承重钢结构系统安全性鉴定应分别对主要构件的强度和稳定性、主要节点的强度、结构整体稳定性进行等级评定；承重钢结构系统适用性鉴定应分别对结构整体变形、主要构件变形进行等级评定，对高层建筑钢结构还包括舒适度和振动的等级评定；承重钢结构系统耐久性鉴定应分别对钢结构的使用环境、钢结构的表面涂层质量和锈蚀状况、钢结构的维护制度及实施状况进行等级评定。

对钢结构系统进行可靠性鉴定可分为检查评估和检测鉴定两个工作阶段。检查评估包括对钢结构系统整体性的宏观检查与评估，并应根据宏观检查结果，得出明确的评估结论：

（1）承重钢结构系统已为危险结构。

（2）承重钢结构系统具有一定的承载能力，尚需进一步详细检测鉴定。

（3）承重钢结构系统工作状态正常。

当检查评估结论是第（2）条结论时，就可进入检测鉴定工作阶段。检测鉴定包括对钢结构系统的详细检测、分析验算和可靠性鉴定。通常，对承重钢结构系统进行检测鉴定都应根据结构实际状况建立相应的结构分析模型，分析模型应符合钢结构的实际构造和实际工作状态，并应考虑使用环境、基础沉降、结构变形、材料缺陷及损伤、构件损伤、节点损伤对结构性能的影响。结构分析计算时所采用的简化方法和近似假定，都应有理论、试验依据或经工程实践验证。

6.5.1 多高层钢结构可靠性鉴定

多高层钢结构整体性宏观检查的内容应包括：结构体系、结构平面和竖向布置、楼盖结构布置、地基与基础结构、构件选型以及节点连接构造；结构构件、楼面、抗侧力结构单元及节点的缺陷、变形、损伤；地基基础沉降，建筑物倾斜；建筑物外围护墙体开裂、损坏、渗漏情况；建筑物内部装修、隔墙等连接节点的变形、开裂；电梯运行及维修情况；建筑物内工作人员对风激振动的主观反映情况等。

多高层钢结构的安全性鉴定应以结构整体性及承载安全性的评定等级中的最低等级作为安全性的鉴定等级。结构整体性等级应根据结构体系和布置，参照表 6-23 进行评定；承载安全性等级可根据承载能力极限状态分析结果进行评定，参见表 6-24。

多高层钢结构整体性等级

表 6-23

等级	A 或 B	C 或 D
说明	结构体系合理或基本合理，抗侧结构布置恰当或基本恰当；传力路径明确或基本明确，不存在影响整个结构系统性能的薄弱构件或节点；构件选型和连接等符合或基本符合国家现行标准的规定，满足安全或不影响安全	结构体系不合理，抗侧力结构布置不当；传力路径不明确或不当；构件选型和连接等不符合或严重不符合国家现行标准的规定，影响安全或严重影响安全

注：表中结构体系和布置的 A 级或 B 级可根据其实际完好程度确定，C 级或 D 级可根据其实际严重程度确定。

多高层钢结构承载安全性等级

表 6-24

结构种类	$R/\gamma_0 S$			
	A	B	C	D
框架、转换结构、其他抗侧结构及连接节点	$\geqslant 1.00$	<1.0 且 $\geqslant 0.95$	<0.95 且 $\geqslant 0.85$	<0.85

多高层钢结构的适用性鉴定应根据结构的侧向位移和楼面挠曲进行等级评定，对于高层钢结构系统，还应根据风激振动舒适性评定等级，并按其中的最低等级确定适用性鉴定等级。多高层钢结构在水平风荷载作用下的侧向位移等级，当墙体、装修等无损坏或损伤时，应根据现状检测或验算分析结果，参照表 6-25 进行评定；当墙体、装修等存在与结构整体侧移相关的损坏或损伤时，应根据其严重程度，定为 B 级或 C 级。多高层钢结构楼面挠曲的等级应根据现状检测结果，参照表 6-26 进行评定。高层钢结构风激振动舒适性的等级应根据现状检测及验算分析结果，参照表 6-27 进行评定。

多高层钢结构侧向位移等级

表 6-25

结构类型		位移		
		A	B	C
多层框架	层间	$\leqslant H_i/600$	$\leqslant H_i/450$	$>H_i/450$
	结构顶点	$\leqslant H/750$	$\leqslant H/550$	$>H/550$
高层框架	层间	$\leqslant H_i/650$	$\leqslant H_i/500$	$>H_i/500$
	结构顶点	$\leqslant H/850$	$\leqslant H/650$	$>H/650$
框架剪力墙	层间	$\leqslant H_i/900$	$\leqslant H_i/750$	$>H_i/750$
	结构顶点	$\leqslant H/1000$	$\leqslant H/800$	$>H/800$

多高层钢结构楼面挠曲等级

表 6-26

等级		挠曲变形		
		a	b	c
楼面结构	主梁	$\leqslant l/400$，且楼面无明显开裂	$>l/400$，或楼面存在明显变形开裂，但不影响正常使用	$>l/400$，且楼面存在明显变形开裂，影响正常使用
	次梁	$\leqslant l/250$，且楼面无明显开裂	$>l/250$，或楼面存在明显变形开裂，但不影响正常使用	$>l/250$，且楼面存在明显变形开裂，影响正常使用

注：1. 表中 l 为梁跨度；

    2. 当计算结果等于或大于上表评级限值时，应降低一个等级；

    3. 结构系统楼面挠曲变形荷载条件为恒荷载为主的标准组合。

高层钢结构风激振动舒适性等级

表 6-27

等级	A	B	C
说明	建筑顶点最大加速度值不大于有关标准规定，或者室内人员无建筑物晃动引起的不适感觉	建筑顶点最大加速度值大于有关标准规定，但绝大多数室内人员无建筑物晃动引起的不适感觉	部分室内人员有建筑物晃动引起的不适感觉

注：当计算结果大于有关标准规定的限值时，不应评定为 A 级。

    多高层钢结构的耐久性鉴定应以结构防护现状、维护制度及其实施状况的评定等级中的最低等级作为耐久性鉴定等级。多高层钢结构防护现状的等级应根据楼层子结构评定等级结果参照表 6-28 确定，而楼层子结构防护的等级应根据构件及连接节点防护评级结果，参照表 6-29 确定。多高层钢结构防火的等级，当防火措施符合国家现行标准规定的要求时，或基于系统抗火分析结果评定符合要求时，定为 A 级，否则根据不符合程度定为 B 级或 C 级。多高层钢结构的维护制度及实施状况的等级，若维护制度合理，实施正确，定为 A 级；若维护制度合理，但执行不到位，定为 B 级；若维护制度不合理，定为 C 级。

多高层钢结构防腐或防火等级

表 6-28

结构综合等级	A	B	C
楼层子结构评级统计	B 级不多于 30%，且无 C 级	C 级不多于 30%	C 级多于 30%

多高层钢结构楼层子结构防护等级

表 6-29

子结构等级	A	B	C
框架梁柱、支撑及其他抗侧构件等主要结构构件及连接节点	b 级不多于 20%，且无 c 级	c 级不多于 20%	c 级多于 20%
其他构件及其连接节点	b 级不多于 50%，且无 c 级	c 级不多于 50%	c 级多于 50%

6.5.2 大跨度及空间钢结构可靠性鉴定

    大跨度及空间钢结构整体性宏观检查的内容应包括：结构体系，支撑系统，主要构件形式，主要节点构造及支座节点布置和构造；结构整体挠曲变形，支座节点变形、移位或沉降；主要构件损伤，主要节点损伤；结构表面涂层质量和锈蚀状况等。

    大跨度及空间钢结构的安全性鉴定应以结构整体性、结构承载安全性和主要承重构件及主要节点变形或损伤的评定等级中的最低等级作为安全性的鉴定等级。

大跨度及空间钢结构整体性的评定等级，应根据结构体系及支撑布置、主要构件形式、主要节点构造、支座节点构造四个项目进行确定：若四个项目均合理，定为 A 级；若有任一项不合理，定为 B 级；若有任二项及以上不合理，定为 C 级。

大跨度及空间钢结构的承载安全性的评定等级，可根据理论计算结果，按主要构件及主要节点的评定等级以及结构整体稳定性的评定等级，取其中的最低等级确定。主要构件及主要节点的承载安全性等级可参照表 6-24 确定结构整体稳定性等级的确定，当计算所得的整体稳定极限承载系数不小于相应规范规定值时定为 A 级，否则根据将来可能出现的破坏情况的不同定为 B 级或 C 级。

大跨度及空间钢结构主要承重构件及主要节点变形或损伤的评定等级，应根据现场检测结果及其对整体结构安全性能的影响确定：主传力构件、支撑及其连接节点、支座节点均无明显变形或损伤，定为 A 级；主传力构件、支撑及其连接节点或支座节点有可见变形或损伤，对局部传力有影响但对结构安全使用无影响，定为 B 级；主传力构件、支撑及其连接节点或支座节点有显著变形或损伤，影响结构安全使用，定为 C 级；主传力构件、其连接节点或支座节点有严重变形或损伤，危及结构安全，应定为 D 级。

大跨度及空间钢结构适用性鉴定应按现场实测和理论模型计算的结果对结构整体挠曲变形、支座变形或位移进行评定，取其中最低等级作为适用性的鉴定等级，参见表 6-30。

大跨度及空间钢结构适用性等级　　　　　　　　表 6-30

等级	整体挠曲变形	支座变形或位移
A	$\leqslant L_2/250$	不明显
B	$\leqslant L_2/200$	明显，但不影响使用功能
C	$> L_2/200$	过大，影响使用功能

注：1. 表中 L_2 表示结构的短向跨度；
　　2. 当有实测结果时，应优先采用实测结果进行评级；
　　3. 计算结构挠曲变形的荷载条件为恒荷载为主的标准组合。

大跨度及空间钢结构耐久性鉴定应根据构件及连接节点的表面防腐与防火涂层质量和锈蚀状况、使用环境和维护制度及其实施状况进行等级评定，取其中最低等级作为耐久性的鉴定等级。当根据构件及节点表面防腐与防火涂层质量和锈蚀状况评定时，耐久性等级可参照表 6-31 进行评定。当根据结构的使用环境、防腐与防火维护制度及其实施状况评定耐久性时：若防腐与防火维护制度均合理，且实施正确，定为 A 级；若使用环境为一般腐蚀或严重腐蚀，防腐维护制度合理但执行不到位，定为 B 级；若防火维护制度合理，但执行不到位，定为 B 级；若防腐与防火维护制度均不合理，定为 C 级；对于轻微腐蚀环境，可按构件及节点的表面防腐涂层质量和锈蚀状况等级进行评定。

按构件及节点表面防腐与防火涂层质量和锈蚀状况评定的结构耐久性等级　　表 6-31

等级		A	B	C
防腐、防火及锈蚀分类统计	主要构件及节点	b 级不多于 20%，且无 c 级	c 级不多于 20%	c 级多于 20%
	其他构件及节点	b 级不多于 50%，且无 c 级	c 级不多于 50%	c 级多于 50%

6.5.3 厂房钢结构可靠性鉴定

厂房钢结构整体性宏观检查的内容应包括：柱脚沉降和移位，厂房柱倾斜；结构体系、梁柱构件选型与节点构造，构件及节点的缺陷、变形及损伤；支撑布置、支撑构造和连接，支撑杆件的缺陷、变形及损伤；吊车梁、制动系统、辅助系统及其连接，吊车梁系统构件的缺陷、变形及损伤等。厂房钢结构的可靠性，可按照主体结构、支撑系统、吊车梁系统分别进行鉴定。

厂房主体钢结构的安全性鉴定，应以结构整体性和承载安全性的评定等级中的最低等级作为安全性的鉴定等级，必要时还应考虑过大水平位移或明显振动对主体结构或其中部分结构安全性的影响。

厂房主体钢结构的整体性等级应根据结构体系及布置、主要构件形式、主要节点构造，参照表 6-32 进行评定。

厂房主体钢结构整体性等级   表 6-32

等级	A 或 B	C 或 D
说明	结构体系及布置合理或基本合理；传力途径明确或基本明确，不存在影响整个系统安全性的薄弱构件与节点；构件选型、节点构造和连接，符合或基本符合国家现行标准的规定	结构体系或布置基本合理或不合理；传力途径不明确，构件选型、主要节点构造和连接不符合或严重不符合国家现行标准的规定，影响安全或严重影响安全

注：表中 A 级或 B 级，可根据其符合国家现行标准确定，C 级或 D 级可根据其影响安全的程度确定。

厂房主体钢结构的承载安全性等级，可根据理论计算结果，按主要构件及主要节点的评定等级以及结构整体稳定性的评定等级，取其中的最低等级确定。主要构件及主要节点、柱脚节点的承载安全性等级可参照表 6-24 确定；结构整体稳定性等级的确定，当计算所得的整体稳定极限承载系数不小于相应规范规定值时定为 A 级，否则根据将来可能出现的破坏情况的不同定为 B 级或 C 级。

厂房主体钢结构的适用性鉴定应根据结构水平位移或变形进行评定，必要时还应考虑振动的影响，按其中最低等级作为其适用性的鉴定等级。当按主体结构的位移或变形评定适用性等级时，应采用检测或计算的结果，参照表 6-33 进行评定。当需要考虑振动对主体结构整体或局部的影响时，还应进行相关的动力特性和动力响应检测，并按国家现行有关标准评定适用性等级。

按主体结构水平位移或变形评定的主体结构适用性等级   表 6-33

厂房类型	评定项目	位移或倾斜值		
		A	B	C
单层厂房	厂房柱横向变形	$\leqslant H_c/1250$	>A 级变形，功能无影响	>A 级变形，功能有影响
	露天栈桥柱横向变形	$\leqslant H_c/2500$	>A 级变形，功能无影响	>A 级变形，功能有影响
	厂房和露天栈桥柱纵向变形	$\leqslant H_c/4000$	>A 级变形，功能无影响	>A 级变形，功能有影响
	厂房倾斜	$H\leqslant10m$ 时 $\leqslant H/1000$；$H>10m$ 时 $\leqslant25mm$	$H\leqslant10m$ 时 $>H/1000$，$\leqslant H/700$；$H>10m$ 时 $>25mm$，$\leqslant35mm$	$H\leqslant10m$ 时 $>H/700$；$H>10m$ 时 $>35mm$

厂房类型	评定项目	位移或倾斜值		
		A	B	C
多层厂房	层间位移	$\leqslant h/400$	$\leqslant h/350$，$>h/400$	$>h/350$
	顶点位移	$\leqslant H/500$	$>H/500$，$\leqslant H/450$	$>H/450$
	厂房倾斜	$H\leqslant10m$ 时$\leqslant H/1000$；$H>10m$ 时$\leqslant35mm$	$H\leqslant10m$ 时$>H/1000$，$\leqslant H/700$；$H>10m$ 时$>35mm$，$\leqslant45mm$	$H\leqslant10m$ 时$>H/700$；$H>10m$ 时$>45mm$

注：H 为自基础顶面到柱顶总高度；h 为层高；H_c 为基础顶面至吊车梁顶面的高度。

厂房钢结构支撑系统的安全性鉴定，应以整体性、承载安全性和构件长细比等的评定等级中的最低等级作为安全性的鉴定等级。支撑系统的整体性等级应根据支撑布置的完整性、支撑杆件形式、节点构造与连接，参照表 6-34 进行评定。支撑系统的承载安全性等级应根据支撑构件及节点的承载力验算结果，参照表 6-24 确定。支撑系统构件长细比的等级，若长细比符合国家现行标准的规定，定为 A 级，否则根据其不符合程度定为 B 级或 C 级。

厂房钢结构支撑系统整体性等级　　　　表 6-34

等级	A 或 B	C 或 D
说明	支撑设置齐全；杆件选型合理或基本合理；节点构造与连接符合或基本符合国家现行标准的规定	支撑设置不全；杆件选型不合理；节点构造与连接不符合或严重不符合国家现行标准的规定

注：表中 A 级、B 级、C 级或 D 级，可根据其符合或不符合国家现行标准程度确定。

厂房钢结构支撑系统的适用性鉴定应根据其挠曲变形程度评定等级，若支撑的最大侧向挠曲变形不超过 $l/1000$（l 为支撑几何长度），定为 A 级，否则根据其挠曲变形程度定为 B 级或 C 级。

厂房钢结构吊车梁系统的安全性鉴定，应根据其整体性和承载安全性评定等级，并取其中最低等级作为安全性的鉴定等级。吊车梁系统的整体性等级，应根据吊车梁选型、制动及辅助结构布置、整体构造与连接，参照表 6-35 进行评定。吊车梁系统的承载安全性等级应根据吊车梁及其节点、制动结构及其节点的承载力验算结果，参照表 6-24 确定。

厂房钢结构吊车梁系统整体性等级　　　　表 6-35

等级	A 或 B	C 或 D
说明	吊车梁选型合理或基本合理；制动系统及辅助系统布置恰当或基本恰当；吊车梁系统整体构造和连接符合或基本符合国家现行标准规定	吊车梁选型不合理；制动系统及辅助系统布置不当；吊车梁系统整体构造和连接不符合或严重不符合国家现行标准规定

注：表中 A 级、B 级、C 级或 D 级，可根据其符合或不符合国家现行标准程度确定。

厂房钢结构吊车梁系统的适用性鉴定，应根据吊车梁及其辅助结构的变形，参照表 6-36 进行评定，并以其中最低等级作为适用性的鉴定等级。

厂房钢结构吊车梁系统适用性等级　　　　表 6-36

等级	A	B	C
吊车梁	最大挠曲及侧弯不超过国家现行标准的规定	最大挠曲及侧弯超过国家现行标准的规定，尚能使用	最大挠曲及侧弯超过国家现行标准的规定，不能使用
辅助结构	最大变形不超过国家现行标准的规定	最大变形不超过国家现行标准的规定，不影响正常使用	最大变形不超过国家现行标准的规定，影响正常使用

厂房钢结构的耐久性鉴定应根据构件及连接节点的表面防腐与防火涂层质量、锈蚀状况、使用环境和维护制度及其实施状况进行评定，可参考大跨度及空间钢结构耐久性的有关内容，此处不再详述。

6.5.4 高耸钢结构可靠性鉴定

高耸钢结构整体性宏观检查的内容应包括：结构体系选型，柱肢及主要构件形式，主要节点构造及柱脚构造，地基与基础结构；结构整体侧倾，柱肢变形，柱脚变形，基础沉降；主要构件损伤，主要节点损伤；结构表面涂层质量和锈蚀状况等。

高耸钢结构安全性鉴定应以结构整体性、结构承载安全性和主要承重构件及主要节点变形或损伤的评定等级中的最低等级作为安全性的鉴定等级。高耸钢结构整体性等级应根据结构体系、柱肢及主要构件形式、主要节点构造、柱脚构造四个项目进行评定：若四个项目均满足国家现行设计规范要求，定为 A 级；若有一项或多项不满足国家现行设计规范要求，定为 C 级。高耸钢结构承载安全性等级，应根据对柱肢、支撑、横梁及连接节点、柱脚等承载力的理论计算结果，参照表 6-24 确定。高耸钢结构的主要承重构件及主要节点变形或损伤的等级，根据现场检测结果及其对整体结构安全性能的影响确定：柱肢、横梁、斜撑及其连接节点、柱脚均无明显变形或损伤，定为 A 级；柱肢、横梁、斜撑及其连接节点或柱脚有可见变形或损伤，对局部传力有影响，对结构安全无影响，定为 B 级；柱肢、横梁、斜撑及其连接节点或柱脚有显著变形或损伤，影响结构安全使用，定为 C 级；柱肢、横梁、斜撑及其连接节点或柱脚有严重变形或损伤，危及结构安全，定为 D 级。

高耸钢结构的适用性鉴定应根据结构整体倾斜、柱肢弯曲变形、柱脚变形或位移、结构整体角位移和有人驻留处的舒适性等评定等级，取其中的最低等级作为适用性的鉴定等级。结构整体倾斜、柱肢弯曲变形、柱脚变形或位移的等级，应根据现场实测结果和理论模型计算结果，参照表 6-37 进行评定。安装有特定设备的高耸钢结构，若结构整体角位移不超过设计容许值，则适用性等级可定为 A 级，否则根据整体角位移超过容许值的程度定为 B 级或 C 级。上人的高耸钢结构，若人驻留处结构的振动加速度幅值不超过容许值，则适用性等级可定为 A 级，否则根据振动加速度幅值超过容许值的程度定为 B 级或 C 级。

高耸钢结构适用性等级　　　　表 6-37

等级	整体倾斜（以风为主的荷载标准组合下）	柱肢弯曲变形	柱脚变形或位移
A	≤$H/75$	≤$h/1500$ 且≤10mm	不明显
B	≤$H/50$	≤$h/1200$ 且≤12mm	明显，但不影响使用功能
C	>$H/50$	>$h/1200$ 且>12mm	过大，影响使用功能

注：1. 表中 H、h 分别表示结构总高度、柱肢节间高度；
　　2. 表中的鉴定等级，按三项中最低等级确定；
　　3. 当有实测结果时，优先采用实测结果。

高耸钢结构的耐久性鉴定应根据构件及连接节点的表面防腐涂层质量和锈蚀状况、使用环境与维护制度及其实施状况进行等级评定，取其中最低等级作为耐久性的鉴定等级。当根据构件及节点防腐涂层质量和锈蚀状况评定时，耐久性等级参照表6-38进行评定。当根据使用环境、防腐维护制度及实施状况评定耐久性时：若防腐维护制度合理，实施正确，定为A级；若使用环境为一般腐蚀或严重腐蚀，维护制度合理但执行不到位，定为B级；若防腐维护制度不合理，定为C级；对于轻微腐蚀环境，可按构件及节点的表面防腐涂层质量和锈蚀状况等级进行评定。

按构件及节点涂层质量和锈蚀状况评定时高耸钢结构耐久性等级　表6-38

等级		A	B	C
防腐分类统计	主要构件及节点	b级不多于20%，且无c级	c级不多于20%	c级多于20%
	其他构件及节点	b级不多于50%，且无c级	c级不多于50%	c级多于50%

6.5.5　钢结构抗震性能鉴定

钢结构抗震性能鉴定属于可靠性中安全性的鉴定内容，鉴定对象通常是抗震设防烈度为6～9度地区的钢结构。对于既有钢结构，特别是对于接近或超过设计使用年限需要继续使用的钢结构、原设计未考虑抗震设防或抗震设防要求提高的钢结构、需要改变建筑用途和使用环境或需要对结构进行改造的钢结构等情况，都应进行抗震性能的检测与鉴定。既有钢结构的抗震设防类别和抗震设防标准，应按现行国家标准《建筑工程抗震设防分类标准》GB 50223进行划分。结构所在地区的抗震设防烈度、地震影响系数曲线和抗震计算方法，应按现行国家标准《建筑抗震设计规范》GB 50011的规定进行确定，若行业有特殊要求时还应按行业专门规定执行。

对于既有钢结构进行抗震性能鉴定通常按两个项目进行，第一个项目为对结构整体抗震性能宏观分析和抗震构造措施的综合评定；第二个项目为多遇地震下构件、节点的抗震承载力和结构整体变形的综合评定。若是对于抗震设防烈度为8～9度地区的高耸、大跨度和长悬臂钢结构，以及抗震设防烈度为8～9度地区的重点设防类的钢结构、体形高大的单层或复杂钢结构、高度大于150m的高耸或高层钢结构、结构体系严重不规则的钢结构以及超限设计的钢结构，还应根据罕遇地震作用下结构弹塑性变形的结果进行综合评定。

在对既有钢结构进行整体抗震性能宏观分析进行评定时，应包括建筑形体及其构件布置的规则性、结构体系、非结构构件的布置及结构材料的性能等内容，若能符合现行国家标准《建筑抗震设计规范》GB 50011的有关规定，评定为通过，否则为不通过，并提出相应的处理意见。在对既有钢结构的抗震构造措施进行评定时，应包括结构构件的尺寸、截面形式以及连接节点的构造（包括非结构构件与主体结构的连接构造）等，若能符合现行国家标准的有关规定，评定为通过，否则为不通过并提出相应的处理意见。

对既有钢结构抗震性能进行第二个项目的评定时，应进行相应的抗震性能验算：

（1）构件和节点的抗震承载力验算

$$S \leqslant R/\gamma_{RE} \tag{6-1}$$

式中　S——结构构件和节点在多遇地震作用下的内力组合设计值（作用效应）；

　　　R——结构构件和节点承载力设计值（抗力）；

γ_{RE}——承载力抗震调整系数，可按表 6-39 采用。

承载力抗震调整系数

表 6-39

后续目标使用期	γ_{RE}	
	强度计算	稳定计算
≥30 年	0.68	0.72
≥40 年	0.71	0.76
≥50 年	0.75	0.80

（2）多遇地震下的变形验算

$$\Delta u_e \leqslant [\theta_e]h \tag{6-2}$$

式中　Δu_e——多遇地震作用标准值产生的楼层内最大的弹性层间位移，对于大跨度钢结构为最大挠度；

　　　$[\theta_e]$——弹性层间位移角限值，对于大跨度钢结构为相对挠度限值，可按表 6-40 采用；

　　　h——计算楼层层高，或单层结构柱高，或大跨度结构的短向跨度。

（3）罕遇地震下的变形验算

$$\Delta u_p \leqslant [\theta_p]h \tag{6-3}$$

式中　Δu_p——罕遇地震作用标准值产生的楼层内最大的弹塑性层间位移；

　　　$[\theta_p]$——弹塑性层间位移角限值，可按表 6-40 采用。

结构在地震作用下的层间位移角限值

表 6-40

结 构 类 型		$[\theta_e]$	$[\theta_p]$
多高层钢结构（层间位移角限值）		1/250	1/50
单层钢结构（柱侧倾角限值）		1/125	1/30
高耸钢结构	塔楼处的层间位移角限值	1/300	—
	整体侧倾角限值	1/100	
大跨度钢结构（相对挠度限值）	桁架、网架、张弦梁（桁架）	1/250	—
	拱、单层网壳	1/400	
	双层网壳、弦支穹顶	1/300	
	索网结构	1/200	

注：1. 对高耸单管塔的水平位移限值可适当放宽；

　　2. 大跨度钢结构悬挑端的相对挠度限值，取跨度为悬挑长度，并按表中数据乘以 2 确定。

若验算全部合格，评定为通过，否则为不通过并提出相应的处理意见。

应当注意的是，钢结构通常是具有一定延性的，当对既有钢结构计算其水平地震作用时，可适当考虑其作用，一般通过水平地震作用延性调整系数 γ_{RS} 来实现。当既有钢结构的整体抗震性能宏观分析的评定为通过，梁柱连接节点的构造也符合现行国家标准《建筑抗震设计规范》GB 50011 的规定时，则可根据塑性铰区段梁和柱截面板件宽厚比的不同，γ_{RS} 取不同的值：符合 C 类截面的限值时取 1.0，符合 B 类截面的限值时取 0.8，符合 A 类截面的限值时取 0.7（各类截面限值可参见表 6-41）。当既有钢结构的整体抗震性能宏观分析的评定为通过，而梁柱连接节点的构造不符合现行国家标准《建筑抗震设计规范》GB 50011 的规定时，梁和柱截面板件宽厚比不符合 C 类截面的限值，但却符合现行国家标准《钢结构设计规范》GB 50017 的规定或符合《冷弯薄壁型钢结构技术规范》GB 50018 中全截面有效的规定，则此时 γ_{RS} 应取 2.0。

钢结构构件各类截面板件宽厚比限值 表 6-41

构件	板件名称	截面类别		
		A	B	C
柱	工字形截面翼缘外伸部分	11	13	按《钢结构设计规范》GB 50017 或《冷弯薄壁型钢结构技术规范》GB 50018 及其轴心受压时全截面有效的规定
	工字形截面腹板	45	52	
	箱形截面壁板	36	40	
	圆管外径与壁厚比	50	60	
梁	工字形截面和箱形截面翼缘外伸部分	9	11	
	箱形截面两腹板间翼缘	30	36	
	工字形和箱形截面腹板	$72-100\rho \leqslant 65$	$85-120\rho \leqslant 75$	

注：1. 表中所列数值适用于 Q235 钢，当材料为其他钢材时，应乘以 $\sqrt{235/f_y}$；

2. $\rho = N_b/Af$，N_b、A、f 分别为梁的轴向力、截面面积、钢材抗拉强度设计值。

对既有钢结构抗震性能鉴定，符合以下情况之一，可评定为通过：

（1）两个项目均评定为通过。

（2）第一个项目中的抗震性能宏观分析评定为通过，抗震构造措施不符合本标准和现行国家标准《建筑抗震设计规范》GB 50011 的有关规定，但均符合现行国家标准《钢结构设计规范》GB 50017 的规定或《冷弯薄壁型钢结构技术规范》GB 50018 及其轴心受压时全截面有效的规定，且第二个项目评定为通过。

（3）6 度时的规则建筑（不包含建造于Ⅳ类场地上的高层钢结构）第一个项目评定为通过。

对既有钢结构抗震性能鉴定，符合以下情况之一，应评定为不通过：

（1）第一个项目中的抗震性能宏观分析评定为不通过。

（2）第二个项目评定为不通过。

（3）构造措施不符合现行国家标准《钢结构设计规范》GB 50017 或《冷弯薄壁型钢结构技术规范》GB 50018 及其轴心受压时全截面有效的规定。

抗震性能鉴定不通过的钢结构，应根据其不符合的程度以及对结构整体抗震性能的影响，结合后续使用要求，提出相应的维修、加固、改造或更新等抗震减灾对策。

6.6 围护结构体系的检测与鉴定

本节讨论的围护结构体系是指对整体结构可靠性有一定影响的辅助结构及构件，主要包括檩条和墙梁、屋面及墙面压型钢板、吊顶构件及其相应的连接等。围护结构体系检测的内容应包括：构件的几何尺寸与构造、偏差、变形、缺陷与损伤、腐蚀；连接及节点的构造、零件尺寸、缺陷与损伤、腐蚀；材料性能等。围护结构体系的检测一般采用观察、测量和常规无损检测的方法，必要时可进行取样检验及构件（节点）试验检验等。应当注意，在对围护结构体系检测前，应首先对其在整体结构中的作用进行明确界定，若有施工图，则应复核设计图纸和现场实际状态的一致性。

围护结构体系的可靠性应根据现状检测结果、结构分析验算结果和工作形态表现，进行综合评定。围护结构体系的承载能力应根据验算结果参照表 6-11 中的一般构件标准进行评定，而其腐蚀的检测与鉴定则可参考第 6.3.2 节的有关内容。

6.6.1 檩条和墙梁的检测与鉴定

檩条和墙梁检测的内容应包括：檩条和墙梁的几何尺寸、制作安装偏差、变形、腐蚀及损伤；檩条和墙梁连接节点的构造、尺寸、变形、腐蚀及损伤。其抽检数量应为建筑物总体中屋面和墙面各分项面积的 5%，且每个检测项目不少于 3 处。

檩条和墙梁（包括连接节点）的安全性鉴定应对承载能力、节点构造以及损伤现状三个项目分别评定等级，并以最低等级作为安全性的鉴定等级。檩条和墙梁的承载能力等级可按表 6-11 中的一般构件进行评定。檩条和墙梁连接节点构造，若合理，定为 a 级；若不合理，根据构造现状定为 b 级或 c 级。檩条和墙梁（包括连接节点）现状，若无损伤，定为 a 级；若有损伤但不影响构件继续承载，定为 b 级；若有损伤且影响构件继续承载，根据损伤程度定为 c 级或 d 级。

檩条和墙梁的适用性鉴定应对几何尺寸、制作安装偏差和变形三个项目分别评定等级，并以最低等级作为适用性的鉴定等级。檩条和墙梁的几何尺寸达到设计要求时，定为 a 级，否则根据尺寸偏差大小，定为 b 级或 c 级。相邻檩条或墙梁间距的安装偏差不超过 5mm，定为 a 级，否则根据偏差大小，定为 b 级或 c 级。檩条和墙梁的变形，可根据实测结果或计算结果，参照表 6-42 进行评定（当有实测结果时，应优先采用）。

檩条和墙梁变形等级　　　　　　　　　　　　　　　表 6-42

等级	檩条挠曲变形（墙梁侧曲变形）
a	$\leqslant l/200$
b	$\leqslant l/150$
c	$> l/150$

注：1. l 为檩条或墙梁的跨度；

2. 挠曲变形荷载条件为恒荷载为主的标准组合。

6.6.2 压型钢板屋面和墙面系统的检测与鉴定

压型钢板屋面和墙面系统检测的内容应包括：压型钢板基材的材质、几何尺寸、制作安装偏差、损伤及腐蚀；连接节点的构造，螺钉的材质、规格尺寸、表面硬度、抗拉强度、抗剪强度，其他连接件的材质、尺寸、变形及损伤，腐蚀状况。压型钢板系统的检测单元，可按变形缝、屋面、墙面的开间或区格进行划分。每个检验单元内压型钢板的抽检数量为 5%，且不少于 10 处；连接节点的抽检数量为节点数的 1%，且不少于 3 个。对于出现损伤或破坏的部位，应增加抽检数量，且必须检测已破坏的节点。

压型钢板屋面和墙面系统的安全性鉴定应对承载能力、节点构造以及损伤现状三个项目分别评定等级，并以最低等级作为安全性的鉴定等级。压型钢板的承载能力等级可按表 6-11 中的一般构件进行评定。压型钢板连接节点构造，若合理，定为 a 级；若不合理，根据构造现状定为 b 级或 c 级。压型钢板及连接节点现状，若无损伤，定为 a 级；若有损伤但不影响继续承载，定为 b 级；若有损伤且影响继续承载，根据损伤程度定为 c 级或 d 级。

压型钢板屋面和墙面系统的适用性鉴定应对压型钢板的几何尺寸和规格、制作安装偏差和变形三个项目分别评定等级，并以最低等级作为适用性的鉴定等级。压型钢板的几何尺寸和规格达到设计要求时，定为 a 级，否则根据尺寸偏差大小，定为 b 级或 c 级。压型钢板的安装偏差不超过《钢结构工程施工质量验收规范》GB 50205 的规定时，定为 a 级，否则根据偏差大小，定为 b 级或 c 级。压型钢板的变形，可根据实测结果或计算结果，参照表 6-43 进行评定（当有实测结果时，应优先采用）。

压型钢板变形等级　　　　　　　　　　　　　　　　表 6-43

等级	屋面挠曲变形	墙面侧曲变形
a	$\leqslant l/250$	$\leqslant l/200$
b	$\leqslant l/200$	$\leqslant l/150$
c	$> l/200$	$> l/150$

注：1. l 为压型钢板的跨度；
　　2. 屋面挠曲变形荷载条件为恒荷载为主的标准组合；
　　3. 墙面侧曲变形荷载条件为恒＋风为主的标准组合。

6.6.3　屋面吊顶系统的检测与鉴定

屋面吊顶系统检测的内容应包括：屋面吊杆及轻钢龙骨支架的材料、几何尺寸、制作安装偏差、腐蚀，连接节点的构造、变形和损伤、腐蚀。其抽检数量应取该工程分项面积的 5％，且不少于 3 处。

屋面吊顶系统的安全性鉴定应对承载能力、节点构造以及损伤现状三个项目分别评定等级，并以最低等级作为安全性的鉴定等级。屋面吊顶系统的承载能力等级可按表 6-11 中的一般构件进行评定。连接节点构造，若合理，定为 a 级；若不合理，根据构造现状定为 b 或 c 级。受力构件及连接节点现状，若无损伤，定为 a 级；若有损伤但不影响继续承载，定为 b 级；若有损伤且影响继续承载，根据损伤程度定为 c 或 d 级。

屋面吊顶系统的适用性鉴定应根据吊顶的变形参照表 6-44 进行评定。吊顶变形可采用实测结果（优先采用）或计算结果。

屋面吊顶变形的等级　　　　　　　　　　　　　　　　表 6-44

等级	屋面挠曲变形
a	$\leqslant l/240$
b	$\leqslant l/200$
c	$> l/200$

注：1. l 为吊顶檩条的跨度；
　　2. 挠曲变形荷载条件为恒荷载为主的标准组合。

6.6.4　附属构件的检测与鉴定

附属构件应包括屋面检修爬梯、屋面局部开孔时的边界连接与防水构造等，也可根据被鉴定结构物具体确定。附属构件检测的内容应包括：附属构件的变形与损伤、连接节点的变形与损伤、对主体结构的影响。其抽检数量应取该工程分项的 5%，且不少于 3 处。

附属构件的安全性鉴定等级应根据其构件及节点的承载能力参照表 6-11 中的一般构件及其连接（节点）进行评定。附属构件的适用性鉴定等级应根据其变形或损伤程度评定，若变形或损伤不影响构件的正常使用功能，可定为 a 级，否则定为 b 级。

思 考 题

1. 简述钢结构检测与鉴定的一般工作程序。
2. 钢结构的可靠性鉴定内容主要包括哪几个方面？
3. 钢材力学性能的检测项目主要包括哪些内容？
4. 对钢构件进行腐蚀损伤程度检测时，该如何选取测点？
5. 钢构件及其连接节点的安全性等级该如何判定？
6. 钢结构系统的可靠性鉴定可分为哪几个工作阶段？各阶段的工作内容是什么？
7. 对既有钢结构进行抗震性能鉴定通常包括哪几个项目？
8. 试述水平地震作用延性调整系数的意义和作用。

第7章 钢结构的相关配套技术

多高层钢结构住宅建筑凭借着自重轻、施工周期短、抗震性能好、投资回收快、环境污染少等综合优势，越来越受到各地政府、大型钢结构公司和房地产开发商的重视和青睐。由于钢结构有别于传统的钢筋混凝土和砌体结构，外围护材料等都有其特殊性，所以与其相关的配套技术也需要随之发展。另外，钢结构也具有一些自身特点，如防腐和防火的处理对结构的安全较为重要。本章主要介绍墙体材料，楼盖系统、门窗五金件以及钢结构的防腐与防火等相关技术。

7.1 墙 体 材 料

7.1.1 钢结构建筑用墙体材料的发展现状及问题

钢结构建筑在我国起步较晚，设计、施工和使用都经验不足。目前建成的钢结构住宅建筑中，有相当一部分节能效果不佳，甚至有的还存在质量隐患。我国现有的墙体材料适合钢结构住宅建筑要求的产品比较少，与之配套的墙体材料系统研究相对滞后，这对于我国钢结构住宅的发展十分不利，已经成为制约我国钢结构住宅建筑发展的瓶颈。

目前市场上主要有以下几种钢结构住宅围护墙体材料。

砖：主要包括多孔砖和空心砖、粉煤灰砖（多孔砖）等。

砌块类：主要指建筑砌块，有实心砌块和空心砌块，包括多孔砖和空心砖、粉煤灰砖、混凝土小型空心砌块、蒸压加气混凝土砌块（AAC砌块）、粉煤灰砌块等。

板材类：包括彩色金属夹芯板、蒸压加气混凝土板材（AAC墙板）、玻璃纤维增强水泥板（GRC墙板）、硅酸钙墙板、石膏墙板、钢丝网架水泥夹芯墙板、复合轻质夹芯墙板等。

冷弯薄壁型钢复合墙体：主要指由冷弯薄壁型钢作为墙体骨架，抹灰砂浆、水泥纤维板、石膏板等作为面层材料的墙体。

7.1.1.1 砌块类

建筑砌块在世界各国的应用比较广泛，美国和日本建筑砌块已成为墙体材料的主要产品，分别占墙体材料总量比例的34%和33%。欧洲国家中，建筑砌块的用量占墙体材料的比例在10%～30%之间，在一些发达国家，建筑砌块不但产量大，而且砌块的生产与应用技术也非常完善。

砌块墙体作为我国建筑墙体使用较广泛的墙体材料，有其一定的优势：

（1）砌块墙体造价较低，加工及施工难度均不大，符合我国建材工业技术水平尚较落后，同时我国建筑施工人力资源较丰富的特点；

（2）砌块墙体对原材料的要求低，我国不同地区根据自身资源及技术情况选择砌块生产材料，如同时采用工农业废料等加工生产砌块类墙体材料更可一举两得，变废为宝；

（3）砌块具备一定强度，如混凝土砌块类，砌块类采取内嵌式砌筑还有利于提高钢结构体系的刚度。

然而，其并非建筑钢结构理想的维护结构，其不足主要表现在：

（1）砌块类外墙采用内嵌式安装无法完全围护结构体系，容易形成冷、热桥，同时内嵌式安装也不便于进行外墙面的装饰、防水及保温处理等。

（2）容易产生开裂。由于钢结构建筑在地震作用下的层间位移角限值为 1/250，而砌体通常是在 1/550 下就会开裂，因此，对于钢结构，在地震下很容易引起砌筑墙体的开裂。这些裂缝虽然不足以造成结构体系损坏，但其导致的直接后果是墙体渗水，使墙体的保温隔热和防水性能大大降低，造成室内居住环境质量下降，同时裂缝的存在给居住者在感官和心理上造成不良影响。

（3）对于钢结构建筑，砌筑型墙体的另一问题是在施工过程中存在大量现场湿作业，对钢结构易造成锈蚀。另外砌筑式施工方法速度慢，养护时间长，与钢框架体系快速装配化施工方式难以配套。

但是，考虑到我国现阶段的国情，短期内采用砌块类墙体是无法避免的。目前我国钢结构建筑墙体常用的砌体有如下几种：

（1）小型混凝土空心砌块（图 7-1），其原料主要是水泥和骨料，还可以掺入大量工业废渣，如高炉矿渣、煤渣、煤矸石、粉煤灰等，同时加工能耗比实心黏土砖低三分之二，是一种可作为承重墙使用的墙体材料。主要规格有：390mm×190mm×190mm、390mm×130mm×190mm 等，空心率为 45%～50%，表观密度为 1200～1400kg/m³。施工方法简单，还可利用砌块的空心部位墙体内部浇筑钢筋混凝土芯柱，加强建筑物的整体性。加入保温功能的砌块，施工时在其内部插槽中插入苯板等保温材料，可实现保温功能，同时对保温层有很好的保护作用。

图 7-1　小型混凝土空心砌块

（2）蒸压加气混凝土砌块（图 7-2），它是在浆料中加入发泡剂发生化学反应产生气体，形成多孔混凝土，成型后采用高压蒸汽进行养护，达到一定强度的砌块。主要规格有：600mm×250mm×50（100、125、150、200、250、300）mm 等。蒸压加气混凝土砌块作为外墙，不仅满足承载力、隔声、防火等要求，而且内部的微小气孔使材料内部形成静空气层，导热系数为 0.11W/（m²·K），保温隔热性能是普通混凝土的 10 倍，使用250mm 以上厚度蒸压加气混凝土砌块作为外墙，可达到节能 50% 的要求。由于自身具有良好的保温隔热性能，可简化施工，加快施工进度，质量也容易控制，这是蒸压加气混凝土砌块作为外墙使用的最突出的优点。

（3）煤灰砌块（图7-3）外墙，它的承载能力和同体积密度的轻骨料混凝土相近或略高。干燥状态下，导热系数为 $0.47 \sim 0.58 W/(m^2 \cdot K)$。吸水率较大、吸水速度较慢，砌筑时应采取相应措施。浸水饱和之后，其强度与蒸养后强度相比，一般会降低 $10\% \sim 15\%$，但将其继续浸泡，则强度不会继续降低，反而会略有增长，不宜用于高温、潮湿、酸性环境。抗冻性

图 7-2　蒸压加气混凝土砌块

能良好，即使是在北方寒冷地区，也能达到质量要求。但是由于砌块体积重量较大，仅靠人工施工可能略有不便。同时，如果对原材料选择不当，产品易放射性超标。

图 7-3　煤灰砌块

7.1.1.2　板材类

板材为新型墙体材料中具有代表性的一类，它是以纤维水泥、纤维石膏、木质纤维、草纤维、金属和混凝土等为主要原料，采用不同工艺制成的各种建筑板材。板材为各类墙体材料中技术含量较高的，特别是外墙板。这主要体现在两个方面：一方面对构成墙板的材料要求高，以加气混凝土材料为例，生产加气混凝土板材从工艺要求到生产材料要求均高于生产加气混凝土块材；另一方面墙板对于连接节点的构造要求也很高，需要有针对性的节点设计及施工安装。墙板的发展很大程度上反映了墙体材料的进步，我国目前市场上供应的板材品种繁多，性能各异，常用的轻质墙板分类见图7-4。

现阶段用于建筑上的主要有：

（1）金属制品复合材料

彩色压型钢板复合材料（图7-5）、铝合金蜂窝板、铝合金复合板（内包岩棉、玻璃丝绵）等。

（2）硅酸盐复合板

舒乐舍板（图7-6）、泰柏板（图7-7）、钢丝网架入丝板等。

（3）石膏板

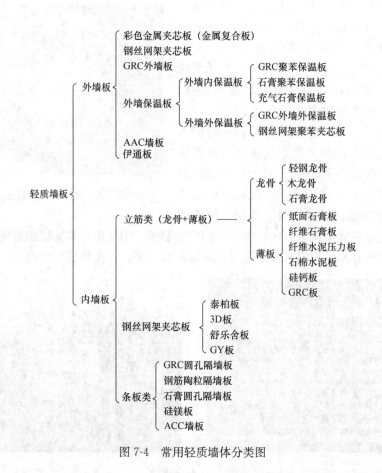

图 7-4 常用轻质墙体分类图

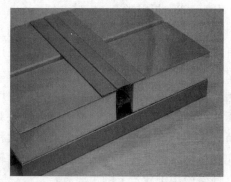

图 7-5 彩钢夹芯板

石膏水泥聚苯复合板、轻钢龙骨双面石膏板、石膏隔断复合板、石膏空心墙板（图 7-8）等。

（4）蒸压加气混凝土墙板

蒸压加气混凝土板材简称 AAC 板材（图 7-9），它是以硅砂、水泥、石灰为主要原料，

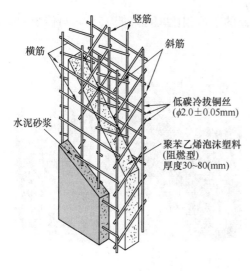

图 7-6　舒乐舍板

图中标注：
竖筋
横筋
斜筋
低碳冷拔铜丝 (φ2.0±0.05mm)
水泥砂浆
聚苯乙烯泡沫塑料 (阻燃型) 厚度30~80(mm)

图 7-7　泰柏板

图 7-8　石膏空心墙板

由经过防锈处理的钢筋增强，经过高温、高压、蒸汽养护而成的多孔混凝土板材，是一种性能优越的新型建筑材料，其抗压强度平均值大于 3.5MPa。AAC 板厚 150mm，板内双面配筋 φ5.5@150mm，标准的 AAC 板宽 600mm，板长 5800mm。

AAC 板材有以下优越性能：

① 轻质性，其绝干相对密度仅为 0.5，是浮在水面上的混凝土；

② 隔热性，其导热系数仅为 0.11W/(m·K)，其保温隔热性能是普通混凝土的 10 倍；

③ 耐火性，其耐火极限大于 4h；

④ 隔声性，AAC 板材有隔声与吸声双重性能，可以创造出高气密性的室内空间；

⑤ 抗震性，由 AAC 板材建造的墙体能适应较大的层间角变位；并且墙板自身具有较大的整体刚度和强度储备；

⑥ 承载性，AAC 板材的内部配筋是根据不同部位受力要求确定的，承载力得以保证；

⑦ 无放射性，其照射量为 12ru/h，属于无放射性的绿色环保建材；

⑧ 经济性，使用 AAC 墙板可以减轻建筑物的自重，减少基础及结构的经济投入，另

在 AAC 板材墙体上进行装修与传统材料上装修的造价相比,可降低 15%,与传统的砌块相比可缩短施工工期约 2/3。

图 7-9 蒸压轻质加气混凝土板(AAC 板)

(5)伊通板

伊通板(图 7-10)是以磨砂石英砂、石灰、水泥和石膏为主要生产原材料,以铝粉为发气剂,经高温(180~200℃)高压(10~12 个标准大气压)下养护 10~14h 而成的细密多孔状轻质加气混凝土制品。伊通产品分砌块和板材两类,砌块可用于承重和非承重内外墙、屋面和墙体内外保温等,板材可用于内外墙体、楼面和屋面等。

伊通板自重轻(干密度 500~650kg/m³),保温隔热性能好,有一定防火性,干法施工。

图 7-10 伊通板

(6)玻璃纤维增强水泥板(GRC 墙板)

玻璃纤维增强水泥板(图 7-11)是国际上 20 世纪 70 年代出现的一种新型建筑材料,早期的 GRC 制品由于使用的是高碱水泥和普通的玻璃纤维,两种材料在结合后产生化学反应,导致 GRC 制品的强度和韧性大大降低,后来随着低碱水泥和耐碱玻璃纤维等技术材料的发明和应用,才使 GRC 制品有了更大的应用空间。GRC 墙板就是以耐碱玻璃纤维作增强材料,低碱水泥作胶凝材料,膨胀珍珠岩粉煤灰等作骨料,中间填充保温隔热材料,经成型、养护而成的轻质外墙复合板。该墙板具有墙体薄、重量轻、强度高、韧性好以及保温、防水、耐久、抗裂、加工简易、造型丰富、施工方便等特点。目前,我国开发的 GRC 墙板品种较多，按墙体大小分，有单开间墙板和双开间墙板；按保温层材料分，有水泥珍珠岩芯层和岩棉芯层，也可用其他保温材料制成的各种墙材。该墙板标准板宽为 600mm、1000mm，板长 6000mm 以内，厚度 80～200mm。适用于多层和高层建筑非承重建筑外墙。

GRC 墙板物理特性

表 7-1

密度（kg/m³）	隔声量（dB）	导热系数 [W/(m²·K)]	耐火极限（h）	软化系数
1700～1800	35～40	0.12～0.15	>4	0.80～0.85

注：表中数据按 120mm 厚板考虑，中间填充材料为水泥珍珠岩。

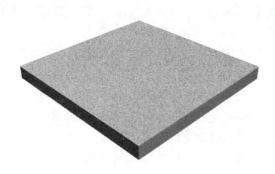

图 7-11　GRC 墙板

（7）稻草板

稻草板（图 7-12）是以天然稻草或麦草为原料，经加热挤压成型，周边粘贴面纸而制成的一种新型绿色建材。按主要原料品种可分为 2 类：以稻草为主要原料的称为纸面稻草板，以麦草为主要原料的称为纸面麦草板。稻草板主要可用于建筑物的内隔墙、外墙内衬、望板和屋面板等。其生产工艺和设备是英国在 1945 年率先开发出来的，由于当时正值第二次世界大战结束，市场上建筑材料比较缺乏，英国 STRAMIT 公司在瑞典的刨花板生产线的基础上改制成了草板生产线，并且已向国外推销了大量生产线。

图 7-12　稻草板

我国于 1982 年从英国 STRAMIT 公司引进了两条草板生产线，分别安装在辽宁省营口市和大洼县。中国新型建筑材料工业杭州设计研究院在消化吸收引进线的基础上，设计出了我国自己的草板生产线。第一条国产线于 1986 年在新疆投产成功，之后相继投产了几条生产线。生产线机组已通过了省级鉴定。国家技术监督局于 1988 年发布了《建筑用纸面草板》GB 9781。

稻草板有以下优越性能：

① 轻质：58mm 厚稻草板密度小于 26kg/m²。

② 良好的强度：稻草板的强度来自草纤维和护面纸的共同作用。由于原料草在板内大体上处于横向排列（实际上为人字形排列），因而稻草板的横向强度大于纵向强度。以 2400mm×1200mm×58mm 稻草板为试样，在 4 边支撑的条件下，试样中心加 1250N 荷载，挠度小于 5mm；其破坏载荷可达 5000N 以上。

③ 保温隔热、隔声性能好：稻草板的导热系数仅为 0.108W/(m²·K)，远低于黏土砖、混凝土，可作为一种保温隔热材料使用。稻草板的隔声能力为 30dB。

④ 良好的防火性能：稻草板中的原料草被挤压密实，加上导热系数甚低，有自熄性。用 1000℃ 火焰燃烧稻草板，其耐火极限为 1h。有关方面曾现场实地试验：用氧乙炔喷枪对稻草板直接定位燃烧 20min，熄火后检查，发现被烧处只烧去约 5mm 的坑，表面结了一层碳，刮去碳层露出稻草，总深度不超过 10mm。公安部四川消防研究所曾测定，单一的稻草板墙体，其耐火极限为 1h，两面复合石膏板后耐火极限可达 2h。

⑤ 绿色建材：稻草板以天然稻草为原料，表面粘贴护面纸，在生产和使用过程中对环境不产生污染，即使当它完成使用目的被拆除后，仍可回归大自然，是标准的绿色建材。

从稻草板问世至今已过了一百多年，在这一百多年中，稻草板除在北美风光一段时间外，大部分时间内一些稻草板厂家都在市场中苦苦挣扎。而在我国，稻草板的工业化生产基本上还是空白。在这其中存在着一些深刻的问题：

① 原料问题

我国是一个农业大国，尽管我国年产稻草 3 亿 t，但是在我国大部分地区，稻草被农民当作燃料或饲料，利用稻草原料生产人造板必然会出现稻草板厂与农民的燃料、饲料争夺原料的问题。如果原料供应紧张，必然会导致原料价格的上涨，那么稻草原料的价格优势将荡然无存。因此利用稻草进行工业化生产，厂址必须选在原料丰富的国有农场区，这样既可以保证原料供应，又可以保证原料价格的稳定。

② 技术问题

相对于木质材料而言，目前国内对非木质材料的研究还远远不够，对于稻草板的研究更是少之又少。尽管有一些学者对稻草的性能以及特性进行了一定的研究，但这些研究还不系统，没有形成一定的科研力量。

③ 成本问题

利用稻草制作板材，一方面原料丰富，另一方面原料价格比较便宜。但是由于稻草秸秆表面的蜡质层和二氧化硅含量高，导致常规的脲醛树脂对稻草碎料胶合不良。目前比较一致的观点是用异氰酸醋树酯来胶合稻草较好。但是异氰酸醋的价格较昂贵。目前市场上异氰酸酯（固体含量 100%）售价大约在 12000 元/t，而脲醛树酯（固体含量 48%）仅为 2000 元/t。按通常脲醛树酯 12% 的施胶量、异氰酸醋 6% 的施胶量计，仅在胶粘剂一项，稻草板的成本就是普通木质刨花板的 1.5 倍。这样稻草原料价格低的优势，在胶粘剂上又丧失殆尽。最后造成稻草板成品的价格比木质刨花板还高，失去了价格的市场竞争力。因此如何降低异氰酸酯的价格或者寻找异氰酸酯的替代品是一个急需解决的问题。目前国外的一些公司已经开发出利用酚醛树酯和异氰酸酯树酯共同作为稻草板生产的胶粘剂的技术，若此技术在生产中获得成功，将能极大推动稻草板的发展。

④ 市场问题

作为一种新型的材料，被市场接受需要一个漫长的过程。随着时代的进步，人们对居住条件的要求越来越高，对绿色家装的呼声也越来越高，但是落实在行动上，人们却不一定愿意使用新型的绿色环保材料。稻草板作为一种新的产品，它必然有其自身独特的优势和使用范围。稻草板的后加工性能好于刨花板，低于中纤板。因此稻草板是一种较好的环保产品。但是由于受观念的限制，稻草板的用途目前还仅仅局限在家具生产中，这样势必要与木质材料的人造板形成竞争。因此，开拓市场，让人们真正接受稻草板、使用稻草板是促进稻草板工业发展的重中之重。

7.1.1.3 冷弯薄壁型钢复合墙板

冷弯薄壁型钢复合墙体（图 7-13）实际上来源于薄壁轻型钢结构体系，作为木结构的替代品，自 20 世纪 80 年代起，在北美、欧洲、澳大利亚以及日本等地区或国家开始推广，现已得到广泛的应用。冷弯薄壁型钢结构体系是一种以冷弯薄壁型钢构件和轻型面板共同作为承重和维护结构的新型体系，该体系一般适用于二层或局部三层以下的独立或联排式低层建筑，也可用于 3～6 层的多层房屋。

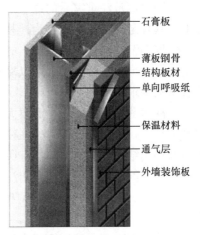

石膏板
薄板钢骨
结构板材
单向呼吸纸
保温材料
通气层
外墙装饰板

图 7-13　冷弯薄壁型钢结构体系及其复合墙体构造

近年来，随着高层钢结构的发展，以冷弯薄壁型钢为墙体骨架的复合墙体作为一种可适应钢结构变形的柔性墙体，已经越来越多地应用于钢结构建筑中。传统的冷弯薄壁型钢复合墙体是由间距 400～600mm 的龙骨架与双面轻质墙面板通过一定间距的自攻螺钉连接形成，常用的轻质墙面板有定向刨花板（OSB 板）、石膏板、硅钙板及带肋钢板等。此类墙体具有如下优点：

（1）结构自重轻，抗震性能好。

（2）建筑材料绿色环保。建筑中使用的钢材、轻质墙面板、保温棉及呼吸纸等均为可回收利用材料，墙体构造形式能够满足一定的保温、隔声和隔热要求，满足绿色建筑的要求，符合国家倡导的可持续发展要求。

（3）结构构件可工厂标准化生产，加工出的构件中可以直接冷压出连接所需的螺钉孔和水电管线的预留孔，生产效率高，有利于建筑产业化的发展。

（4）现场施工简便快速，冷弯薄壁型钢构件可在工厂预制完成，在施工现场只需进行冷弯薄壁型钢骨架拼装、填充保温隔声材料以及安装轻质面板等工作，无需动用大型机械设备，不需要模板支架，有利于对施工质量和进度的监控。由于施工工艺均为干作业，从而避免了大量的现场湿作业，工地建筑垃圾少，噪声低，施工现场文明，施工过程简便快速，施工周期约为传统结构形式的1/3。

从20世纪90年代冷弯薄壁型钢体系引入我国以来，除了东南沿海地区的一些别墅和汶川地震的灾后重建工程外，这种冷弯薄壁型钢复合墙体大多应用于商业、办公的隔墙，并未广泛应用于建筑外墙及住宅结构墙体，主要有以下原因：

（1）在实际工程中，冷弯薄壁型钢结构墙体为了满足保温、隔声以及耐火性能，一般需要在冷弯薄壁型钢骨架空腔和外侧放置聚苯乙烯泡沫板（EPS板）、挤塑式聚苯乙烯隔热保温板（XPS板）或者保温棉等材料，墙体外侧设置呼吸纸或者防水隔气膜等材料减缓水蒸气的对外流失导致的能量损失，对隔声要求较高的建筑需要设置专业隔声材料以保证房屋的正常使用。这种构造形式较为复杂，在长期的使用过程中未能表现出良好的保温和隔热性能。

（2）冷弯薄壁型钢结构体系是从国外引入我国的，结构的防火构造措施也效仿国外做法。国外防火规范注重灾后的逃生，我国规范注重建筑构件耐火极限和建筑物间防火间距的要求，其规定比国外规范更为严格。一般这种结构体系的耐火极限只有1.5h，为了保证冷弯薄壁型钢结构达到规范要求的耐火极限，需要采用防火涂料，加大石膏板厚度等措施，增加了整个建筑的成本，所以冷弯薄壁型钢墙体一般仅用于室内隔墙，不作为建筑外墙或有防火要求的墙体。

（3）冷弯薄壁型体系中，需要大量的轻质墙面拼接和自攻螺钉的间断连接，当墙体承受水平荷载时，两侧墙板接缝处往往发生较大错动，自攻螺钉连接处出现连接破坏，导致冷弯薄壁型钢结构体系的整体性有所降低。

（4）在我国，长期以来"秦砖汉瓦"的思想根深蒂固，人们对木结构、砖混结构和钢筋混凝土结构比较熟悉，对冷弯薄壁型钢轻型结构体系的安全性、适用性和耐久性存在疑虑。

针对传统的冷弯薄壁型钢复合墙体存在的不足，近年来提出一种喷涂式轻质砂浆-冷弯薄壁型钢复合墙体（图7-14），喷涂式轻质砂浆作为一种新型建筑材料，主要由灰浆混合料、聚苯乙烯颗粒和矿物基础胶粘剂等组成，该材料通过喷涂方式，快速初凝，经过一定时间的养护，形成具有一定强度，并兼有良好保温、隔声以及耐火等性能。喷涂式轻质砂浆利用工业固体废弃物，如磷石膏、脱硫石膏、氟石膏等，取材方便，既绿色环保，又可提高居住舒适度，亦能降低二氧化碳的排放量。

表7-2为喷涂式轻质砂浆-冷弯薄壁型钢复合墙体与传统墙体的比较，由表可知，喷涂式轻质砂浆-冷弯薄壁型钢复合墙体不仅具有传统冷弯薄壁型钢结构自重轻、材料色绿环保、施工简便快速等优点，而且可以显著改善建筑的保温、隔声、耐火和抗冲击性能。

图 7-14　喷涂式轻质砂浆-冷弯薄壁型钢复合墙体

喷涂式轻质砂浆-冷弯薄壁型钢复合墙体与传统墙体的比较　　　　　　表 7-2

材料性能参数	空心黏土砖	粉煤灰空心砌块	ASA 复合墙板	喷涂式轻质砂浆-冷弯薄壁型钢复合墙体
抗压强度（MPa）	2.5～10	2.5～15	7.6	2.4
密度（kg/m³）	1000～1200	700～1300	802	600
吸水率（%）	16～20	10～14.7	22	9.4
弹性模量（GPa）	9～17	2～4	4	1.35
传热系数［W/(m²·K)］	1.50	0.85	0.489	0.59
隔声指数（dB）	47～51	46～53	44～55	63

7.1.2　钢结构建筑外墙板的特性分析

钢结构是一种区别与传统结构的建筑体系，与之相配套的建筑墙体既有与传统住宅墙体的共性，同时也有自己的特点。针对钢结构建筑的特点，其墙板也应当具备相应的特性。

（1）轻质、高强

由于墙板在钢结构住宅体系中不属于结构受力构件，因此它的材料一般采用密度较小的轻骨料混凝土；并且为达到轻质仍需采用一些构造措施，比如做成空心结构，或引入发泡剂、引气剂降低其重度。另外，为满足高层抗风震的要求，墙板需要有足够的强度。一般情况下，门、窗洞口的面积占住宅围护结构总面积的 50%～60%。在风荷载的作用下，洞口板受力集中是薄弱环节，若处理不慎最易开裂和渗漏，因此构造上必须保证洞口处强度。

（2）保温隔热性能

1）传热系数 K 应符合《民用建筑节能设计标准》JGJ 26—2010 或《夏热冬冷地区居住建筑节能设计标准》JGJ 134—2010。

2）妥善处理热桥，避免有害热桥的产生。热桥就是一些相对热阻值较低的点或构件强行切入建筑物保温层。有些热桥是不可避免的，如插入保温层中的连接件，保温设计中常用的梁托，从墙体挑出的阳台板，在内保温设计中不可避免地由结构板、十字墙形成的热桥等。

3）避免结露水的产生。当材料内部产生结露时材料处于湿润状态，使导热系数增大，特别是保温材料，更应注意这一点。另外，内部凝结水量增大，将改变材料的形态，在寒冷地区还会使材料冻裂。表面结露取决于空气湿度以及和湿空气相接的墙壁、地面、吊顶、屋盖等部位的表面温度。防止表面结露的基本原则：①增大围护结构的热阻，提高室内表面温度；②减小室内的湿度。前者实际上就是使用保温材料，后者就是设置通风设施。

（3）抗风振

围护结构受力，除了竖向板自重外，主要来自风振作用的水平力，风振是离地 2m，按 50 年一遇的最大峰值沿高度方向逐步增大。高层钢结构区别于钢筋混凝土高层的最大特点是：在同样的风荷载作用下，其水平变形前者远大于后者，这就要求围护材料应有足够抵抗风荷载的能力。

（4）抗地震性能

当地震发生时，在地震波的作用下，对于围护结构来说，受到强大的水平荷载作用，所以在设计时以预防为主。一般设计原则为：①连接件与主体钢结构的关系是弹性连接；②围护结构应有一定的适变（或跟随）性，节点可以消减一部分能量，使"大震不碎，小震不裂"，从而提高围护结构的抗震能力。

（5）耐久性

墙板在长期使用过程中不仅受到各种外力的作用，同时受到其自身和环境因素的破坏作用。研究墙板耐久性，值得关注的特性有：抗渗性、抗冻性及裂缝控制等。

（6）钢结构建筑墙体系统应适宜工厂化生产

钢结构建筑的结构体系属于高度工业化制作和安装，通常一栋几千平方米的多层住宅，吊装时间差不多就一两个月。住宅的围护体系自然不能像传统的人工砌墙那样，否则钢结构住宅施工周期短的优势就彻底显现不出来了，也就无法实现住宅产业化的目标。所以只有住宅墙体系统实现工厂化生产，才能发挥钢结构住宅的优势，实现住宅产业化。

（7）墙体体系和钢结构框架的连接非常关键

因为材料的不统一，相互连接时构造节点类型就复杂得多，也不像传统结构那样简单，而且连接不好极其容易出现裂缝。钢结构由于材料性质的不同，无法与墙体材料通过水泥砂浆粘结等简单的构造实现连接，同时钢结构体系的变形挠度大，墙体体系与钢结构主体应采用柔性连接，而墙体柔性节点的构造较刚性节点复杂很多。

7.2 楼 盖 系 统

7.2.1 钢结构建筑用楼盖系统的发展现状及问题

楼盖系统的重要性主要体现在它在整个结构的工程量中占有很大的比例，因此在很大程度上影响了整个工程的造价和施工进度。从钢结构各部分施工进度看，楼盖部分的施工进度较慢，工期一般较长；就重量来看，楼盖部分的重量占整个钢结构房屋重量的比例较高。虽然我国现阶段有些楼盖形式已经发展得比较成熟，但是也存在着一些不足，这给楼盖形式的选择带来一些困难。本节主要介绍了我国现阶段钢结构建筑的各种楼盖形式及其主要优点及缺点，归纳了楼盖系统发展方向及相关特性要求。

7.2.1.1 钢结构建筑常用楼盖的形式

（1）现浇钢筋混凝土楼盖

现浇钢筋混凝土楼盖（图 7-15）跨度一般为 4～7m，板厚 100～200mm，具有以下优点：刚度大，整体性好，连接可靠，延性好，抗震、抗冲击性能好；设计、施工技术成熟。

现浇钢筋混凝土楼盖具有以下缺点：需满堂脚手架，现场湿作业多，施工复杂，工期长；梁板形式楼盖造成室内净空小，结构自重大。

图 7-15　现浇混凝土板

（2）装配式钢筋混凝土楼盖

常见的预制板形式有肋形板、槽形板、实心板、空心板、夹心板等。其中空心板应用最广，它自重小，隔声、隔热性能好，如 SP 板（图 7-16）。预制装配式钢筋混凝土楼盖材料消耗少，节约钢筋，工厂预制，节约工期和模板。楼盖质量稳定，尺寸准确。但也存在明显的缺点：各预制板之间以及板与支撑结构之间缺乏有效的连接，整体性能差；冷加工钢筋伸长率小，延性、锚固性能差，抗震性能差；造价较高。

图 7-16　SP 板

（3）钢筋桁架叠合板

钢筋桁架叠合板是预制与现浇相结合的一种楼盖形式，底部安装预制底板，上部浇筑混凝土，从而形成整体受力的状态（图 7-17）。其利用混凝土楼板的上下层纵向钢筋，与弯折成形的小钢筋焊接，组成能够承受荷载的小桁架，结合预制混凝土叠合板，组成一个在施工阶段无需模板的能够承受湿混凝土及施工荷载的结构体系。

钢筋桁架叠合板的优点为：预制底板取代了模板，施工方便，缩短了工期；可不用次

图 7-17　钢筋桁架叠合板

梁，室内净空大；刚度大，整体性、抗裂性好，因混凝土收缩、徐变产生的挠度小。其缺点为：预制底板与钢梁的连接不易处理；预制底板之间的接缝易出现裂缝。

（4）压型钢板混凝土组合楼盖

这种组合楼盖是采用钢梁作支撑，利用压型钢板为混凝土的永久模板，二者组合共同承受楼板面的荷载。压型钢板混凝土组合楼盖系统（图 7-18）是 20 世纪 30 年代末在美国发展起来的，用于高层建筑中。压型钢板组合板是一种十分合理的结构形式，它能够按其各组成部件所处的位置和特点，充分发挥钢材抗拉和混凝土抗压性能好的优点，并具有良好的抗震性能、施工性能。这种组合楼盖按钢板的形状可分为：开口型和闭口型组合楼盖。

图 7-18　压型钢板混凝土组合楼盖

与普通钢筋混凝土楼板相比，压型钢板组合楼板具备以下优点：压型钢板可以作为现浇混凝土的永久模板。这样就省掉了施工中安装和拆除模板等工序，从而节省了时间和劳动力；当压型钢板安装好后可以作为施工平台使用，同时，由于不必使用临时支撑，也不影响下一层施工平面的工作；在施工阶段，压型钢板可作为钢梁的连续侧向支撑，提高了钢梁的整体稳定承载力，在使用阶段，提高了钢梁的整体稳定性和上翼缘的局部稳定性。另外，其缺点有：镀锌压型钢板的成本高；底面凹凸不平，需要做吊顶；普通压型钢板防火、防腐性能差。现阶段的设计中通常只将压型钢板作为模板使用，不将其视为受拉钢筋，故使配筋偏大，造价偏高。

（5）钢筋桁架楼承板

钢筋桁架楼承板（图 7-19、图 7-20）是一种合理的楼板形式，其受力性能和现浇板一样，受力部分是钢筋桁架，在工厂流水线自动完成。压型钢板只起到底模作用，所以其厚度只是压型钢板-混凝土组合楼板钢板厚度 40%～60%，可减少现场钢筋绑扎工作量

70%左右，缩短工期并节省成本。上下两层钢筋间距及混凝土保护层厚度能得到保证，为提高楼板施工质量创造了条件。

该楼盖具有以下优点：具有现浇板整体刚度大、抗震性能好、抗冲击性能好、施工快捷、防水性能好的优点；因为压型钢板只起模板作用，所以该楼盖防火性能好；工厂化程度高，现场绑扎钢筋工作量少；结构形式合理，整体性能好；结构跨度大，板底平整。已被广泛应用于工业与民用建筑中。

图 7-19　钢筋桁架叠合板

钢筋桁架楼承板又分为可拆卸底模和不可拆卸底模的钢筋桁架板。传统钢筋桁架板（不可拆底模的）构造简单，加工方便，价格较低。但是，其底面钢板外露，有时又有很多焊点，观感较差。可拆卸的钢筋桁架板其底模可以拆卸重复使用，且拆卸后与普通混凝土板无异，表面光滑平整，但构造相对复杂，价格较高。

图 7-20　施工中的钢筋桁架叠合板

该楼盖具有以下优点：具有现浇板整体刚度大、抗震性能好、抗冲击性能好、施工快捷、防水性能好的优点；因为压型钢板只起模板作用，所以该楼盖防火性能好；工厂化程度高，现场绑扎钢筋工作量少；结构形式合理，整体性能好；结构跨度大，已被广泛应用于工业与民用建筑中。

7.2.1.2　钢结构建筑常用楼盖的优缺点比较

目前多高层钢结构常用楼盖形式的优缺点列于表 7-3 中。

钢结构楼盖的优缺点比较　　　　　　　　　　　　表 7-3

楼盖结构形式	主要优点	存在的不足
预制钢筋混凝土板组合楼盖	（1）预制板承重，不用搭建脚手架、省去支模工序，便于立体交叉施工，施工速度快； （2）次梁间距可根据楼板跨度调整，可以实现较大次梁间距	（1）需要在钢梁上焊抗剪连接件，在板的边缘留槽口以便连接件穿过，需二次浇灌槽口与板间缝隙，传递水平力的能力较差； （2）楼盖的整体性能较差，抗震性能较弱

楼盖结构形式	主要优点	存在的不足
大跨度SP预应力空心板楼盖	(1) 跨度大、承载力高，可省去次梁、脚手架、支模等，施工更快； (2) 任意切割，不受建筑模数限制，建筑布局灵活，造型美观，设计多样化； (3) 机械成形，外观尺寸标准，平整度好； (4) 抗震性能比普通预制板好； (5) 采用预应力钢绞线，用钢量低	(1) 跨度大导致运输和吊装困难，易引起SP板意外损坏； (2) 与现浇板相比，其平面内整体刚度较差； (3) 灌浆板缝处易形成纵向裂缝，影响美观，整体性也差； (4) 与主梁的连接还存在争议，空间协同工作性能和抗震性能有待进一步研究
现浇钢筋混凝土板组合楼盖	(1) 刚度大，整体性好，梁板间连接可靠，延性好，利于抗震； (2) 空间协同性好； (3) 设计、施工技术成熟	(1) 需搭建满堂脚手架、支模、绑扎钢筋等工序，现场湿作业多，工期较长； (2) 楼盖自重大
钢筋桁架叠合板	(1) 预制板兼作模板，省去脚手架、支模工序，便于立体交叉施工，工期较短； (2) 刚度大，抗裂性、整体性好； (3) 预制板和叠合层组合，可扬长补短，发挥出各自的优势	(1) 仍存在预制板与钢梁的连接困难问题； (2) 预制底板之间的长缝易开裂，影响观感； (3) 整体板材尺寸较大，吊装要求高； (4) 板跨不能过大，临时支撑较多
压型钢板-混凝土组合楼盖	(1) 压型钢板可作为现浇混凝土的永久模板，可省掉支模工序； (2) 施工阶段，压型钢板可作为钢梁的侧向支撑，提高钢梁整体稳定性；使用阶段，参与受力，也可提高钢梁稳定性； (3) 压型钢板可作为楼板的底筋，充分发挥钢材受拉混凝土受压特点	(1) 需要进行防火、防腐处理； (2) 整体造价较高； (3) 板与梁的抗剪连接件不好处理
钢筋桁架楼承板	(1) 工厂化程度高，受力部分是钢筋桁架，在工厂流水线自动完成，现场绑扎钢筋工作量少，工期短； (2) 省去支模工序，压型钢板只起模板作用可以很薄且防火要求低； (3) 整体刚度大、整体性好，利于抗震	(1) 工厂加工程序复杂，钢筋焊接量大； (2) 垂直于桁架的另一侧难以穿钢筋； (3) 钢筋量较普通混凝土板略大

7.2.1.3 楼盖形式的合理选择

楼盖形式不仅直接影响施工工序、造价和工期，还影响到结构的使用功能，空间协同工作性能和抗震性能等，因此楼盖的合理选择显得至关重要。在确定钢结构楼盖方案时，应根据楼盖的功能及其特点，可参照以下几点选择楼盖形式。

(1) 方便施工，减少工序，缩短工期。

楼盖部分的工期和工序烦琐情况是确定楼盖形式时首先应考虑的因素。施工速度快、时间经济效益高是钢结构的一大优势，能不能发挥钢结构的时间优势关键在于楼盖结构的施工进度。确定楼盖形式时应首先考虑这一方面的问题。尽量减少施工现场的工作量，避免现场大工作量绑扎钢筋作业；尽量采用自承式模板，避免现场满堂脚手架支设，便于开展立体化施工作业，保持施工现场水平、竖向通道顺畅；尽量采用整体式规格化大模板，减少模板工序拼装、拆卸工作量，安装、拆卸应简单易行。工序越少越简单易行，对工期的缩短效果越明显，进而造价也会降低。

（2）降低楼盖直接造价，减轻楼盖自重，减小楼盖结构层的厚度。

楼盖部分的造价是确定钢结构房屋楼盖形式的一个重要因素，受其施工工序、施工难度、自身材料用量等因素影响，在确定楼盖形式时宜综合考虑工期、总体造价和楼盖部分直接造价的关系。轻质高强是钢结构的一大优点，由于梁、柱构件较轻，所以楼盖结构的重量对整体重量影响较大。选择和设计楼盖时应尽量减轻楼盖自重，自重减轻后楼盖可以减薄，直接降低了楼盖部分的造价，同时框架部分受力也将减小进而框架断面尺寸可减小，基础断面也可进一步减小，总体造价随之降低。楼盖减轻也能减小施加在结构上的地震作用。

（3）与梁的连接施工简单易行且连接可靠，整体性好，有足够的平面整体刚度和协同工作能力。

楼盖部分除了传递竖向荷载外，还要把整个结构连成整体使各构件协同工作。这就要求楼盖不仅在其平面内、外具有足够的刚度，还要和框架部分有很好的连接。连接的难易及可靠性直接影响楼盖的空间协同工作能力。我国大部分地区处于抗震设防区，结构具有必要的抗震性能是基本要求，提高楼盖系统的整体刚度和整体性是提高钢结构抗震性能的一个重要途径。

（4）整体美观、具有较好的防火性能及良好使用功能。

钢结构的一大弱点就是耐火性能较差，因此防火要求一般较高。选择和确定楼盖形式时应考虑建筑物的用途和防火等级，对于防火等级高的结构应优先选用有混凝土保护层的楼盖形式。选择楼盖还应兼顾美观和使用要求，对于各种由预制板拼接而成的楼盖形式，当各板受荷差别较大或受到振动荷载时，各板间混凝土灌浆板缝很易开裂形成纵向通缝，严重影响美观和使用，因此不宜选用此类楼盖。

最后，选择楼盖时，应根据钢结构房屋的不同地区、不同类型、不同要求综合考虑，参照以上四点通过对比分析找出控制因素，合理选择楼盖形式。

7.2.2 钢结构楼盖系统的特性分析

由于钢结构建筑不同于传统的建筑类型，同钢结构的外墙板一样，对于钢结构的楼盖系统也应当具备其自身相应的特性以及未来的发展方向：

（1）不需支模

从最初的钢筋混凝土楼盖到现在广泛使用的压型钢板组合楼盖，这其中很明显的一个变化就是省掉了现场支模板这道工序，这无疑给缩短施工工期创造了有利条件。

（2）减少现场施工工序，实现工厂化生产

楼盖部分施工进度严重制约钢结构房屋整体施工进度，选择方案时应尽量减小搭建脚手架、支模、混凝土凝固对施工进度的不利影响。从现浇混凝土到压型钢板—混凝土组合楼盖，再到钢骨架轻型组合楼盖，其工厂化生产程度越来越高，从而能够缩短施工工期。

（3）满足结构受力和传力要求，要有足够的强度、刚度和整体性

楼盖具备必需的强度是结构安全的保证；整体性越好对结构抗震越有利。平面内有足够刚度是实现楼盖空间协同作用的保证；有足够的平面外刚度则是楼盖满足使用功能的前提。

（4）防火性能好

钢结构住宅主要弱点为防火性能差。在发生火灾时，除了保证柱子的防火性能外，最重要的是保证楼盖系统的防火性能，以防止楼盖塌落和建筑物倒塌，所以在设计中一般不用压型钢板作为受力底板承担跨中弯矩。

（5）平板楼盖

为了满足住宅大开间、分隔灵活、便于改造的建筑要求，楼盖系统应该采用平板楼盖；这样还可以增加净空，降低层高，在相同的建筑物高度上可以增加楼层数，从而大大提高了综合效益。

（6）组合楼盖的观感

通过改善组合楼盖底面的平整性，可达到不吊顶即可使用。同时由于组合楼板向平板形式发展，这样可以增加室内净空，提高室内空间的有效利用率。

（7）综合考虑总体经济效益和楼盖直接造价关系，应使整体经济效益最优

施工速度快、时间经济效益高是钢结构的一大优势。整体经济效益除与结构直接造价有关外，因工期缩短引起的时间经济效益值的重视。

7.3　钢结构建筑外窗

7.3.1　钢结构建筑外窗发展概况

在中国建筑外窗框材基本上经历了三个发展阶段。在20世纪80年代前，是第一个发展期，我们建筑用的外窗框材基本上都是木材；第二个时期是金属框材窗的发展期，20世纪80年代以后，我们国家在木材的应用制定了限制措施，提倡以钢代木，以铝代木，在这种产业政策下指导下，实腹和空腹钢外窗和铝外窗占据了建筑外窗的绝大部分市场；第三个时期是外窗框材的多元化发展时期，从20世纪90年代开始，我国开始大量引进使用PVC塑钢外窗、新型铝合金外窗框材等。虽然现阶段我国住宅外窗所用材料基本与发达国家一致，但在外窗各项质量及性能方面与发达国家还有着较大的差距。

7.3.2　钢结构外窗特性分析

7.3.2.1　钢结构住宅外窗安装

钢结构住宅外窗安装较传统住宅外窗安装复杂得多，主要分为：

（1）传统住宅外墙多为黏土实心砖或钢筋混凝土，材质密实外窗可以通过射钉等直接固定于外墙之上。而钢结构住宅墙体材料多为轻质材料（如加气混凝土）或多孔材料（如混凝土空心砌块），无法直接固定而是要通过各种形式的埋扁钢或角钢预埋件进行固定。

（2）传统单框单玻外窗无法满足钢结构住宅保温隔热隔声等要求，因此要采用各种新型节能窗，这也给安装带来新的问题。

7.3.2.2　钢结构住宅外窗保温隔热

外窗在住宅围护体系中所占面积比最小，但经它们的能耗损失占总住宅建筑能耗损失的40%。究其原因为：首先，因为外窗厚度较墙体等要薄很多，同时由玻璃、金属等材质构成，因此保温隔热性能较差；其次，外窗除保温隔热功能外还兼有采光通风等功能，需要一定面积的开启面，因此密封性能较墙体等围护体系又要差很多。

目前，提高住宅外窗的保温隔热性能途径有三种，即提高外窗的热阻、提高外窗的气密性及合理设置遮阳设施等。

（1）提高外窗的热阻

外窗主要由玻璃和窗框架组成，其热阻都应予以提高，如采用镀膜、中空等新型节能玻璃或玻璃钢等新型外框材料。

（2）提高外窗的气密性及加强通风

外窗的气密性也是影响外窗节能效果的重要因素，外窗的气密性与窗开启方式、密封条样式、窗框构造、制作和安装质量等因素都有关系。

另外，在我国传统观念中要求住宅外窗应该有尽可能大面积的可开启面，实际这样并不合理。在保证满足通风要求的前提过大面积的开启扇只会带来窗户造价提高、能源浪费及增加安全隐患。因此在钢结构住宅外窗设计时应该根据情况合理使用固定窗扇。从结构上讲，固定窗是节能效果最理想的窗型。

（3）合理设置遮阳设施

外窗遮阳的作用就是防止过强的阳光直接进入室内，荫和凉是连接在一起的。遮阳分为外遮阳与内遮阳两大类。一般遮阳与阳光同时损失的是良好的视野、充足的自然光和一定时间内阳光的热量。我国炎热地区及夏热冬冷地区住宅外窗都需要进行遮阳，但是目前我国住宅较少使用外遮阳，取而代之的是以窗帘等构成的内遮阳。这主要是因为我国住宅外遮阳多采用固定式的混凝土板或活动式的金属架帆布棚，前者功能单一无法变动，影响窗户通风及采光；后者较易损坏，不易修复及清洗。而内遮阳使用灵活，易清洗，因此采用较多。但是内遮阳的使用效果较外遮阳差很多。内遮阳方式并不能有效地降低进入室内的辐射能。大量的辐射能毫无阻挡地通过窗进入室内，由于玻璃对长波辐射的单向性，导致热量只能进入而不能反射出，使得窗和窗帘或百叶之间持续升温，高温的间层空气再慢慢地向内传导和辐射，根据有关实验数据显示，在 15 时左右，有外遮阳的室内测点温度比有内遮阳的要低 8℃左右。因此内遮阳虽然可以遮挡阳光，避免太阳直接照射室内物体，但并不能大幅减少进入室内的辐射得热，不能作为有效的遮阳手段在钢结构住宅中予以推广。因此，钢结构住宅外窗设计应广泛使用活动式的外遮阳设施，并且这种外遮阳设施应该与外窗作为一个整体考虑选材、设计、安装等。

（4）窗框与墙体选择合理的安装位置

除了外窗自身的性能对于外窗保温隔热有较大影响以外，外窗与外墙的连接对于外窗保温隔热性能影响也是很大的。这主要是因为如前文所述，钢结构住宅外墙应该为多层复合墙体，外窗为新型节能窗，这两者保温隔热性能都良好，但是如果两者连接不合理，极易在连接处形成冷热桥效应，影响外窗保温隔热效果甚至产生凝结水，还会腐蚀窗框。

试验表明：对于多框窗＋外保温墙体，靠外侧安装效果最理想；对于多框窗＋内保温墙体，靠内侧安装效果最理想；对于多框窗＋夹心保温墙体，靠外侧安装效果最理想；而对于单框窗则是窗框安装靠近保温层最理想。

7.3.2.3　钢结构住宅外窗通风隔声

住宅外窗通风隔声是一对矛盾的问题。开启窗户进行通风换气必然会将噪声引入室内，同时在房间进行制冷或采暖时，通风又会使冷气或热气散失。

钢结构住宅在隔声通风方面又会面临新的问题：首先钢结构住宅多为高层或小高层建筑，高空风压较大，开启普通窗扇时，过大的风速会对室内造成影响并产生很大的噪声，因此很多高层住宅窗扇很少开启，给室内通风换气带来不利影响；其次钢结构住宅由于造价较高，多建于经济发达的大城市，但随着城市交通的不断发展，噪声不断增加，特别是在城市主干道或高架桥附近的住宅，24 小时噪声不断（夜间由于载重汽车允许进入市区，噪声更大）。

解决钢结构住宅的通风隔声之间矛盾问题，最主要的是研发新型隔声通风外窗，这种有别于传统外窗的特点是，在保证通风量的前提下，尽量通过各种途径将噪声吸收掉以减少对室内环境的影响。

7.3.2.4　钢结构住宅外窗防火

钢结构住宅外窗的防火性能更应该重点考虑：首先钢结构自身的防火性能较差；其次钢结构住宅多为高层或小高层建筑，防火等级要求较高，且玻璃如有破损安全隐患更大。目前我国住宅建筑所使用的外窗框材，主要有钢窗、铝合金窗、塑钢窗及不锈钢窗等，除了塑钢窗外，其余都是非燃烧体或难燃烧体，具有一定的耐火时限。即使是木材、塑料，也已经出现经过处理的防火木材和加了添加剂的防火塑料等，使木材和塑料也可变成了难燃烧体。因此防火关键在于窗框镶嵌的玻璃，现今一般住宅所使用的窗玻璃虽不是燃烧体，不会助燃，但受热后很容易破裂或破碎，则破裂或破碎后的窗，便成了烟火的通道，失去了防火的功能。普通玻璃遇火即裂，起不到阻燃的防火作用，解决玻璃防火目前主要有两种途径：①以防火玻璃取代普通玻璃；②设置防火隔断。

7.4　钢结构的防腐与防火

钢材在空气或潮湿的环境中易于锈蚀，特别是当空气中含有酸碱盐类的介质时情况更为严重。腐蚀不仅使钢材表面产生不均匀的锈蚀，而且促使钢结构提前破坏，尤其是在反复冲击的荷载作用下，会出现脆性断裂，并造成巨大的损失。同时，当钢材的温度升高到 600℃ 以上时，会因强度下降而失去支撑力。一旦钢结构建筑发生火灾，往往会导致建筑物垮塌。必须对钢结构进行防火保护，以提高其耐火极限。所以，钢结构的防腐与防火在设计和施工中就显得尤为重要。

7.4.1　钢结构的防腐

7.4.1.1　钢结构腐蚀的类型与机理

（1）大气腐蚀

钢结构的大气腐蚀是钢结构最为常见的一种腐蚀类型，较易发生，尤其是直接暴露在外界环境中的钢材，更易发生大气腐蚀。这种腐蚀主要是由空气中的水和氧气等化学和电化学作用引起的。大气中水汽形成金属表层的电解液层，而空气中的氧溶于其中作为阴极去极剂，二者与钢构件形成了一个基本的腐蚀原电池。

（2）局部腐蚀

局部腐蚀包括电偶腐蚀、缝隙腐蚀。电偶腐蚀主要发生在钢结构不同金属组合或者连接处。其中，电位较负的金属比电位较正的金属腐蚀速度大，长期以来，就会形成严重的钢结构腐蚀。缝隙腐蚀则是由于钢结构施工中，在钢构件不同结构件之间、钢构件与非金属之间存在的表面缝隙处有水等液体停滞时，就会形成锈蚀，并且锈蚀面积会随着时间的延长而不断增大。

（3）应力腐蚀

应力腐蚀不同于前两种腐蚀，是指在某一特定的介质中，钢结构受到应力作用时，才会产生的某种应力腐蚀，突然断裂。这种类型的腐蚀具有很大的突发性，并且很少如锈蚀一样的明显征兆，所以往往造成灾难性后果，如桥梁坍塌、管道泄漏、建筑物倒塌等，带来巨大的经济和人员伤亡。

7.4.1.2 常用的防腐办法

（1）使用耐候钢

耐候钢是在低碳钢或低合金钢中添加铜、铬、镍等合金元素制成的一种耐大气腐蚀的钢材。在大气作用下，表面自动形成一种致密的防腐薄膜，起到抗腐蚀作用。其抗腐蚀能力可高出普通钢材 3 倍，一般不涂装就可以使用，是极好的结构用材。然而，这种钢材由于价格昂贵，可焊接金属的抗腐蚀能力有限，应用并不广泛。

（2）热浸锌处理

热浸锌处理是将除锈后的钢构件浸入高温熔化的锌液中，使钢构件表面附着锌层，从而起到防腐的目的。这种方法生产工业化程度高，质量稳定，被大量应用于受大气腐蚀较为严重且不易维修的室外钢结构中，如大量输电塔、通信塔等。近年来大量使用檩条、压型钢板等也较多采用热浸锌处理。然而，热浸锌防腐工艺受渡槽容积所限，不能对较大尺寸结构进行防腐施工；其次，不能到现场进行热浸锌防腐，只能在固定的工厂施工，势必造成大量的往返运输费用；再次，热浸锌镀层碰伤后，自身无法恢复。因此，热浸锌方法最适宜小型钢构件、轻型钢构件的防腐。

（3）热喷铝（锌）复合涂层

这种方法与热浸锌防腐效果相当，具体做法是喷砂除锈处理钢构件的表面，使其露出金属光泽后打毛，用压缩空气将被乙炔-氧焰熔化的铝（锌）喷射到钢材表面，形成蜂窝状的铝（锌）喷涂层，用环氧树脂或氯丁橡胶漆等涂料填充毛细孔，形成复合涂层。这种工艺的优点是对构件尺寸适应性强，工艺的热影响是局部的，受约束的，不会产生热变形。但是，火焰喷涂生产效率较低，喷砂喷铝（锌）劳动强度大，严重制约钢结构的加工工期，喷涂层长久附着有效与涂层结合力等矛盾，因此在国内外使用较少。

（4）涂层防腐涂料技术

这种方法一次成本低，维护成本不高，是目前室内外钢结构广泛应用的一种防腐方法。然而，涂料的耐久性较差，必须定期维护，而且会对环境造成一定的污染。鉴于此，目前国内已经开始在结构用漆上进行了尝试，比如过去大多用的红丹底漆已逐渐由高性能的富锌底漆、环氧中间层和聚氨酯面漆配套代替。随着科技的发展，高性能、高环保的防腐涂料必定会走向市场。

钢结构的涂层法一般需要两道工序，基层处理与涂层施工。基层处理的目的是清楚构件表面的毛刺、铁锈、油污及其他附着物，使钢构件表面露出金属光泽；基层处理越彻底，附着效果越好。基层处理的方式有手工机械处理、化学处理、机械喷射处理等。涂层结构包括底漆、中间漆和面漆。其中，底漆主要起附着和防锈作用；面漆主要起防腐蚀和防老化作用；中间漆的作用介于底、面漆之间，并能增加漆膜厚度。一般配套使用才能发挥最佳的作用效果。目前钢材保护底漆主要有封闭、缓释和富锌类底漆 3 种，其中富锌类防锈最好，由于电极电位锌比铁低，与适当的漆面配合，能起到物理屏蔽和阴极保护的双重功效。富锌涂料又分为有机和无机类，无机富锌涂料防锈性能优于环氧富锌涂料，无机富锌涂料分为溶剂型和水性两类，涂膜时溶剂型涂料中锌粉以物理镶嵌的形式充当填料，施工时释放出有机化合物，水性无机涂料通过基料与锌粉化学交联形成硅酸锌空间网状聚合物，无 VOC 排放，具有优异的耐蚀、耐化学品及耐老化等性能，兼具环保和不燃性的特点，成为涂料的发展趋势。水性无机涂料国外美、日为代表，20 世纪 60 年代开始，研究水平高，性能优良，但价格昂贵；我国研究始于 20 世纪 70 年代，主要用于内外墙，钢材防护从 20 世纪末开始、水性无机富锌涂料可单独成膜，也可复合配套，中间涂层选用环氧云铁漆，面漆配以氟碳漆为最佳的配套体系。

7.4.2 钢结构的防火

钢材作为金属的一种，不具备燃烧性，但是却有良好的导热性能，较高的热膨胀系数。一旦处于高温下，承载力急剧下降。没有防火处理的普通钢材在 400℃时，其强度会降低到 50%，当温度升至 600℃时，钢材基本丧失强度，变得十分柔软。所以火灾中钢材的力学性能会不断降低，从而导致建筑物发生坍塌。2001 年美国"9·11"事件，造成了约 3000 人死亡和大量的财产损失，这其中主要原因就是因火灾引起的结构失稳造成的，因此钢结构建筑的防火应给予相当的重视，严格按照防火要求实施。

钢结构的防火保护方法主要有包封法、屏蔽法（钢结构屋盖系统常用的保护方法）、水冷却法、喷涂防火涂料法。其中，喷涂防火涂料是近年来比较常用的防火技术措施，下面主要对防火涂料法做阐述。钢结构防火涂料除具有普通涂料的装饰和保护作用外，还具有防腐、防锈、耐酸碱、盐雾等性能，更重要的是由于涂料本身具有不燃性或难燃性，能阻止火灾发生时火焰的蔓延和延缓火势的扩展，较好地保护基材，避免钢结构失去支撑能力而导致危害发生，目前已越来越广泛地应用于各种场所。

钢结构在防腐又防火的情况下，正常的顺序是：除锈、防腐底漆、防腐中间漆、防火面漆。有防火涂料时，理论上可以不涂防锈中间漆及面漆，而只在涂防锈底漆后涂防火涂料。考虑到防火涂料表面不够平整，如有一定的装饰要求，防火涂料可涂在中间漆和面漆之间或底漆与中间漆之间。同时，防火涂料与接触到的各层防锈涂料之间都不应产生化学反应。

7.4.2.1 钢结构防火涂料的分类及特点

钢结构防火涂料的分类可采用不同的方法。从其所用的溶剂来分，可分为溶剂型和水基型防火涂料；从其防火机理来分，可分为膨胀型和非膨胀型防火涂料；根据涂层厚度不同可分为厚涂型、薄涂型和超薄型钢结构防火涂料。其中最常用的分类方式是按照涂层厚度划分的。涂层厚度在 8~50mm 范围内为厚涂型防火涂料；涂层厚度在 3~7mm 范围内为薄涂型防火涂料；厚度小于 3mm 的称为超薄型防火涂料。

（1）厚涂型防火涂料

厚涂型钢结构防火涂料又称为钢结构防火隔热喷涂料。涂层厚度在 8~50mm 之间，在火灾中不膨胀，依靠材料的不燃性、低导热性或涂层材料的吸热性，延缓钢材的升温，其耐火极限最高可达 3h。该涂料多为无机水溶性涂料，一般采用碱金属硅酸盐类、磷酸盐类等作为胶粘剂，将胶粘剂、无机轻质绝热材料、防火添加剂以及强度增强材料按照设计比例掺合，然后涂抹喷洒在钢结构材料表面上。防火涂料具有密度小、热导率低、粘结力强、不腐蚀钢材等特点，具有良好的长期使用效果，造价相对较低。多应用在要求耐火极限 2h 以上的钢结构工程上。重要的钢柱应采用厚涂型防火涂料，其节点部位宜加厚处理，涂层内应设置与钢构件相连的钢丝网。其缺点是：涂层厚，表面粗糙，外观装饰性较差，不适用于裸露钢结构的涂装与保护。

（2）薄涂型防火涂料

薄涂型钢结构防火涂料厚度一般在 3～7mm 之间，具有一定的装饰性和美观性，预热会产生膨胀的钢结构防火涂料。当温度升高到一定程度的时候，脱水剂促使多羟基化合物脱水碳化，在发泡剂分解释放出大量的气体作用下，涂层发生膨胀，膨胀倍数可达十几倍甚至几十倍，形成致密的泡沫状炭化隔热层，从而阻止热量向钢结构传递，起到防火保护作用。这类防火涂料一般都具有一定的水溶性，在制备时应首先选择合适的水性聚合物作为溶剂，然后将防火添加剂、阻燃剂、耐火纤维等材料混合在其中。薄涂型防火涂料在遇热后会膨胀，自身的发泡厚度是原涂层厚度的几十倍，能够阻断火焰直接对钢结构加热，对钢材起保护作用；其次，涂层膨胀、发泡等化学反应还会吸收周围的热量，有效降低周边温度，发泡分解出的不燃性气体还能够吸附燃烧所产生的自由基，减少可燃烧的材料。薄涂型防火涂料多用于耐火极限不超过 2h 的钢结构建筑，并且具有良好的装饰性，工程中已得到大量应用。

（3）超薄型防火涂料

超薄型钢结构防火材料最早由德国科学家提出，涂层厚度一般小于 3mm。其涂料层薄、具有良好的防火能力和美观性，是近年来发展起来的钢结构防火涂料新品种。这种涂料在遇到高温时能够迅速在钢结构材料表面产生一层轻质泡沫隔热层，能够有效减少周边环境温度对钢材的影响，而且在涂料熔融软化和发泡碳化的过程中都会吸收热量，降低钢材温度。超薄型防火涂料一般使用在耐火极限 2h 以内的钢结构建筑上，与厚涂型和薄涂型钢结构防火涂料相比，超薄膨胀型钢结构防火涂料具有粒度细、涂层薄、施工方便、装饰性好等优点。在满足防火性能要求的同时，还能满足高装饰性要求，特别适用于裸露的钢结构的装饰与保护。

7.4.2.2 钢结构防火涂料发展趋势

随着我国建筑业的不断发展，对防火涂料的要求势必越来越高，开发新型环保高效的钢结构防火涂料具有很好的市场前景，并有如下发展趋势：

（1）开发涂层超薄、装饰性强、施工方便、防火性能高、应用范围广的超薄型的室外钢结构防火涂料。可采用多种功能树脂的共混或共聚改性，如高氯化树脂和氟树脂共混，有机硅共聚改性丙烯酸树脂等，通过选用耐候性极好的树脂基料，配以高效防火阻燃剂，从而提高防火涂料的耐候性和阻燃性能。

（2）研究开发环保型钢结构防火涂料，特别是发展水性防火涂料，尽量减少或避免因生产、施工和燃烧造成的环境污染和人身危害，在防火涂料体系中添加高效抑烟剂等，或采用非卤化的阻燃体，如采用硅橡胶、氧化硅等硅系阻燃体系，在阻燃过程中提供硅碳结构等，开发环保型钢结构防火涂料。

（3）打破传统的配方体系，研究开发出性能更加优异的钢结构防火涂料新品种。采用微粒化技术，开发超细或微细的阻燃体系，缩短涂料的研磨和分散时间，提高涂膜的物理机械性能；采用阻燃剂的微胶囊化技术，研究具有高装饰效果的钢结构防火涂料清漆；或采用分子裁剪和组装的方法，设计兼有膨胀、阻燃和成膜性能极好的多功能树脂，然后采用该树脂配制透明钢结构防火涂料，以满足建筑物钢结构的美观耐用的需要。

思 考 题

1. 钢结构建筑常用的墙体材料有哪些？各有什么优缺点？

2. 对于钢结构建筑，什么样的墙体材料及连接形式更适合钢结构的特点？

3. 钢结构常用的楼板形式及今后发展的趋势是什么？

4. 钢结构常用的防腐方法有哪些？各有什么优缺点？

5. 钢结构的防火都有哪些常用方法？不同类型防火涂料适用在结构哪些部位？

6. 钢结构防火涂料与防腐漆的喷涂顺序一般是什么？

参 考 文 献

[1] 陈绍蕃，顾强. 钢结构设计原理[M]. 第二版. 北京：中国建筑工业出版社，北京，2007. 6

[2] 董石麟. 中国空间结构的发展与展望[J]. 建筑结构学报，2010，31 (6)：38-51.

[3] 董石麟，邢栋，赵阳. 中国空间结构的发展与展望[J]. 空间结构，2012，18 (1)：3-16.

[4] 沈世钊. 大跨空间结构理论研究和工程实践[J]. 中国工程科学，2001，3 (3)：34-41.

[5] 陈绍蕃. 钢结构设计规范的回顾与展望[J]. 工业建筑，2009，39 (6)：1-4，12.

[6] 沈祖炎. 中国《钢结构设计规范》的发展历程[J]. 建筑结构学报，2010，31 (6)：1-6.

[7] 沈祖炎. 必须还钢结构轻、快、好、省的本来面目[C]. 影响中国——第二届中国钢结构产业高峰论坛，广东东莞，2010. 12.

[8] 许少普，崔冠军，吴彦等. 250mm 超厚低合金强度 Q345D 钢板的研制[J]. 钢铁研究，2010，38 (5)：59-62.

[9] 张朝生. 复合厚钢板的生产技术及其应用[J]. 宽厚板，2001，7(5)：45-48.

[10] 柴昶. 厚板钢材在钢结构工程中的应用及其材性选用[J]. 钢结构，2004，19(5)：47-53.

[11] 廖建国. 厚钢板开发的现状及今后的发展趋势[J]. 宽厚板，2004，10(4)：41-47.

[12] 蔡益燕. 积极开发低屈服点钢材[J]. 建筑结构，2006，36(10)：106-107.

[13] 王爱华，朱久发. 我国电镀锌板发展趋势的探讨[J]. 轧钢，2008，25(4)：39-42.

[14] 柴昶，刘迎春. 钢结构工程中方(矩)形钢管的应用及其材性特点[J]. 钢结构，2009，24(11)：53-60.

[15] 柴昶，何文汇. 钢结构用厚壁钢板[J]. 建筑钢结构进展，2007，9(4)：10-14.

[16] 陆匠心，李爱柏，李自刚等. 宝钢耐候钢产品开发的现状及展望[J]. 中国冶金，2004(12)：23-28.

[17] 于千. 耐候钢发展现状及展望[J]. 钢铁研究学报，2007，19(11)：1-4.

[18] 齐科武，徐少春，杨军. 建筑用耐火钢[J]. 中国建材科技，2008：61-64.

[19] 完卫国，吴结才. 耐火钢的开发与应用综述[J]. 建筑材料学报，2006.

[20] 柴昶. 继续深化和推动热轧 H 型钢在钢结构工程中的应用[J]. 钢结构，2007，22(9)：61-63.

[21] 孙邦明，杨才富，张永权. 高层建筑用钢的发展[J]. 宽厚板，2001，7(3)：1-6.

[22] 王锡钦. 高功能结构用钢板的发展[J]. 建筑钢结构进展，2002，4(1)：16-23.

[23] 张永先，范其滨. 高效钢在钢结构设计中的应用[J]. 中国建筑金属结构，2002，(11)：19-22.

[24] 潘超，翁大根. 耗能剪力墙结构体系研究进展[J]. 结构工程师，2011，27(4)：160-168.

[25] 谢强. 屈曲约束支撑的研究进展及其应用[J]. 钢结构，2006，21(1)：46-48.

[26] 陈绍蕃，顾强. 钢结构(上册)：钢结构基础[M]. 第三版. 北京：中国建筑工业出版社，2014.

[27] 陈绍蕃，郭成喜. 钢结构(下册)：房屋建筑钢结构设计[M]. 第三版. 北京：中国建筑工业出版社，2014.

[28] 中国工程建设标准化协会标准. 门式刚架轻型房屋钢结构技术规程(CECS 102：2002)[S]. 北京：中国计划出版社，2002.

[29] 中国建筑技术研究院. 高层民用建筑钢结构技术规程 JGJ 99—98[S]. 北京：中国计划出版社，2002.

[30] 李国强. 多高层建筑钢结构设计[M]. 北京：中国建筑工业出版社，2004.

[31] 陈富生，邱国桦，范重. 高层建筑钢结构设计[M]. 北京：中国建筑工业出版社，2000.

[32] 邱鹤年. 钢结构设计禁忌及实例[M]. 北京：中国建筑工业出版社，2009.

[33] 于金光，郝际平. 半刚性连接钢框架-非加劲钢板剪力墙结构性能研究[J]. 土木工程学报，2012，45(8)：74-82.

[34] 蓝天. 空间钢结构的应用与发展[J]. 建筑结构学报，2001，22(4)：2-8.

[35] 董石麟. 我国大跨度钢结构的发展与展望[J]. 空间结构，2000，6(2)：3-13.

[36] 张毅刚，薛素铎，杨庆山，等. 大跨空间结构[M]. 北京：机械工业出版社，2004.

[37] 董石麟，赵阳. 论空间结构的形式和分类[J]. 空间结构，2004，37(1)：7-12.

[38] 刘锡良. 现代空间结构[M]. 天津：天津大学出版社，2003.

[39] 董石麟，邢栋，赵阳. 现代大跨空间结构在中国的应用与发展[J]. 空间结构，2012，18(1)：3-16.

[40] 沈祖炎等. 钢结构学[M]. 北京：中国建筑工业出版社，2005.

[41] 董石麟. 空间结构的发展历史、创新、形式分类与实际应用[J]. 空间结构，2009，15(3)：22-43.

[42] 沈世钊，徐崇宝，赵臣. 悬索结构设计[M]. 北京：中国建筑工业出版社，2006.

[43] 张其林. 索和膜结构[M]. 上海：同济大学出版社，2002.

[44] 董石麟，罗尧治，赵阳. 大跨空间结构的工程实践与学科发展[J]. 空间结构，2005，11(4)：3-10.

[45] 田黎敏. 复杂刚性大跨度空间钢结构施工力学分析及工程应用研究[D]. 西安：西安建筑科技大学，2013.

[46] 同济大学，中天建设集团有限公司主编. 高耸与复杂钢结构检测与鉴定技术标准(送审稿)[S]. 2012，12.

[47] 上海市工程建设规范. 同济大学，上海市房屋检测中心主编. 上海市建设和交通委员会批准. DG/TJ 08—804—2005. 既有建筑物结构检测与评定标准[S]. 2005.

[48] 国家标准. GB 50144—2008 工业建筑可靠性鉴定标准[S]. 北京：中国计划出版社，2008.

[49] 国家标准. GB 50292—1999 民用建筑可靠性鉴定标准[S]. 北京：中国建筑工业出版社，1999.

[50] 国家标准. GB 50023—2009 建筑抗震鉴定标准[S]. 北京：中国建筑工业出版社，2009.

[51] 国家标准. GB 50017—2003 钢结构设计规范[S]. 北京：中国计划出版社，2003.

[52] 国家标准. GB 50018—2002 冷弯薄壁型钢结构技术规范[S]. 北京：中国计划出版社，2002.

[53] 国家标准. GB 50223—2008 建筑工程抗震设防分类标准[S]. 北京：中国建筑工业出版社，2008.

[54] 国家标准. GB 50011—2010 建筑抗震设计规范[S]. 北京：中国建筑工业出版社，2010.

[55] 国家标准. GB 50205—2001 钢结构工程施工质量验收规范[S]. 北京：中国计划出版社，2001.

[56] 国家标准. GB/T 50621—2010 钢结构现场检测技术标准[S]. 北京：中国建筑工业出版社，2010.

[57] 国家标准. GB/T 12755—2008 建筑用压型钢板[S]. 北京：中国标准出版社，2009.

[58] 国家标准. GB/T 12754—2006 彩色涂层钢板及钢带[S]. 北京：中国标准出版社，2006.

[59] 郭彦林，刘学武. 大型复杂钢结构施工力学问题及分析方法[J]. 工业建筑，2007，37(9)：1-8.

[60] 罗永峰，王春江，陈晓明等. 建筑钢结构施工力学原理[M]. 北京：中国建筑工业出版社，2009：1-7.

[61] 沈祖炎，张立新. 基于非线性有限元的索穹顶施工模拟分析[J]. 计算力学学报，2002，19(4)：466-471.

[62] 李顺秋. 钢结构制造与安装[M]. 北京：中国建筑工业出版社，2005.

[63] 陈绍蕃. 钢结构稳定设计指南[M]. 北京：中国建筑工业出版社，1996.

[64] 陈绍蕃，顾强编著. 钢结构(下册). 北京：中国建筑工业出版社，2003.

[65] 王国凡. 钢结构连接方法及工艺[M]. 北京：化学工业出版社，2005.

[66] 于春刚. 钢结构住宅外墙体材料及构造技术研究[J]. 建筑施工，2007，29(2).

[67]　薛发. 国内钢结构住宅墙体发展状况[J]. 工程建设与设计，2004(9).

[68]　李国强，方明霁等. 钢结构住宅体系加气混凝土外墙板抗震性能试验研究[J]. 土木工程学报，
　　　2005，38(10).

[69]　张威振. 稻草板的研究生产与应用[J]. 广东建材，2005(2).

[70]　胡广斌. 我国稻草板发展的回顾和目前存在的问题[J]. 林业工业，2004，31(2).

[71]　陈泽广，许颖等. 适用于多层钢结构住宅体系的轻型叠合板楼板结构的试验研究[J]. 钢结构，
　　　2011，26(5).

[72]　岳建伟，彭燕伟等. 带肋预应力叠合板在钢结构工程中的应用[J]. 建筑技术，2010，41(12).

[73]　李文斌，杨强跃等. 钢筋桁架楼承板在钢结构建筑中的应用[J]. 施工技术，2006，35(12).

[74]　冯伟刚. 高层建筑结构与塑料门窗应用[J]. 门窗，2010(3).

[75]　庄南明. 浅谈彩钢门窗行业在发展中存在的若干问题[J]. 中国建筑金属结构，2006(5).

[76]　刘敬涛. 我国建筑门窗的发展方向[J]. 中国建筑金属结构，2005(3).

[77]　胡晓玄. 建筑钢结构工程防腐、防火涂料的应用[J]. 中国建筑金属结构，2013(18).

[78]　孙晓辉. 钢结构防火[J]. 中国建筑金属结构，2013(16).

[79]　翟金清，肖新颜等. 钢结构防火涂料研究进展[J]. 现代化工，2001，21(17).

[80]　何润梅. 钢结构防火涂料使用中存在问题及发展趋势[J]. 武警学院学报，2013，29(8).